MATLAB 编程基础

吴锦顺　著

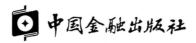

中国金融出版社

责任编辑：张怡姮
责任校对：刘　明
责任印制：丁淮宾

图书在版编目（CIP）数据

MATLAB 编程基础 / 吴锦顺著. —北京：中国金融出版社，2023.3
ISBN 978-7-5220-1854-6

Ⅰ.①M… Ⅱ.①吴… Ⅲ.①Matlab 软件—程序设计 Ⅳ.①TP317

中国版本图书馆 CIP 数据核字（2022）第 239705 号

MATLAB 编程基础
MATLAB BIANCHENG JICHU

出版　**中国金融出版社**
发行

社址　北京市丰台区益泽路2号
市场开发部　（010）66024766，63805472，63439533（传真）
网 上 书 店　www.cfph.cn
　　　　　　　（010）66024766，63372837（传真）
读者服务部　（010）66070833，62568380
邮编　100071
经销　新华书店
印刷　北京九州迅驰传媒文化有限公司
尺寸　185 毫米 × 260 毫米
印张　28
字数　623千
版次　2023 年 12 月第 1 版
印次　2023 年 12 月第 1 次印刷
定价　118.00 元
ISBN 978-7-5220-1854-6
如出现印装错误本社负责调换　联系电话（010）63263947

前　言

0.1　MATLAB 产生和发展

　　MATLAB是一种高级技术计算语言和交互式环境，也是许多商业上可用的复杂数学计算工具之一。MATLAB 是由 MathWorks 公司于 1984 年推出的数学软件，其名称是由"矩阵实验室"（MATrix LABoratory）所合成，它的基本数据元素是矩阵（数组）。从名称可知，该软件最早的目标是提供一套非常完善的矩阵运算指令，但随着数值运算需求的演变以及个人计算机运算速度的倍增，MATLAB 已广泛用于算法开发、数据可视化、数据分析、数值计算和各种动态系统模拟等领域。

Cleve Moler 教授

　　虽然MATLAB 的商用版于1984年首次推出，但其前身早在1978年就已出现，其开发者是当时任教于新墨西哥大学的 Cleve Moler 教授。不过当时 MATLAB 是用 Fortran 撰写的免费软件，Cleve Moler 教授使用此软件来使学生更容易了解线性代数、数值方法与矩阵理论。事实上，MATLAB 的许多核心计算技术源自 LINPACK 和 EISPACK。这是两个美国国家科学基金会支持开发的数值计算软件，当时 Cleve Moler 教授也是该计划的主持人之一。因此 MATLAB 的数值计算能力，可以说是经过 40 多年的千锤百炼，有着深厚的学术理论基础，并不是一般数学软件可以望其项背的。

虽然 Cleve Moler 教授是 MATLAB 的原作者，但是第一个将 MATLAB 商品化的人是 Jack Little（又称为 John Little）。Jack Little 在斯坦福大学主修自动控制，接触到 MATLAB 软件，直觉告诉他，这是一个深具潜力的数学软件。因此他在毕业后没多久，即决定将 MATLAB 以 C 语言重写（Cleve Moler 教授原先用 Fortran 语言编写），并于 1984 年成立 MathWorks 公司，首次推出 MATLAB 商用版。

MATLAB 早期以矩阵运算为主，但随着科学可视化（Scientific Visualization）的需求剧增，在 MATLAB 第 4 版推出句柄图形（Handle Graphics），这是一个里程碑，自此之后，所有的 Demos 都包含和善亲切的图形使用者界面。另一个里程碑则是 MATLAB 第 5 版数据类型扩展。使用者能够利用该版本建立许多不同的数据类型（如多维数组、结构数组、异质数组等），而不再只是局限于二维的矩阵。

MATLAB 是一个计算核心，围绕着这个核心，有许多针对不同应用领域而开发的应用程序，被称为工具箱（Toolboxes）。MathWorks 本身所提供的工具箱已经超过 70 个，另外还有其他公司或研究机构提供的工具箱，这些工具箱的数量已有数百个之多，而且新的工具箱还在持续增加之中。因此，如果有特定的应用领域，首先应上网搜寻是否有相关的工具箱，很可能已经有使用者将所需的应用程序写成一个工具箱了。

0.2　计算机编程介绍

0.2.1　解释语言和编译语言

在日常使用中，可以根据如何编写和使用程序来区分不同的计算机编程语言。解释语言和编译语言一个重要的区别是：用解释语言编写的程序可以在被编写后立即运行(或执行)；而对于编译语言，则需要执行一个中间步骤，称为编译。在计算机领域之外，"编译"一词的意思是收集和组织，但是当计算机科学家在提及计算机语言时，它的意思是"翻译"。MATLAB 语言既是编译语言，也是解释语言。这意味着，作为一种交互语言，用户可以在发出命令后持续看到命令的结果。这种交互语言在编译一个程序时，仅仅意味着把它翻译成一种计算机可以理解的语言（称为机器码）。一旦这项任务完成，计算机就可以执行编写的程序。在解释语言中，这种"翻译"是在程序执行时实时完成，不需要编译步骤。

历史上，大多数编程语言都是过程语言。这意味着程序由程序员提供的一系列指令组成。直到 20 世纪 90 年代，几乎所有的编程语言都是程序化的。最近，另一种被称为面向对象编程的方法开始流行起来。面向对象编程允许程序员分解问题转化为对象：自包含的实体，可以包含数据和对数据进行运算。最后，有些语言是声明性的。原则上，当编写一个声明式程序时，采用什么顺序写程序语言并不重要——只是在"声明"一些关于问题的东西，或者如何解决问题。编译器或解释器将完成其余工作。目前，声明性语言主要用于计算机科学研究。

本教材将介绍如何使用一个名为 MATLAB 的软件应用程序来编程。MATLAB 通常是一种解释语言。虽然也可以将其用作编译语言，但更重要的是仅将其用作解释语言。

0.2.2 源代码与可执行代码

计算机科学为程序编写提供了一些精确的术语。程序是描述算法的符号序列。算法是解决问题的一步紧接着一步的过程。计算机程序是用一种可以在计算机上执行的语言来描述算法的程序。这些符号序列可以在 MATLAB 编辑窗口中输入，并以 m 文件形式保存，它描述了一种可以在计算机上执行的语言的算法，因此它是一种计算机程序，但有时也被称为代码或源代码。"代码"这个词的用法源于这样一个事实：最早的程序（比如在 20 世纪 40 年代和 50 年代出现的程序）是用一种类似于代码的语言编写的，因为人类很难破译这种语言。使用"源代码"这种名称原因在于，在计算机运行程序员编写的代码之前，通常必须将其翻译成一个等效的程序，称为可执行代码。该程序是用不同于源代码的语言编写的，可以由计算机直接执行。

从以上描述可知，人写的程序不是机器运行的程序，而是机器运行的源程序，正因如此，它被称为"源代码"。可执行代码的语言和早期的语言一样难以破译，因此很难通过查看可执行代码来确定一个程序是如何工作的，要修改就更难了。开发可执行程序的公司急于发布可执行代码（也称为"可执行程序"），但很少发布源代码，这让使用者很难理解程序分布者的专有编程秘密。在编程课程中，老师可能会给出一个编程任务解决方案的可执行版本，尽管程序运行状况是可见的，但并不能观察到程序是如何工作的。

MATLAB（矩阵实验室）是电气工程（EE）、计算机工程（CE）等众多领域的专业人员广泛使用的计算工具。MATLAB 由两个相互联系的部分组成：第一部分是编程语言，它只包含一些基本的编程结构；第二部分是包含大量内置程序（称为函数）的库，这些程序可以执行许多工程和科学领域的数学运算。因此，MATLAB 可以提高工程人员的学术科研能力和生产效率。MATLAB 能够处理各种数据类型，包括整数、实数、复数、字符和逻辑变量，能够将这些数据组织成数组和其他数据结构。MATLAB 也是一个交互式系统，在开发程序时可以访问中间结果。程序员可以利用 MATLAB 这一优势寻找问题解决方案，并编写成 MATLAB 程序。MATLAB 具有强大的可视化功能，能够输出各种二维和三维图形，并导出到文档中。此外，MATLAB 提供了广泛的内置和在线教程、演示和文档，以便于 MATLAB 编程学习。

这本教材的主要目标是能够让那些没有编程基础的用户学会 MATLAB 编程。MATLAB 是一种非常通用的编程语言和编程环境，容易学习应用，对于编写解决一些数学运算问题的中等大小的程序（如少于 1000 行），是一个很好的选择。这种语言的设计使得用几行代码就能写出功能强大的程序。有些问题可能相对复杂，但解决这些问题的MATLAB 程序相对简单，而利用其他通用语言（如 C++或 Java）编写的等效程序却相当复杂。因此，MATLAB 在世界范围内得到广泛使用，应用领域从自然科学到工程技术的所有学科、金融和经济等领域。因此，掌握扎实的 MATLAB 编程基础是广大科学研究者和工程技术人员不可或缺的技能。

然而，本书不仅是 MATLAB 的参考手册或 MATLAB 教程，还是一本介绍性的编程教科书，使用 MATLAB 来说明计算机科学和编程中的一般概念。读者将打下坚实的 MATLAB 基础，但是对于想提升 MATLAB 编程技能的有一定编程经验的计算机程序员，可能应该参考其他相关书籍。

本书非常适合作为大学编程教材，尤其适用于那些应用计算机编程的理工科学生。每一章都有明确的学习目标，通过文本、案例和活动来帮助学生实现这些目标。每个案例或活动相关的目标在文中都清楚地给出。每一章末尾的练习使学生能够自我评估是否达到了学习目标。

感 谢

写这本书的想法最早是在华东交通大学（East China Jiaotong University）教授没有编程背景的学生 MATLAB 时产生的。我们搜索了许多不同的潜在教学资源，如出版的书籍和教程，以供学生在 MATLAB 教学中使用，但找不到太多有用的东西。因此，我们决定自己写一本书，以帮助自己的学生，也帮助其他希望学习如何使用 MATLAB 但没有编程基础的 MATLAB 用户。前几届学生已经使用本教材中的一些资料来学习 MATLAB 编程，效果还是比较令人满意的。

在这里，我们要感谢华东交通大学的学生，特别是所教过的学生中基础较薄弱的群体，他们在本书的开发过程中提出了有益的建议，这在一定程度上促成了本教程的编写。

我要感谢我的在校研究生曹玉玲、胡明、刘丰勇、蔡鑫、肖晶、周珏印、吴宗盛、王佳参与程序编写和课后练习题的筛选，以及发现错别字和其他错误的学生。我们还要感谢王佳同学审阅了这本书，并为本教程排版花了大量时间。

目　录

1

编程环境和基本操作

MATLAB 具有功能强大的编程能力，也是一种方便的编程环境。本章首先从介绍 MATLAB编程环境的总体描述开始，熟悉桌面、多窗口、在控制窗口中输入命令的基础知识和编辑器。其次介绍 MATLAB 中可用的功能强大的帮助系统，给出各种可用的函数，并讨论优先顺序。最后介绍一些普遍接受的方法，用于熟练编程和解决问题。特别是将了解如何创建、保存和运行 MATLAB 脚本 m 文件。具体来说，本章将介绍以下四部分内容。

（1）学习如何启动 MATLAB 软件，如何指定文件夹设定 MATLAB 工作路径；

（2）学习如何将 MATLAB 软件作为一个复杂的计算器使用，学会在命令窗口中输入命令，做一些基本的计算，以及获取命令和函数的帮助文件；

（3）介绍一些来自计算机科学的术语，学习编写语句的规则和程序执行方法；

（4）使用 MATLAB 的编辑器编写程序，并将其保存在"m 文件"中。

1.1 启动 MATLAB

在 Windows 中，可以通过"开始"菜单启动 MATLAB，也可以通过简单地双击电脑桌面图标启动 MATLAB。当启动 MATLAB 时，将出现"MATLAB 桌面"。它的布局将根据操作系统和 MATLAB 版本有所不同。多年来，MATLAB 的布局只发生了微小的变化，直到 R2012b 的出现，它用一个"ribbon"（带状图标区域）取代了桌面顶部的菜单和工具栏。版本 R2013a 继续保持带状界面，几乎所有的变化都是表面的，MATLAB 的基本功能保持不变。以前在工具栏和菜单中可用的所有功能仍然在功能区中，但它分布在三个选项卡中，分别是 Home、Plot 和 Apps。Home 选项卡是目前为止对编程用途最有用的选项卡。我们将在本书中进行重点讨论。

当 MATLAB 启动时，将打开一个窗口，其中主要部分是命令窗口。图 1-1 包含一个新推出的 MATLAB 桌面示例。在命令窗口中，将看到提示（>>）。如果命令窗口处于活动状态，则提示后将跟随光标，这是输入 MATLAB 命令的地方。如果命令窗口未激活，只需在任何位置单击即可。除了命令窗口外，默认情况下还可以打开几个其他窗

MATLAB编程基础

口。布局始终可以自由改变。命令窗口左侧是当前文件夹窗口。设置为当前文件夹窗口的文件夹是保存文件的位置。此窗口显示存储在当前文件夹中的文件。命令窗口的右侧是顶部的工作空间窗口和底部的命令历史窗口。"命令历史记录"窗口显示已输入的命令。单击窗口右上角的向下箭头可以更改每个窗口的配置。

图 1-1　MATLAB 工作界面

在四个窗口的右上角，可以找到四个可以点击的图标。可以使用这些按钮来最小化活动窗口、最大化、取消停靠（从桌面）及关闭窗口。当最小化窗口时，它会显示为"桌面"的左边缘或右边缘的标记。如果取消停靠窗口，就会出现一个普通的Windows 窗口，可以移动、最小化（到底部）、最大化和关闭窗口。对于未停靠的窗口，"取消停靠"按钮将更改为"停靠"按钮，允许将此窗口停靠回 MATLAB 桌面（见图 1-2）。

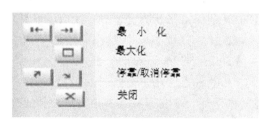

图 1-2　可以单击的四个图标

MATLAB 桌面窗口的大小是可以调整的，并可以在桌面内移动它们，即使不取消它们，通过拖曳其边缘或单击它们的上面部分，也可以拖动到所需的位置。因此，

MATLAB 允许调整编程环境，以满足个人喜好。如果要返回默认布局，需要选择 MATLAB 桌面的 Desktop 菜单，在下拉菜单中选择 Desktop layout 选项，然后在另一个菜单中单击 default 选项，该菜单将向右扩展，如图 1-3 所示。

图 1-3　使用布局菜单自定义窗口

如果要退出 MATLAB，可以通过鼠标单击 Mac 窗口左上角的红色按钮，或者 Windows 上的 MATLAB 窗口右上角的×，如果已经打开文件，系统会询问用户是否保存。当准备退出 MATLAB 时，也可以在窗口中键入 quit 命令：

```
>> quit
```

1.2　命令窗口

1.2.1　在命令窗口中输入命令

在命令窗口中单击以将其激活。当窗口处于活动状态时，其标题栏变暗，并在提示后显示闪烁的光标。现在可以开始输入命令了，尝试键入 a=[2 4 7]，然后按回车键。

```
>>a = [2 4 7]
    a =
       2   4   7
```

MATLAB 将向量[2 4 7]分配给用户选择的变量（a）。另一个示例是键入 3+5 并按

Enter 键。然后尝试输入 factor（46738921）和 sin（80）。图 1-4 显示了命令窗口中显示的结果。

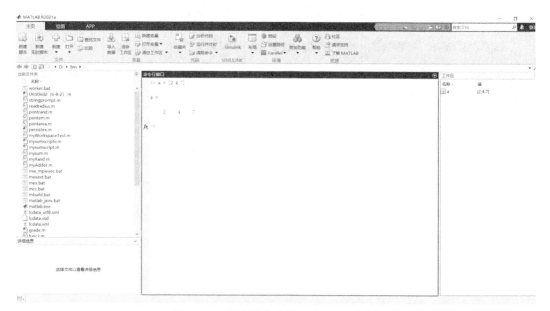

图 1-4 带有几行命令的 MATLAB 界面

一个单等号(=)在 MATLAB 中称为赋值算子。赋值操作符将计算结果存储在计算机内存位置。在前面的例子中，a 被赋值为向量[2 4 7]。如果用户在 MATLAB 中输入变量名 a，会得到下面的结果：a=[2 4 7]。赋值操作符与等式是明显不同的，比如 a=a+1。

这不是一个有效的代数命题，因为 a 显然不等于 a+1。但是，当被解释为赋值语句时，它表示用一个新值替换内存中存储的 a 的当前值，这个新值等于旧的 a+1。因为存储在 a 中的值最初是[2 4 7]，所以该语句返回 a=[3 5 8]。

表示存储在名为 a 的内存位置中的值已更改为[3 5 8]。赋值语句类似于保存文件过程。当第一次保存文字处理文档时，MATLAB 会为该文档分配一个名称。如果程序被更改之后，重新保存文件，但仍保持为相同的文件名。

如果键入错误，只需按下方向键，直到得到提示，然后重新键入该行。因为 MATLAB 在命令文件中保留了以前的代码，可以使用向上箭头键<↑>来回滚命令。按一次键可以查看前一个条目，按两次键可以查看再前一个条目，以此类推。使用下拉键 <↓>向前滚动命令。当找到目标行时，可以使用左右方向键（<←>和<→>）、<回退空格>键和<删除>键对其进行编辑，能够快速纠正键入错误。还可以在命令历史窗口中看到以前所有的击键，这样就可以将该窗口中的任何语句行拖放到命令窗口中，并再次执行它。按键可以执行正确的命令或从命令窗口中拖曳的命令。

如果没有指定应该将结果赋给的变量名，MATLAB 会使用默认名称 ans（answer 的缩写）。可以使用变量 ans 进行进一步的计算，但请记住，它是一个临时变量，包含最近的答案，每当未特别指定变量名时，它就会被覆盖。下面的例子说明了这一点，当 ans 将其值从 30 改为 20。

```
>> 6*5
      ans = 30
>> 50-ans
      ans = 20
```

所以应该使用特定的变量名来包含表达式的结果。有效的变量名可能包含 1～63 个字符（由 MATLAB 的 namelengthmax 函数定义）。它必须以字母开头，但可以在第一个字母后使用字母、数字和下划线（变量名不能使用关键字）。应该给变量起一个有意义的名字，这样任何人看到其他人编写的代码都能理解它的作用。另外，要注意 MATLAB 是区分大小写的，因此，Rate、rate 和 RATE 代表三个不同的变量。

使用变量的主要优点是可以使数学表达式更加明确，并可以通过简单地更改变量的值来使用相同的符号公式。例如，要计算一个半径为 10 的圆的周长，明智的做法是输入如下有意义的语句。

```
r = 10; circumference = 2 * pi * r;
```

而不是

```
>> x = 2 * pi* 10
```

注意，第一个命令由两条语句组成，同一行允许有多条语句。第一个语句后面的分号只会抑制输出。如果要查看两个语句的结果，请将分号替换为逗号。

1.2.2 数组表达

前面的示例显示的结果只保留有小数点后四位。这是否意味着 MATLAB 所提供的计算精度仅限于这个水平呢？当然不是，MATLAB 使用了相当高的双精度来进行计算。但是，默认情况下，它使用短格式显示结果，四舍五入到小数点后四位。format 命令可用于指定表达式的输出格式。要显示更多数字，请键入 formatlong。然后所有后续的数值输出将显示 15 位数字。输入 formatshort 以返回并显示 5 位数。

```
>> format long
>> v=[1 2 3];
>> sqrt(v)
ans =
   1.000000000000000   1.414213562373095   1.732050807568877
>> format short
>> v=[1 2 3];
```

```
>> sqrt(v)
ans =
    1.0000    1.4142    1.7321
```

format 命令还可用于控制 MATLAB 命令或表达式与结果之间的间距。

```
>> 6.2*4
ans =
   24.8000
>> format compact
>> 6.2*4
ans =
   24.8000
```

表 1-1 显示了 MATLAB 中使用的数字显示格式。命令 vpa 可用于执行可变精度算法。例如，要打印 50 位 5，可以输入

```
>> vpa('sqrt(5)',50)
ans =
    2.2360679774997896964091736687312762354406183596115
```

对于很大的数，如果以千克表示地球质量，显示结果如下。

```
>> earth=5972000000000000000000000
earth =
    5.9720e+24
```

MATLAB 选择不将所有的零返回，相反，对于等于 10 亿或更大的数字，使用科学记数法，这意味着一个数字后面跟着 "e"，然后是一个正整数。这个正整数是 10 的幂，必须乘以写在 e 前面的数。在这种情况下，这个数是 5.972×10^{24}。当想输入大数字时，科学记数法也很方便。

```
>> earth =5.9720e24
earth =
    5.9720e+24
```

注意，用户不必像 MATLAB 那样在小数点右边包括 4 位数字或在指数中加上一个加号。此外，MATLAB 总是选择 10 的幂，这样小数点左边的数字就不是 0，但可以用科学记数法来写数字，只要在 e 后面放一个整数。

```
>> earth =0.59720e25
```

```
earth =
    5.9720e+24
>> earth =0.00059720e28
earth =
    5.9720e+24
>> earth =0.000597200000e28
earth =
    5.9720e+24
```

格式函数如表 1-1 所示。

表 1-1　格式函数

MATLAB 命令	显示格式	例子
format	默认值：与格式 short 相同	
format bank	2 个十进制实数	3.47
format compact	抑制冗余行	theta=pi/6 theta=0.5236
format long	14 位十进制数字	3.14159265358979
format short	4 位十进制数字	3.1416
format rat	分数形式	377/211

　　要在 MATLAB 命令窗口中显示指定文件的内容，可以使用命令类型 filename 或函数 type('filename')。如果不指定文件的扩展名，并且没有扩展名的文件，类型函数默认添加扩展名".m"。type 函数用于检查 MATLAB 搜索路径中指定的目录，这便于在屏幕上列出 m 文件的内容。

　　使用带 more on 选项的 type 命令在一个屏幕上查看列表可能会很有用。在 MATLAB 命令窗口中启用输出分页的命令 more on，可启用 MATLAB® 命令行窗口的分页输出。more off 可禁用命令行窗口的分页输出。函数 more(n) 启用分页并将页面长度设置为 n 行。默认情况下，分页处于禁用状态。当启用时，more 命令默认为每页显示 23 行。

1.3　命令历史窗口和编辑器

　　命令历史窗口（见图 1-5）显示了用户在命令窗口中输入的所有代码。对跟踪以前所键入的内容很有用。此外，命令历史窗口保持跟踪打开的 MATLAB 的所有会话，并按日期/时间排序，可以非常容易检索正在寻找的内容，并折叠暂时不需要的分支语句行。也可以通过双击它或者拖曳到命令窗口中来重新执行保存在命令历史窗口中的所有命令行。用户可以删除、剪切、复制、计算和保存以前编写的任何部分程序。选择所需要的命令，然后单击鼠标右键。结果会出现一个弹出式菜单。有两种程序保存方式可供选择：将所选命令创建（并保存）为单独的源代码文件（在 MATLAB 中称为 m 文件），或者创建一个快捷方式。

如图 1-5 所示的示例中，选择创建一个快捷方式，这将弹出快捷方式编辑器窗口。在那里看到的三个特定命令允许需要关闭所有的窗口，清除（删除）工作空间中的所有变量，并将光标返回到命令窗口的左上角。用户将经常重复这三个操作，以避免重复键入这些命令行。

```
命令历史记录
  r = poly2sym(p4);
  r = vpa(r, 5)
 [p5, S5] = polyfit(x, y, 5);
 S5. normr
 [p6, S6] = polyfit(x, y, 6);
 S6. normr
 [p7, S7] = polyfit(x, y, 7);
 S7. normr
 [p8, S8] = polyfit(x, y, 8);
 S8. normr
 [p9, S9] = polyfit(x, y, 9);
 S9. normr
 figure;
```

图 1-5　未停靠的命令历史窗口，鼠标右键可选

如图 1-5 所示，使用所选命令集的另一个选项是创建一个完整的 m 文件。选择此选项将弹出 Editor 窗口，如图 1-6 所示。

MATLAB编辑器作为一个基本的代码处理器来编写脚本文件或用户定义函数，也就是说，它提供图形用户界面（GUI）用于文本编辑。另一种创建新 m 文件或编辑现有 m 文件的方式是：首先，使用 MATLAB 桌面上的文件菜单，并分别选择新建或打开选项。用户也可以通过在命令窗口中输入 edit 以编程方式打开编辑器。其次，在其中输入代码来创建一个新 m 文件或打开一个现有的 m 文件，也可以从 Command 历史窗口复制选定的语句，将它们粘贴到打开的 m 文件中。最后，选择语句后，可以单击右键，从弹出菜单中选择 Create M-File 选项。

但是，如果新编写的 m 文件包含一些错误，那么将弹出警告消息，而不是预期的结果。因此，需要返回编辑器，查找并修复错误，保存 m 文件的正确版本，然后从命令窗口再次运行它。为了避免这种来回过程，MATLAB编辑器允许用户直接从编辑器窗口运行和调试程序。可以通过单击 Saveandrun 图标来完成此操作。如果只想估计（运行）程序的一部分，甚至整个脚本，而不保存它，可以选择需要运行的部分，并按 Enter 健。剩下的菜单和图标，以及编辑器的第二个工具栏，可以帮助用户调试程序。

到目前为止，阐述的主要是关注命令窗口。当键入一个命令时，MATLAB 将解释它（执行它）并立即显示结果（或提示用户犯了语法错误!），命令窗口提供了使 MATLAB 成为交互式语言的交互作用。这是尝试简单命令的好方法，但对于涉及 5~10 个步骤以上的任务而言，这是一种糟糕的方法。要完成更复杂的任务，应该将命令写入文件。这是通过使用编辑窗口来完成的。

使用这两种方法中的任何一种都会弹出 Edit Window，如图 1-6 所示。

在 R2012b 及以后版本，用户可以(1)单击 HOME ribbon 左侧的新脚本，然后单击新建并选择脚本或(2)在命令窗口中键入编辑并按 Enter。运行结果是弹出如图 1-6 所示的编辑窗口。

图 1-6　R2021a 版本的编辑窗口

在这个窗口中，用户可以将键入的内容保存到一个文件中。在版本 R2012b 及以后的版本中，第一步是单击 Save。在这两种情况下，都将看到一个熟悉的操作系统文件保存窗口，在这个窗口中，用户可以选择一个适当的文件夹来保存文件，并为文件选择合适的名称。在本例中，用户应该为"当前"文件夹选择与前面选择的相同的文件夹，并且应该使用文件名 myfirst.m。当在这个窗口中单击 Save 时，一个 m 文件就创建好了。"m"代表 MATLAB 的第一个字母，MATLAB 编辑器使用的文件扩展名总是".m"。正是由于这个扩展名，该文件才被称为 m 文件。由于使用了"."，m 文件的另一个常用名称是"点 m 文件"。现在进入命令窗口。也可以通过查看当前文件夹窗口浏览当前文件夹。使用脚本 m 文件允许用户处理一系列 MATLAB 程序文件，并保存命令列表以供将来使用。为了方便以后使用这些文件，一个好的编程习惯是给在程序中添加大量的注释。在 MATLAB 中的注释操作符是百分号，如下一段程序所示（见表 1-2）。

表 1-2　命令窗口执行脚本 m 文件的方法

MATLAB 命令	解释
myscript	键入文件名，例如 myscript，假定.m-文件扩展名
run myscript	运行 run 命令，执行 myscript 函数
run("myscript")	使用 run 命令的功能形式

%MATLAB 不会在注释行上执行任何代码，可以在命令后添加注释，但要在同一行上。

```
a=5      %定义 a 变量的值为 5
%下面给出解决例题 2.3 的 m 文件
clear, clc
%A Script M-file Drag
%First define the variables
drag = 20000;   %以牛顿为单位定义阻力
density = 0.000001;   %以 kg/m^3 为单位定义空气密度
velocity = 100*0.4470;   %以 m/s 为单位定义速度
area = 1;   %以 m^2 为单位定义面积
%计算阻力系数
cd = drag*2/(density*velocity^2*area)
%找到各种速度下的阻力
velocity = 0:20:200;   %重新定义速度
velocity = velocity*.4470   %改变速度
drag = cd*density*velocity.^2*area/2;   %计算阻力
table = [velocity',drag']   %生成结果表格
```

1.4 m 文件

MATLAB 代码可以写在名为"m 文件"的文件中，扩展名为".m"。m 文件可以是脚本文件、函数文件或类文件。m 文件中第一行非注释代码（函数头）决定了 m 文件的类型（脚本、函数或类）。

1.4.1 脚本 m 文件

MATLAB 默认为脚本 m 文件。一个脚本 m 文件实际上是 MATLAB 命令的列表。假设 my_script.m 是保存在当前目录中的脚本 m 文件（在"当前文件夹"窗口中可见）。之后可以在命令窗口中输入：

> > my script

来执行 my_script.m 中的命令集。

从上面的例子中，可能已经注意到变量 a、b 和 c 出现在工作空间窗口中。这里必须注意分号"；"的作用：分号后缀可以阻止 MATLAB 打印命令的输出结果。在上面的例子中，sqrt()是一个 MATLAB 内置函数（平方根函数）。

例 1.1 一个脚本文件的例子（my_script.m）

```
my_script.m  ×  +
    a = 3;
    b = 4;
    c = sqrt(a^2 + b^2);  %毕达哥拉斯公式
```

执行结果是

```
>>my_script
c =
    5
```

1.4.2 函数 m-文件

函数 m-文件是一个定义函数的文件。函数 m 文件的第一行(非注释)接受如下形式的函数。

[outputargs] = myfunction(inputargs)

重要的是，函数的名称"my_function:"需要与 m 文件的文件名"my_function.m"相同。假设 my_function.m 是一个函数 m 文件保存在当前文件夹中，可以使用此用户自定义函数"my_function"在命令窗口或脚本 m 文件中相同的文件夹中。

例 1.2 一个函数 m-文件（my_function.m）

```
my_function.m  ×  +
1      %一些命令行或者空白行
2    function c = my_function(a,b)
3 -      aSquare = a^2;
4 -      bSquare = b^2;
5 -      s = aSquare + bSquare;
6 -      c = sqrt(s);
```

命令窗口输入如下。

```
>>d = my_function(3,4)
d =
    5
```

当执行命令"d = my_function(3, 4)"时，MATLAB 接受文件 my_function。然后执行 a= 3 和 b= 4 的命令。当 MATLAB 到达文件末尾，计算输出值 c= 5，MATLAB 结束文件，并将值 5 赋给 d。注意，函数 m 文件中的变量 a、b、square、bSquare、s 和 c 都没有反映在工作空间中。函数 m 文件中的变量是局部变量。当 MATLAB "潜入"或"跳出"一个函数时，它只带来输入参数和输出参数的值。

MATLAB 可以有多个输出参数，如下函数所示。

11

```
my_function.m  ×  +
1    □ function [c,s] = my_function(a,b)
2  -   │  s = a^2 + b^2;
3  -   └  c = sqrt(s);
```

```
>>[d,s] = my_function(3,4)
>>d
   d =
       5
>>s
   s =
      25
```

类 m 文件的思想通常在 MATLAB 中更高级的主题中涉及。本章介绍类 m 文件是为读者完整地了解这三种类型的 m 文件。在了解 MATLAB 的基本操作之前，深入研究面向对象编程所涉及的概念细节没有意义。

此代码可以从 m 文件或从命令窗口运行。无论哪种情况，结果都将显示在命令窗口中，并且变量将存储在工作空间中。m 文件的优点是可以保存编写的程序，以便稍后再次运行。

回到命令窗口，输入 myfirst（不是 myfirst.m），应该会看到

```
>>myfirst
x =
    5
```

MATLAB 检查了用户是否定义了一个名为 myfirst 的变量，然后查看当前文件夹，确定是否创建了一个名为 myfirst.m 的文件，并解释（执行）它在文件中找到的命令。

现在，编写了一个（稍微短一点的）MATLAB程序，将其存储在一个文件中，并运行它。只需输入不带".m"扩展名的文件名即可运行它。拥有包含其程序的文件的首选扩展名并不是 MATLAB 所特有的。关于文件扩展名的约定对于所有编程语言都是通用的。

在编辑窗口中，在 x = 5 后键入分号。再次保存文件，这次单击磁盘图标。该图标将变为灰色，表明该文件自用户在该窗口中键入最后一个键后已保存，并且无论使用何种方法保存该文件，该图标都将变为灰色。现在回到命令窗口，再次输入 myfirst。这一次，可以看到的是

```
>> myfirst
```

与在命令窗口中发出的命令一样，最初由命令 x = 5 生成的输出现在被抑制了，因为

行尾有分号。命令仍然被执行；x仍然被（再次）设置为5。唯一的区别是赋值后x的值不会在命令窗口中打印。可以在命令窗口中输入x来证明。

```
>> x
   x =
    5
```

这种输出抑制对于用m文件编写的程序比在命令窗口中发出的命令要重要得多，因为通常只打印m文件中一长串命令的最终结果。实际上，在典型的m-文件中，通常每行都包含一个分号，以禁止打印。

使用该路径查找m文件。

在编辑窗口中，将5更改为6，按enter键并键入y = -9。然后将结果保存到名为mysecond的新文件中。在上面标题为path的部分中添加到路径的文件夹中。要确保当前文件夹不是这个文件夹，如前所述，如有必要可以更改文件夹。在命令窗口中输入mysecond，文件中的命令将被执行。即使当前的文件夹不包含这个m文件，MATLAB也可以通过查看路径上的每个文件夹，以检索到它。它是在操作系统的帮助下完成的，而且发生得非常快，没有明显的延迟。找到后并运行。如果检查x和y的值，就会发现它们现在等于6和-9。

```
>> x
   x =
    6
>> y
   y =
   -9
```

1.4.3 注解

MATLAB理解以正确语法给出的命令。可以通过添加只能由人类阅读的附加文本来帮助其他人理解用户在做什么。例如，可以在m文件的顶部输入用户的姓名，以显示程序编写的作者。如果这样做，MATLAB将会提示用户犯了语法错误。为了防止这种情况发生，程序编写时必须告诉MATLAB应该忽略包含的用户姓名的行。这可以通过以百分号开始的一行注释来实现。习惯上，在顶部的一组多注释行中包含关于文件生成的信息。例如，在课堂上提交作业解决方案，可能需要包含以下信息：程序编写者的姓名、课程名称、提交日期和作业编号等信息按照如下注释方式进入程序。

%作者：Nicholas S.Zeppos

%第一节,CS 103

%2013/09/22

%HW No.1

像这样的文本，尽管包含在程序中，但被解释它的系统（如 MATLAB）或编译它的系统忽略，被称为注释。MATLAB 用绿色字体显示注释文本，因为 MATLAB 编辑器也用绿色字体显示。MATLAB 使用颜色使文本更容易阅读，但颜色对文本的含义没有影响。注释也可以包含在MATLAB命令的同一行中。规则是，在%后面直到行尾的所有内容都被 MATLAB 忽略。当程序编写者在几周/几个月/几年之后再拿起代码时，这是非常有用的。

在编写自己的函数文件时，可以在函数文件的顶部或函数声明之后添加注释，从而让它们拥有自己的帮助部分。一个简单函数 multiplyby2 保存在文件 multiplyby2.m 中的示例。

```
function [prod]=multiplyby2(num)
%函数 MULTIPLYBY2 接收一个矩阵 NUM 返回输出 PROD
%例如所有的数值都乘以 2
prod=num*2;
end
或者,
%函数 MULTIPLYBY2 接受一个数字矩阵 NUM 返回输出 PROD
%例如所有的数值都乘以 2
```

MATLAB 提供了一种连续注释行的方法，而无须在每行上添加百分号。下面是使用 block-comment 选项的相同的注释块。

```
%{
%作者：Nicholas S.Zeppos
%第一节,CS 103
%2013/01/22
%HW 赋值 1
}%
```

%必须单独出现在各自的行上。这两行之间的每一行都将作为注释用绿色突出显示，否则将被 MATLAB 忽略。注释对程序来说可能比可执行命令更重要，这是因为大多数程序最终都必须更改，而依赖注释来理解代码的人必须进行这些更改。

1.5 工作空间窗口和变量编辑器

为了工作空间不会因为只包含一个变量 z = 16，而看起来比较空，试着输入以下命令来填充它。

14

```
>> a=zeros(5);  b=num2cell(ones(3, 2));  c=rand(5, 6);
>> h=single(ones(2, 9));  t='aircraft';
>> s=struct(t, {'B787', 'A380'}, 'developer', {'US', 'EU'});
>> y=int8(45);  z=pi/2;  6>3;
```

这些命令创建了不同类型的一些变量（标量和数组）（将在接下来的两章中讨论），显示在 Workspace 窗口中，如图 1-7 所示。这个工作空间窗口是一个图形用户界面，它允许你查看和管理 MATLAB 工作空间的内容（所有变量的内存分配）。Workspace 浏览器显示每个变量的名称（通过区分其类的图标）、其值、数组大小、以字节为单位的大小和类。这些是 Workspace 窗口的默认列，但是可以通过右键单击打开弹出菜单的列的名称来选择显示哪些列。

图 1-7　工作空间窗口和值编辑窗口

右键单击变量名或变量值会弹出另一个菜单，其完整版本如图 1-8 所示。该菜单的底部（仅对数值型数组可用）允许使用不同的绘图选项绘制所有列的数据。可以使用这个菜单来打开变量编辑器（Open Selection），在工作空间浏览器中保存、复制、重复、删除、重命名，甚至编辑所选变量的值，如图 1-8 所示。对于 char 类变量和标量，可以通过选择变量（单击它），然后再次单击数值来实现这一点。请注意，当用户选择一个标量进行编辑，它的确切值会显示出来，而不是它的短格式版本（其背景为灰色，如图 1-8 所示）。

当使用更多的变量时，就会占用更多的内存空间。实际上，MATLAB 将定义变量的集合称为工作空间。如果在任何时候，要通过给变量赋值来查看已经存在的变量，可以查看工作空间窗口或者使用 whos 命令。例如，作为在这个小节中输入的命令的结果，whos 会显示如下信息。

```
>>whos
```

Name	Size	Bytes	Class	Attributes
G	1×1	8	double	
M	1×1	8	double	
XMen	1×1	8	double	
C	1×1	8	double	
earth	1×1	8	double	
M	1×1	8	double	
R	1×1	8	double	
w_in_newtons	1×1	8	double	
w_in_pounds	1×1	8	double	
X	1×1	8	double	
y45	1×1	8	double	

左列按字母顺序给出变量名(大写字母优先)。标记为 Size、Class 和 Attributes（在 MATLAB 当前版本中可能省略了 Attributes）的列将在以后深入讨论。

标记为 Bytes 的列显示 MATLAB 为每个变量分配了多少内存空间。计算机内存是用位和字节来衡量的。一个字节是 8 位，位是内存的最小单位。位只能存储两个值中的一个：0 或 1。N 位中可以存储的值的数量等于 0 和 1 在 N 位中可以出现的次数，也就是 2^N。因此，一个字节可以容纳 $2^8 = 256$ 个不同的值。如 Bytes 列所示，每个变量占用 8 个字节，即 64 位，因此每个变量可以存储最大 $2^{64} = 1.8447 \times 10^{19}$ 的值。菜单会显示那些特定值可以存储在标题为数据类型的章节中。

工作空间浏览器还允许用户以图形方式预览数值数组的内容。可以在弹出菜单中选择所选数值数组的相应选项进行绘制，也可以在工作空间工具栏中使用 plot Selection 图标（见图 1-8），会出现在如图 1-9 所示的弹出式菜单。这个工具栏的前 5 个图标提供了另一种方法来创建一个新变量，在变量编辑器中打开选定的变量（接下来讨论），从外部加载数据（包括直接从 Excel 电子表格），保存和删除变量。

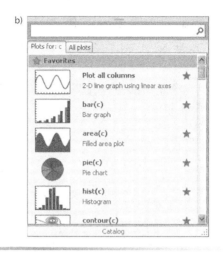

图1-8　一个右键弹出菜单和一个图形选择菜单

图1-9　菜单形式创建新变量

除了前面讨论的选项之外,双击任意变量的名称或值就会打开变量编辑器。用户还可以通过使用 openvar 函数以编程方式完成此操作。

>> openvar c;

命令运行后会弹出如图 1-10 所示的窗口。变量编辑器允许在工作空间中编辑和查看变量的各种选项。在某种意义上,在变量编辑器中工作类似于在电子表格中工作。在这里可以更改数组的大小、内容和元素的格式,剪切、复制、粘贴和删除它们。交换数据命令窗口和 Excel,并从当前选择创建图形和新变量。在 MATLAB 的最新版本中,增加了一个新的工具:Brush/Select Data 图标。这些可以对数组的部分进行交互式标记、删除、修改和保存(以图 1-10 为例,该工具标记了两行,即交互式数据刷取模式)。

还可以同时操作多个变量(见图 1-11)。在这方面,变量编辑器工具栏上最右边的一组图标允许你在变量编辑器内正确地安排几个窗口。这些图标允许以 n×m、左/右、顶/底平铺和浮动模式排列打开的变量窗口,以及简单地最大化选定的变量窗口,以占据变量编辑器的所有空间（见图 1-12）。除此之外，还可以使用变量编辑器来浏览和更改元胞数组和结构的内容（将在第 8 章中讨论）。图 1-11 是结构数组 s 的一个元素。

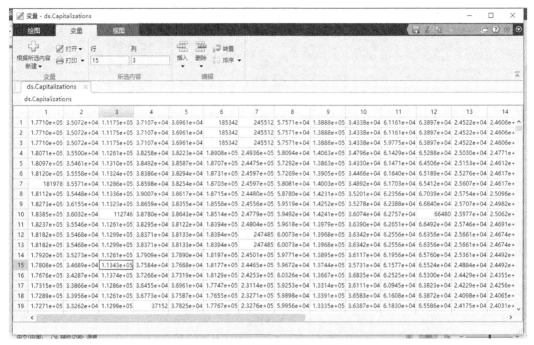

图 1-10 变量编辑器窗口：单变量

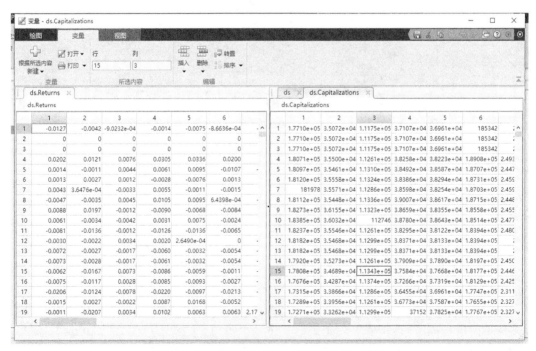

图 1-11 变量编辑器窗口：同时打开多个变量

图 1-12 打开变量的菜单操作

文档窗口/变量编辑器还可以与工作空间窗口一起使用，以创建全新的数组。在工作空间窗口顶部的快捷栏图标上可以看到每个图标表示的功能。选择新变量图标，一个名为未命名的新变量将出现在变量列表中。可以通过右键单击弹出菜单并选择 rename 来更改它的名称。要向这个新变量添加值，双击它并从数组编辑器窗口添加数据。创建完新变量后，通过选择窗口右上角的 close window 图标来关闭数组编辑器。

1.6 当前文件夹窗口和搜索路径设置

当 MATLAB 运行时，有一个特殊的文件夹，称为"当前文件夹"，将存储用户想要保存的文件。应该将这个文件夹从 MATLAB 默认的文件夹更改为想要保存文件的文件夹。有些人称文件夹为"目录"，这是同义词。因此，有时将文件夹称为文件夹目录。

如图 1-13 中的箭头所示，单击后一个窗口将弹出显示文件夹结构，可以单击想要使用的文件夹，然后单击 OK。如此操作后，将看到出现在文件图标右侧空格中的当前文件夹名称现在已更改为用户所选择的名称。当前文件夹内的任何文件夹和文件将同时出现在当前文件夹窗口。

说到"当前文件夹"窗口，如果该窗口中有子文件夹，那么只需双击其中任何一个就可以成为当前文件夹。这个方法适用于所有版本的 MATLAB。

当前文件夹窗口（见图 1-13）主要目的是导航到存储文件的目录，并以类似于 Microsoft Windows 的方式显示其内容。图 1-14 显示了未停靠的当前文件夹窗口的默认视图。它还表明，除了文件的名称之外，用户还可以添加一些额外的信息，包括它的大小、最后修改的日期、类型和描述（后一个选项将当前文件夹中每个 m-文件的第一行添加到它的名称之后）。

图1-13　改变当前文件夹

图1-14　未停靠的当前文件夹窗口

当打开 MATLAB 时，MATLAB 会将当前文件夹设置为某个默认位置。因此，除非每次保存内容时都更改当前目录，否则它将一直保存在这个默认文件夹中。使用默认文件夹是完全可以的，但建议在已知的位置创建一个新目录，并在每次打开 MATLAB 时在目录中寻找目标文件夹，这样就知道文件保存在哪里。

在"当前文件夹"窗口浏览器（见图 1-15）和桌面工具栏上的"帮助"图标右侧，会出现 MATLAB 查找并保存文件的当前文件夹的显示框。可以改变这个显示框的两个图标是浏览文件夹和上一级。这些按钮提供了更改当前目录的最快方法。当然，如果以前使用过这个文件夹，可以通过从下拉列表中选择这个目录来利用它，单击相应的图标来调用这个目录。

当使用 MATLAB 编辑器创建第一个 m 文件并尝试运行它时，它会建议先保存它（如果它还没有保存）。之后也会有机会选择保存的目录。如果这个目录与当前文件夹不同，那么编辑器会建议将这个目录设置为当前目录（见图 1-15）。

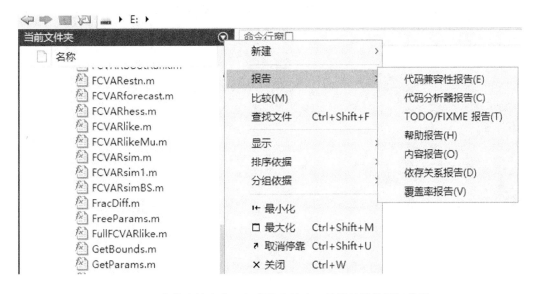

图 1-15 当前文件夹窗口和当前文件夹工具栏的操作图标菜单

当 MATLAB 在当前文件夹中找不到目标文件时，MATLAB 会在其他文件夹中继续查找。"路径"是一个文件夹列表，程序通过它来搜索文件。MATLAB 自带一个已经设置好的路径，可以通过添加或删除文件夹来更改它。

用户应该将任何文件夹添加到路径中，其中包含为 MATLAB 创建的文件。为此，可以选择只使用一个文件夹，或者可能希望使用的文件夹。例如，为所参与的每个项目或编程课程的家庭作业使用一个不同的文件夹。在任何情况下，应该将这些文件夹的名称放在列表的底部，也就是说，在路径的末尾而不是顶部。首先，使用操作系统（如 Windows 和 Mac OS）创建一个新文件夹，然后，在 MATLAB 中，将已经创建的文件夹添加到路径中，如下所示。

首先，打开"Set Path"窗口。要打开 MATLAB 的窗口，单击 MATLAB 左上角的 File 菜单桌面。其次，点击设置路径命令。窗口将弹出。要在版本 R2012b 和以后的版本中打开它，单击 HOME ribbon 上的设置路径按钮，如图 1-16 中箭头所示。当 Set Path 窗口弹出时（见图 1-17），在左侧可以看到一些按钮，在右侧看到路径显示。路径的起点在显示器的顶部，可以使用右边的滚动条查看整个路径。点击"添加文件夹"，弹出一个名为"选择目录"或"浏览文件夹"的窗口。在这个窗口内，点击需要添加的文件夹，接着点击"打开"或"确定"。该文件夹将出现在路径的顶部。最后，点击"移动到底部"，将文件夹移动到路径的末端。如果希望从路径中删除一个文件夹，请单击"删除"。在那个窗口可以添加和/或删除任意多的文件夹。

图 1-16　打开设置路径窗口

图 1-17　设置路径

如果用户在自己的机器上运行 MATLAB，并且希望在下次运行 MATLAB 时，该文件夹出现在前次设定的路径上，单击"保存"按钮，为便于下次运行 MATLAB 时显示该工作路径。如果想让这个窗口保持打开状态，可以点击窗口左上角（Mac）或右上角（Windows）的"最小化"按钮。否则，单击"关闭"按钮。如果工作路径被改变，但还没有保存新工作路径，则会出现一个对话框，提示"是否希望保存该路径以用于未来的MATLAB 会话?"同样，如果用户在自己的机器上运行 MATLAB，想让这个文件夹出现在指定的工作路径上，下次运行 MATLAB 时，点击"是"按钮，否则，单击"否"按钮。

要查看哪些目录在搜索路径上，或者要更改搜索路径，需要单击 Desktop File 按钮，然后选择 Set path 选项，这样会出现如图 1-17 所示的对话框窗口。另一种方式是，可以使用 pathtool 命令以编程方式打开此窗口。

如图 1-17 所示，默认搜索路径意味着不论当前工作目录是什么，MATLAB 都能够找到所有内置函数和安装在计算机上的工具箱。例如，在前面的部分中使用的 function.m 函数，位于 "...MATLAB\R2011a\toolboxMATLAB\ elmat" 目录（在图 1-17 中高亮显示）。然而，MATLAB 能够从任何其他目录中使用它。用户也可以使用这个窗口添加自己的目录，这样存储在其中的文件从任何工作目录都可以被访问。

1.7　图窗口

到目前为止，MATLAB运行所得到结果都在命令窗口中以简单文本形式输出。然而要获得图形结果的输出，必须使用图窗口。为了尝试绘图，在命令窗口中键入如下两行代码。

```
x=[1 2 3 4 5 6 7 8];
y=[1 2 3 5 8 13 21 34];
```

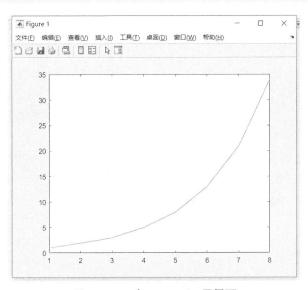

图 1-18　一个 MATLAB 图界面

上面的两个命令分别使 x 和 y 等于两个包含 8 个元素的向量。现在给出以下绘图命令。

```
>>plot(x,y)
```

当输入 plot 命令时,"Figure"窗口将自动弹出,如图 1-18 所示。

如果要关闭图形窗口,可以用鼠标点击 Mac 窗口左上角的红色按钮,或者 Windows 窗口右上方的×,或者在命令窗口中键入 close 命令。如果希望图形窗口保持打开状态,并将下一个图形窗口放入新的图形窗口中,那么在下一个 plot 命令之前给出"figure"命令。如果打开了多个图形窗口,那么 close 将只删除最后一个弹出的图形窗口。如果想要删除所有的图形窗口,可以执行以下命令。

```
>>close all
```

1.8 运算符、表达式和语句

程序的基本功能是计算表达式的值以及执行语句,例如:

```
u*t-g/2*t.^2
balance = balance + interest
```

MATLAB 编程语言被称为"一种基于表达式的语言,它解释并计算表达式的值"。表达式由各种各样的元素构成,比如数字、变量和运算符。首先有必要了解一下数字计算。

1.8.1 数字

在 MATLAB 中,数可以表示为通常的小数形式,例如以下两个数。

```
1.2345
-123 .0001
```

一个数字也可以用科学表示法表示,例如,1.2345×10^9 在 MATLAB 中可以表示为 1.2345e9。这在 MATLAB 中被称为浮点表示法。该数字有两部分:尾数和指数。以上数字的尾数为 1.2345,指数为 9,指数必须是一个整数。尾数和指数必须用字母 e(或 E)分开。

注意,以下不是科学表示法:1.2345*10^9。这实际上是一个包含两个算术运算(*和^)的表达式。

如果数字非常小或非常大,使用科学记数法更方便,出错的可能性也较小,例如,将 0.000000001 表示为 1e-9。

在使用标准浮点运算的计算机上,数字被表示为大约 16 位有效的十进制数字。数字的相对精度由函数 eps 给出,eps 定义为 1.0 与下一个最大浮点数之间的距离。可以在命令窗口输入函数 eps 以查看其在计算机上表示的值。

计算机可表示的数字范围约为 $\pm10^{-308}\sim\pm10^{308}$，计算机表示的数字精确值可以分别由 MATLAB 函数 realmin 和 realmax 获得。

1.8.2　数据类型

MATLAB 有 14 种基本数据类型。默认的数字数据类型是双精度，且所有的 MATLAB 计算都是以双精度类型进行的。有关数据类型的更多信息可以在 MATLAB 帮助文档中找到。

MATLAB 还支持有符号和无符号整数类型和单精度浮点数类型，通过 int8、uint8 和 single 函数可以将 MATLAB 默认的数据类型分别转换为 8 位整数型、8 位无符号整数型和单精度型数据。

表 1-3　两个变量的算法操作

运算	计算形式	MATLAB
加法	a+b	a + b
减法	a-b	a - b
乘法	a×b	a * b
右除	a/b	a / b
左除	b/a	a \ b
幂运算	a^b	a ^ b

但是，在对这些数据类型执行数学运算之前，必须首先使用 double 函数将它们转换为双精度。

1.8.3　算术运算符

表达式的求值是通过算术运算符来实现的，运算符作用于操作数（见表 1-3 中的 a 和 b）。两个标量常数或变量的算术运算如表 1-3 所示。

值得注意的是，左除法与一般的除法不同，应该用左操作数除以右操作数。对于标量操作数，表达式 1/3 和 3\1 得到相同的结果。然而，矩阵左除法有一个完全不同的含义，将在本书后续内容中提及。

1.8.4　运算符的优先级

几种运算可以组合在一个表达式中，例如 g * t^2。在这种情况下，MATLAB 对首先执行哪类运算有严格的规则，被称为优先规则。运算符的优先级规则如表 1-4 所示。要注意圆括号和方括号的区别：圆括号用于改变操作符的优先级，而方括号用于创建向量。

当表达式中的运算符具有相同的优先级时，运算将从左到右执行。所以 a / b * c 的值是(a / b) * c 而不是 a / (b * c)。

表 1-4　算法操作优先级

优先级	运算符
1	括号（圆括号）
2	幂运算，从左到右
3	乘法和除法，从左到右
4	加法和减法，从左到右

1.8.5　冒号运算符

冒号运算符（一种创建向量的方法，后续内容中介绍）的优先级低于 "+"，如下所示：

1+1:5

首先执行加法运算，然后以 2 为初始化元素，建立每次增加 1 的向量（2，3，4，5）。

表 1-5　在数组上逐元素操作的算术运算符

运算符	描述
.*	乘法
./	右除
.\	左除
.^	幂运算

如果冒号运算部分加上中括号，以下数学表达式的运算结果又完全不同了。

1+[1:5]

将值 1 添加到向量 1:5 的每个元素上，得到的结果为（2，3，4，5，6）向量。在这种情况下，加法运算称为数组运算，作用于向量（数组）的每个元素。数组运算将在后续内容中讨论。

1.8.6　转置算子

转置算子的优先级最高，在 MATLAB 命令窗口中试一下 1:5'。首先被转置（标量的转置为自身），然后形成行向量。如果想转置整个向量，可以使用方括号[1:5]'。

1.8.7 数组的算术运算

为了介绍数组的运算，尝试在命令窗口输入以下运算语句，看看得到什么结果。

```
a=[2 4 8];
b=[3 2 2];
a.*b
a./b
```

MATLAB 还有四个运算符，如表 1-5 所示。这些运算符作用于等维数组的对应元素。这些运算有时被称为数组运算，或逐个元素的运算（有时称为点乘）。例如，a.* b 的运算形式为[a(1)*b(1) a(2)*b(2) a(3)*b(3)]，结果为如下形式的向量。

[6 8 10].

元素对元素的除法形式为a./ b（有时称为点除）。现在可以尝试一下[2 3 4].^[4 3 1]，含义是第一个向量的第 i 个元素取第二个向量的第 i 个元素的幂。

对于乘法、除法和取幂等数组运算来说，字段符 "." 是必需的。这些运算在矩阵中有不同的定义，通常被称为矩阵运算。

对于上面定义的 a 和 b 两个向量，试一下 a＋b 和 a－b 分别得到什么结果。对于加法和减法，数组运算和矩阵运算是一样的，所以可以不用区分它们。应该强调的是当对两个向量进行数组运算时，两个向量的维度必须相同。

数组运算也适用于标量和非标量之间的运算，可以试一下 3.* a 和 a.^2 分别得到什么结果。标量和非标量之间的乘法和除法运算可以带字段符也可以不带字段符，比如当 a 是向量时，3.*a 等于 3 * a。

元素与元素相乘的一个常见例子是寻找两个向量 x 和 y 的标量积（也称为点积），可表示为

$$x \cdot y = \sum_i x_i y_i$$

MATLAB 函数 sum(z)计算向量 z 元素的和，因此 sum(a .* b)将计算出 a 与 b 的标量积（按上面定义的 a 与 b 向量可获得和为 30）。

1.8.8 表达式

表达式是由变量、数字、运算符和函数名组成的公式。当在 MATLAB 命令窗口的提示符中输入一个表达式时，就能够得到运算结果。例如要计算 2π，可以键入如下表达式。

```
2*pi
```

MATLAB 的输出结果为

ans = 6.2832

注意，MATLAB 使用函数 ans 返回最后一个要计算表达式的值。

1.8.9 语句

MATLAB 语句经常是这种形式：变量名=表达式，例如：

s = u*t-g/2*t.^2

这是一个赋值语句，右边表达式的值被赋给了左边的变量。注意，赋值语句左边必须是变量名。初学者容易犯的一个常见错误是把语句颠倒过来，比如

a + b = c

正确的赋值语句是：c = a + b。

一般而言，在命令窗口或程序脚本中输入一行命令，MATLAB接受一条语句。所以一条 MATLAB 语句可以是一行赋值语句，一行命令语句，或一个简单的表达式，例如：

x = 29;   %赋值
clear   %命令
pi/2;   %表达式

正如所看到的，在赋值或表达式末尾的分号将抑制任何结果的输出。这在程序运行中对于抑制那些不必要输出的中间结果（或大矩阵）是有用的。

如果一条语句太长以致一行写不下，可以用至少三个点的省略号，这样可以继续到下一行书写。

x = 3*4-8 ···
    /2^2。

同一行的语句可以用逗号（输出不被抑制）或分号（输出被抑制）分隔，例如：

a = 2; b = 3, c = 4。

从技术上讲，逗号和分号不是语句的一部分，它们都是分隔符。语句可能涉及数组运算，在这种情况下，左边的变量可以是向量或矩阵。

1.8.10 语句、命令和函数

MATLAB语句、命令和函数之间的区别可能有点模糊，因为它们都可以在命令行中

输入。然而，将命令理解为以某种方式改变一般运行环境有助于理解三者的差异，例如 load、save 和 clear。语句所实现的功能通常与编程有关，比如计算表达式和对变量赋值、按照条件执行语句(if)和重复某些语句(for)。函数对数据执行一些运算并返回结果，例如 sin 和 plot 两个函数。

1.8.11　公式的向量化

通过数组运算，可以按同一表达式重复进行多次运算。这是 MATLAB 最有用和最强大的特性之一。以计算复利为例，A 在 n 年内以年利率 r 投资的一笔钱增长到 A(1 + r)n。如果投资的最终余额分别是 750 美元、1000 美元、3000 美元、5000 美元和 119999 美元，期限 10 年，利率为 9%，下面的程序(comp.m)使用数组运算来计算相应的初始投资额。

```
format bank
A=[750 1000 3000 5000 11999];
r=0.09;
n=10;
B=A*(1+r)^n;
disp([A' B'])
    750.00      1775.52
   1000.00      2367.36
   3000.00      7102.09
   5000.00     11836.82
  11999.00     28406.00
```

注意：

（1）在语句 B = A * (1 + r)^n 中，表达式(1 + r)^n 首先计算，因为取幂的优先级高于乘法。

（2）紧接着向量 A 的每个元素乘以标量(1 + r)^n。

（3）可以使用运算符*而不是 .*，因为乘法是在标量和非标量之间进行的(尽管.*不会导致错误，因为标量是数组的特殊情况)。

（4）这里显示了两列数，每列分别由 A 和 B 的转置给出。

这个过程称为表达式的向量化，其运算过程如下：MATLAB 每次解释一个命令行，对向量 A 的每个元素进行一次运算，并添加到向量 B 构成其中的一个元素。

可能不少初学者容易犯以下错误。运行 comp.m 程序，然后输入语句：

```
A(1+r)^n
```

在提示信息中，输出是一个后跟标量的意外警告。

Warning: Subscript indices must be integer values.

ans=

5.6314e+028

其错误在于 A 之后省略了乘法符号*。然而，MATLAB 仍然给出了一个结果。这是因为 A 后面的圆括号表示向量的元素，在本例中，因为 r 的值为 0.09 元素 1+r 向下取整得到 1（如果向量索引为小数时自动向下取整）。A(1)的值为 750，因此 MATLAB 计算 750^{10}。

奇怪的是，即使 A 是一个标量（如 A = 750），也会给出相同的错误答案，因为 MATLAB 将标量视为一个只有一个元素的数组。

1.9 帮 助 系 统

帮助命令可用于查询 MATLAB 函数以及了解如何使用这些函数。要了解某个函数或命令的功能和使用方法，可以在命令窗口键入 help，后跟函数或命令名称，函数或者命令的帮助文档将立即显示在命令窗口中。也可以点击桌面"主页"选项卡的"资源"菜单的工具条上的"帮助"下的向下箭头，可以选择各种功能子菜单，如图 1-19 所示。

图 1-19 选项卡的子菜单

例如，下面将给出 linspace 命令的解释说明，如图 1-20 所示。

图 1-20　Linspace 命令描述

MATLAB 除了提供许多帮助文档，还提供音频/视频教程和演示，介绍各种函数及命令的使用，这是一个很好的方法帮助初学者快速入门。也可以使用 F1 键从默认的 MATLAB 桌面访问帮助系统，或者可以点击如下菜单。

Help\Product Help\Contents

MATLAB 会出现如图 1-21 所示的帮助窗口（帮助浏览器），会有很多功能选择。

图 1-21　开始搜索帮助的窗口

MATLAB 帮助文档涉及的内容是广泛的。强烈建议上网获取关于 MATLAB 的音频/视频教程。另外，通过单击 MATLAB 文件夹的加号"+"按钮，然后单击感兴趣的条目，便可以看到 MATLAB 文件夹的内容。如果不知道一个特定的条目的确切名称，可以单击"索引"标签，以按字母顺序列表，这样可以搜索到所需要的条目。要让 MATLAB 搜索一个主题，可以在"搜索"窗口中输入一个主题名称，然后单击"Go"按钮。然后，可以通过单击"搜索结果"选项卡来查看所有搜索结果。MATLAB 包含大量的 m 文件演示文档集，用户可以通过单击"demos"选项卡来访问。通过示例演示，为初学者回答许多有关 MATLAB 编程的详细问题。

MathWorks 公司还销售被称为工具箱的相关领域专门程序和 m 文件集。工具箱是由各自领域的专家开发的，专门用于解决这些领域的问题。比如对于电气和计算机工程师来说，有一些工具箱与通信、控制、滤波器设计、图像处理、数据库管理、信号处理和神经网络相关。

为了说明如何查找帮助文档信息，以下通过 MATLAB 查找关于 atan2 内置函数的帮助文档。首先打开帮助窗口（如图 1-21 所示），然后在"搜索"窗口中输入函数(或主题)的名称。点击"Go"按钮后，MATLAB 返回 atan2 帮助窗口，图 1-22 显示了部分帮助窗口。帮助文档描述了 atan2 函数的能够实现的所有功能以及使用示例说明了该函数的各种用法。

搜索结果通常包括编程的语法信息、主题描述、示例、计算方法和与该函数相关的 MATLAB 内置函数。此外，内置的 MATLAB 函数 help 命令格式也能够直接从命令窗口访问帮助文档，这不必通过帮助窗口。例如，如果用户知道需要帮助的主题的名称，那么可以输入：

```
>>help atan2  %使用命令格式
```

帮助命令有很多选项。要查看这些选项，在命令窗口中输入 help。在命令窗口中。这将返回 help 函数的使用信息。如果你不清楚要查找的信息，可以尝试该函数的文档页面。

```
>>doc help
```

在命令窗口中，这将在页面上打开可浏览的文档，帮助函数提供所有需要了解"帮助"如何工作的信息。

一个特别有用的帮助选项是命令 help //，它列出了 MATLAB 使用的所有运算符和特殊字符。

另一种访问帮助文档信息的方法是使用 MATLAB 函数文档。在命令窗口中，输入不带参数的命令文档，打开帮助浏览器，如图 1-22 所示。要从命令窗口访问函数的参考页面，键入命令 doc function_name，其中 function_name 是想要获得更多信息的函数名称。与命令 help 一样，命令文档也有许多选项。要查看这些文档，请在命令窗口中键入 help doc。

　　如果用户不确定一个内置的函数的名称，可以使用 lookfor 命令，后面紧跟与内置函数相关的单词或术语，例如，输入 lookfor atan，然后 MATLAB 将其整个组函数呈现在命令窗口。它的功能类似于对文档进行关键字搜索。帮助信息的即时访问特别方便，以下是使用 lookfor 命令和其他检索命令的一些例子。

图 1-22　help atan2　函数的查询结果

lookfor wavelet，同样，也可以使用 docsearch

dosearch fourier

这个命令可以帮助你判断特定命令引用的是哪个文件，或者它是不是内置的。

which abs
which hahamard

　　help 和 doc 函数提供了很多信息，学习如何使用这些函数的功能将有助于学习者快速进步，并有效地使用 MATLAB。

练习题

1. 创建一个名称为 laboratory.m 的脚本文件的标准模板,写上标题,编写者姓名、用户名和模块标题。使用名称保存该文件

labXX <NameSurname>_<ddmmyy>.m

插入你的名字和今天的日期。当程序运行时,代码应该清除内存和命令窗口,并应该关闭任何当前打开的数字。

2. 只能使用 MATLAB 命令窗口,找出命令 imagesc 是什么。

3. 通过使用几个角度 θ 的值来证明

$$sin^2(\theta) + cos^2(\theta) = 1$$

4. 使用一行 MATLAB 代码,来计算下面的表达式:

$$\sqrt{\frac{(4.172 + 9.131844)^3 - 18}{-3.5 + (11.2 - 4.6) \times (7 - 2.91683)^{-0.4}}}$$

5. 以快捷的方式计算二项系数 $\binom{n}{k}$ 的公式。

$$\binom{n}{k} = \frac{\overbrace{n \times (n-1) \times (n-2) \times \cdots \times (n-k+1)}^{k\ 项}}{k \times (k-1) \times (k-2) \times \cdots \times 2 \times 1}$$

利用该公式计算 $\binom{13}{4}\binom{10}{5}$,并使用 MATLAB 命令 nchoosek 验证你的答案。

6. 验证指数函数(exp())和自然对数函数(log())互为反函数。

7. 如果不使用平方根(sqrt())或幂函数(^),就可以求出 555 的平方根,精度为 4 个百分点。若要备份解决方案,请复制"命令窗口"对话框。应该同时保存所输入的命令和 MATLAB 返回的内容。

8. 使用 MATLAB 作为一个计算器来求出如下方程的根。

$$0.5(x - 2)^3 - 40\sin(x) = 0$$

在时间间隔[2,4]内。注意:不允许绘制函数并从图中核对求解得出的答案。保存输入的命令和 MATLAB 计算得到的结果。

2

数据类型

每一种现代编程语言都提供了在变量中存储数字、对它们进行操作和输出的各种方法。计算机存储数据以字节为基础的二进制类型，而人类则以数字、文字和其他类型的数据为基础进行思考。像任何好的语言一样，MATLAB 将字节组织成方便的数据类型。本章涉及的具体目标和主题分为四个部分。

（1）本章将讨论在计算机内存中表示数字的不同方法，展示有限的表示数字的能力如何导致四舍五入误差。

（2）本章将学习十种类型的数字，并且将一种类型函数转换为另一种类型函数。

（3）本章将学到更多关于字符串的知识，以及如何将字符串中的字符编码为数字。

（4）本章将学习如何通过称为结构和元胞的数据类型产生异构的数据集。

2.1 计算机数字表示

默认情况下，MATLAB 为每个数值型变量分配 8 个字节，这意味着 MATLAB 将变量处理为双精度数字。然而，MATLAB 也能够使用其他数据类型表示数字。术语"数据类型"指的是计算机在其内存中表示数字的方式。数据类型决定分配给一个数字的存储容量、将该数字的值编码为二进制数字模式的方法以及可用于该类型的运算。大多数计算机为表示数字提供了数据类型的选择，每种数据类型在精度、动态范围、性能和内存使用方面都有特定的优势。为了能够利用不同的方式来表示数值数据，以优化（增加）MATLAB 程序的性能，MATLAB 允许使用者指定 MATLAB 变量的数据类型。在计算机领域，用来表示信息的基本单位叫作"词"，这是一个由一串二进制数字或位组成的实体。数字通常存储在一个或多个词中。为了理解这个过程是如何实现的，首先必须了解不同的数值系统和它们表示数字的方式。

2.2 数字表示系统

数字表示系统只是表示数量的一种惯例。因为人类有 10 个手指和 10 个脚趾,因此最熟悉的数字系统是十进制数字系统。基数是用来作为构建系统的参考数字。10 进制系统使用 0、1、2、3、4、5、6、7、8、9 这 10 个阿拉伯数字来表示数。

这些数字本身可以满足从 0 到 9 数量大小的要求。对于较大的数量,使用这些基本数字的组合,用位置或位置值指定大小。整数的最右边的数字表示从 0 到 9 的一个数字或 10 的 0 次方的倍数。右起第二位数字表示 10 的倍数(1 次幂)。从右数的第三位表示100 的倍数(10 的 2 次方),以此类推。如果要表示一个小数,同样的模式也适用——小数点右边的第一个数字是 0.1 的倍数(10 的负一次方),等等。例如,如果要表示数量3451.67,那么其中有三个 1000,四个 100,五个 10,一个 1,六个 0.1,七个 0.01,把数表示如下。

$$8\times10^3 + 4\times10^2 + 5\times10^1 + 1\times10^0 + 6\times10^{-1} + 7\times10^{-2} = 3451.67$$

这种类型的表示方法称为位置表示法。

现在,因为十进制是如此的熟悉,人们通常没有意识到还有其他的表示数的方法。如果人类碰巧有三根手指(就像电视剧《星际之门》中的阿斯加德种族人),那么可能流行的就是三进制数字表示法了。这样的数字系统将只使用三个基本数字:0、1 和 2,但仍然可以使用位置表示法。在这种情况下,三进制数 110.22_3(在此使用下标表示一个特定的非十进制数值系统的基数)将被转换为十进制系统,如下所示。

$$110.22_3 = 1\times3^2 + 1\times3^1 + 0\times3^0 + 2\times3^{-1} + 2\times3^{-2} = 9+3+0+2/3+2/9$$
$$= 12+8/9 = 12.88(8)$$

事实上,在计算机方面,三元系统已经被证明(在数论中)提供了最有效的(包括最紧凑的)计算。这就是为什么在计算机时代之初,已经经过几次尝试,试图创建一种使用三元算术的计算机。然而,这些尝试都失败了,因为很难以电子方式支持这个系统。相反,有两个状态的信号,即开/关电子元件,恰好是数字计算机最简单的解决方案,这就是为什么所有现代计算机都使用二进制,或以 2 为底的数字系统。17 世纪,戈特弗里德·莱布尼茨(Gottfried Leibniz)在他的文章《Arithmétique Binaire 的解释》中首次完整地记录了二进制数字系统及其衍生物:八进制和十六进制。就像十进制和三进制一样,这三个数字系统中的数字可以用位置表示法表示如下。

$$101.11_2 = 1\times2^2 + 0\times2^1 + 1\times2^0 + 1\times2^{-1} + 1\times2^{-2}$$
$$= 4+0+1+0.5+0.25 = 5.75$$
$$268.42_8 = 2\times8^2 + 6\times8^1 + 7\times8^0 + 4\times8^{-1} + 2\times8^{-2}$$
$$= 128+48+7+0.5+1/32 = 183.53125$$
$$1F0.B_{16} = 1\times16^2 + F\times16^1 + 0\times16^0 + B\times16^{-1} + 2\times16^{-2} + 1\times3^2$$

（注意，因为只有 10 个数字 0、1、2、3、4、5、6、7、8、9，基数 16 系统，还需要六个字母 A 到 F 是用来代表数，成为如下形式：A - 10、B - 11、C - 12、D - 13、E - 14 和 F - 15。）

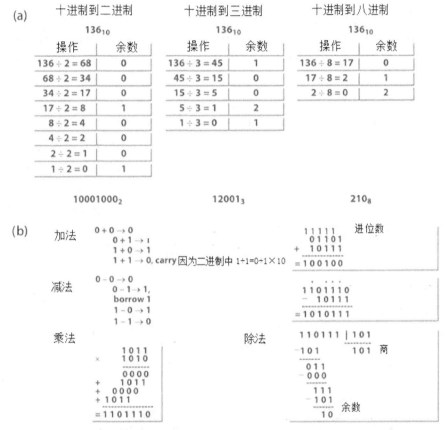

（a）从十进制转换为其他数字系统的算法图解（b）二进制算术的基础

图 2-1　算法图解

最后，下面的例子表明，八进制和十六进制系统确实是二进制系统的衍生品，因为可以很容易地转换成任意数量的二进制系统的其他两个适当的分组二进制数的位数整数部分（从右到左，从左到右的小数部分在必要时加零），并分别计算这些三位数组和四位数组的小数值。

$$11001110001111.1_2 = 11001110001111.100_2 = 31617.4_8$$
$$11001110001111.1_2 = 11001110001111.1000_2 = 338E8_{16}$$

2.3　处理整数

如前所述，二进制系统最适合计算机的存储结构，每一位可以是 1 或 0。一个 8 位的序列（字节），被称为一个单一的信息处理单元。在计算机硬件中，数字存储在二进制的词中（一个固定长度的二进制数字序列 1 和 0）。一个计算机数字表示的词通常由 32 位（或 4 个字节）组成，它也可以小到 1 个字节，大到 8 个字节或更多。硬件组件或软件功能解释这个由 1 和 0 组成的序列的方式由数据类型描述。

考虑一个简单的例子，当只想使用 1 字节（8 位）存储整数时。从最右边的位 b_0 开始填充这个字节，称为最低有效位（LSB），一直到最左边的位 b_7，被称为最高有效位（MSB），如图 2-2（a）所示。从图 2-1 可知，8 位可以容纳从 0 到 255 的 256 个正整数。

那么应该如何表示负整数呢？在数学中，任何底数的负数都用通常的方式表示，即在它们前面加上一个负号。然而，在计算机中，并没有一种单一的方法来表示数字的符号。最简单的方法是将 MSB 分配为一个符号位，指定存储空间，例如，0 表示正数，1 表示负数（见图 2-1）。例如，以这种方式编码的 8 位数字的十进制 -47 是 10101111_2（第一个"1"代表一个"$-$"符号）。这种方法被称为符号和大小，与常见的显示符号的方式（在数字的大小旁边放置"+"或"$-$"）类似。然而，如果结果是零就有两种表示，正零和负零，如图 2-3（a）所示。

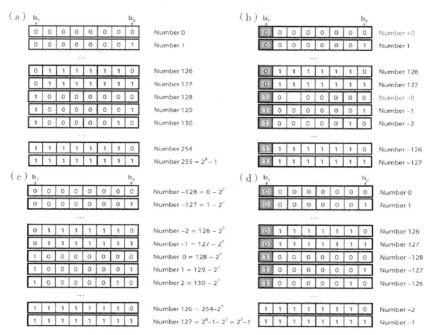

（a）无符号（b）符号和大小（c）多余（d）两个完整的整数

图 2-2　八进制格式

引入负数的一种更好的方式是从所得到的任何数字中减去某些特定的量，其差额如图 2-2（a）用 1 个字节表示。当处理一个 n 位的词时，可以使用同样表示方法，使它对零或多或少对称。

图 2-3　用符号大小法和补法表示负数时的二零问题

$$bias_N = 2^{N-1} \tag{2.1}$$

例如，当 N = 8（1 字节的词）时，根据方程（2.1）计算出的偏差为 $2^7 = 128$。这种偏差导致完全相同的二进制词出现不同的数字［见图 2-2（c）和图 2-2（a）］。这种表示有符号数的方法被称为过剩-M 法，其中 M 为偏差值，M=biasN（见图 2-4）。例如，在 M = 128 的情形下，方程（2.1）表示的方法被称为过剩-128 法。从图 2-4 中可以看出，零可以由数字 M 的二进制表示法来定义（8 位词的超 128 方法为 10000000_2），M 将由全零位模式来表示［见图 2-2（c）］。

还有两种表示负数的方法是 1 和 2 的补数。二进制数的 1 的补码形式是对其应用的逐位 not(~)（每个位都是逆序的），即它的正对应物的补码。例如，1 的补语形式 00101111_2(47)变成 11010000_2(-47)。在 8 位词中使用 1 的补码的有符号数字的范围是-127 到+128。与符号和幅度表示法一样，1 的补码仍然有两个表示 0 的方法：00000000_2(+0) 和 11111111_2(-0)［见图 2-3（b）］。

0 的多重表示问题被一个叫作二补码的系统所解决。在 2 的补中，负数由位模式表示，位模式（在无符号意义上）比正数的 1 补数大 1。对一个数求反（将正数转换为负数或将负数转换为正数）的方法是将所有位倒过来，然后对结果加 1。在有符号二的补数中，二进制数的 MSB 仍然表示符号。如果最左边的位为 0，则该数被解释为非负的二进制数。如果 MSB（最左）为 1，则两位的补码形式中包含一个负数。例如，转换正十进制值 5，00000101_2 的 8 位二进制表示的第一步是将所有位倒过来得到 11111010_2（此时，该数字成为十进制值 5 的 1 补数）。现在加 1 得到 11111011_2，一种有符号的二进制数，用补码形式表示十进制值为-5。初始位是 1，因此该数字被解释为负值。这个过程也是相反的，例如，将-5 的位倒过来得到 00000100_2，加上 1 得到最终的值 00000101_2，即正小数 5［8 位二进制表示的其余数字见图 2-2（d）］。值得注意的是，2 对 0 的补码 00000000_2 本身就是 0：反转给出所有 1，加上 1 则将 1 变回 0（溢出被忽略）。2 的最负数的补数 10000000_2，有时被称为奇异数，最后也会变成其本身。

二进制负数的二补表示的十进制值可以很容易地用通常的方式得到，不必计算 MSB，只须在数字上加上 2^{N-1}。例如，有符号的二进制数 11111011_2 的补码形式的十进制值可以得到$-2^7 + 2^6 + 2^5 + 2^4 + 2^3 + 2^1 + 2^0 = -5$。在这个意义上，它类似于在 MSB 中从

1开始的偏误二进制数，其偏误由方程(2.1)定义，而忽略最左边的数位。

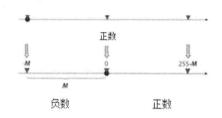

图2-4 引入负数的偏差

这里非常重要的一点是，当应用上述任何一种方法来表示负数时，将无法判断所得到的二进制数是有符号还是无符号的数据类型。MATLAB的最新版本支持几种有符号和无符号整数的格式，这取决于存储单个数字的位数。

uint8(x), uint16(x), uint32(x), uint64(x)	将标量（数组）X转换为无符号整数标量（数组），每个数字分别需要8、16、32和64位。
int8(x), int16(x), int32(x), int64(x)	将标量（数组）X转换为每个数字分别需要8、16、32和64位的有符号整数标量（数组）。

表2-1 最大和最小无符号整数

	unit8	unit16	unit32	unit64
最大整数 (intmax)	255 (2^8-1)	65535 (2^{16}-1)	4294967295 (2^{32}-1)	18446744073709551615 (2^{64}-1)
最小整数 (intmin)	0	0	0	0

表2-1定义了可以使用上述类型的无符号整数和有符号整数表示的整数范围(为了找到范围限制，可以使用相应的命令，如 intmin('int8')或 intmax('int64'))。在使用这些类型的数据过程中可能会带来一些误差。例如，如下命令得到的结果。

```
>> y=int8(300)
```

返回一个带有误差的结果。

```
y = 127
```

因为300超过了int8数据类型所能表示的最大值。虽然这个例子很明显，但下面的例子即使是有经验的程序员也很容易忽略。

```
>> 3*int8(100)
```

y = 127

虽然 int8(100)返回正确的结果，但它还定义了输出数据类型，这里遇到了与前例相同的问题。学习了 MATLAB 中有哪些整数数据类型后，接下来探讨非整数表示法（即实数）。

2.4 固定点格式

表示非整数的一种方法是遵循整数数据类型表示法相同的程序，但在二进制词中额外引入一个虚拟二进制点，如图 2-5（a）所示。事实上，可以想象为在考虑整数类型时，这个点已经存在了，并且位于 LSB 的右侧 [见图 2-5（b）]。

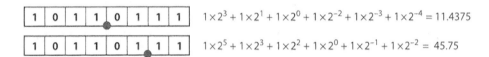

（a）介绍一个二进制点（b）扩展至整数值

图 2-5 二进制点

```
1 0 1 1 0 1 1 1    1×2³ + 1×2¹ + 1×2⁰ + 1×2⁻² + 1×2⁻³ + 1×2⁻⁴ = 11.4375
1 0 1 1 0 1 1 1    1×2⁵ + 1×2³ + 1×2² + 1×2⁰ + 1×2⁻¹ + 1×2⁻² = 45.75
```

图 2-6 使用定点数据类型表示实数的示例

这种类型的表示称为固定点数据类型，二进制点是定点值调整规模的方式。根据这个二进制点的位置，可以用相同的 1 和 0 序列表示不同的数字（见图 2-6）。

本质上，可以把二进制点的位置转换成一个规模调整问题。在图 2-6 的例子中，将二进制点右移两位意味着乘以 2^2。与图 2-5（b）相比，将二进制点向左移动 w 位意味着将任何整数乘以 2^{-w}。因此，不同定点数据类型之间的主要区别在于二进制点的位置。考虑到表示负实数的偏移，使用过剩- M 方法的定点实数可以被表示为

$$number = 2^{-w}(\text{int}eger - bias_N) = 2^{-w}\sum_{i=0}^{N-1}b_i 2^i - 2^{-w}2^{N-1} \tag{2.2}$$

也就是说，由它们的字长（以位 N 表示）、分数长度 w（斜率 2^{-w}）和偏差（定义它们是有符号的还是无符号的）来定义。同样，定点值是有符号的还是无符号的，通常不会显式地编码到二进制中（也就是说，没有符号位）。相反，符号信息是在计算机架构中隐式定义的。由方程（2.1）定义偏差的表示极限，其范围为

$$range = 2^{-w}[-2^{N-1}; 2^{N-1} - 1] \tag{2.3}$$

表 2-2　最大值和最小值

	unit8	unit16	unit32	unit64
最大整数 (intmax)	127 (2^7-1)	32767 (2^{15}-1)	2147483647 (2^{31}-1)	9223372036854775807 (2^{63}-1)
最小整数 (intmin)	-128 (-2^7)	-32768 (-2^{15})	-2147483648 (-2^{31})	-9223372036854775808(-2^{63})

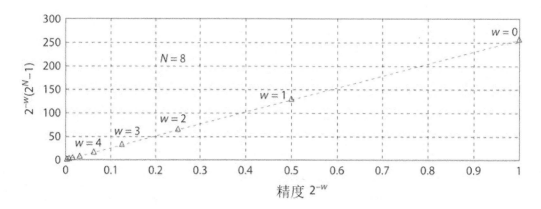

图 2-7　8位定点数的最大无符号值与精度的关系

显然，设 w = 0，等式（2.2）和等式（2.3）自然地扩展到包括整数的过剩 $bias_N$ 表示法。

除了与有限范围相关的误差，方程（2.3）表示与数据类型的精度相关的误差，其特征是数据表示法中连续数量之间的距离。考虑只用 1 个字节来表示实数的情况。无论如何规模调整和偏误为多少，这个 1 字节仍然只能容纳 256 个不同的数字。任意两个连续数量之间的距离是

$$recision = 2^{-w} \tag{2.4}$$

这意味着在运算固定点数据类型时不可能有更精确的解，就像方程（2.4）预先描述的那样。例如，如果 w = 0，两个连续数字之间的距离是 1（也就是说，整数没有误差），对于 w = 1，它是 0.5，对于 w = 2，它是 0.25，等等。如果 w = N，那么将拥有最好的精度（在我们的例子中是 2^{-8}），以及最差的（最小的）范围。顺便说一下，范围-精度的权衡总是如此（见图 2-7）。还需要注意的是，对于定点数据类型，虽然实数变小，但无论斜率如何，其相对精度都会变差。

$$\frac{precision}{real-worldnumeber} = \frac{1}{\sum_{i=0}^{N-1} b_i 2^i - bias_N} \tag{2.5}$$

2.5 浮点格式

表示实数的另一种方法是使用浮点数据类型。一个浮点数 x 可以用两个数 m 和 e 表示如下。

$$x = mb^e \qquad (2.6)$$

其中，b 是数基，数字 e 被称为指数，而精度 m，或非正式的尾数，是一个 p 位数，形式为±d.ddd…ddd，其中每个数位 d 是包括端点的 0 到 b − 1 之间的整数。如果 m 的领先的数位是非零的，那么这个数被称为标准化数。一种标准化的非零二进制浮点数通常可以有如下表示。

$$x = (-1)^s (1 + f) 2^e \qquad (2.7)$$

包括分数 f，满足不等式 0≤f<1，单独的符号位 s 表示正数和负数，s = 0 和 s = 1。因此，一个标准化的二进制数的尾数形式为 1.f，其中 f 对于给定的数据类型具有固定的大小。因为最左边的尾数位总是 1，不需要存储这个位，因此它是隐含的。从以上可知，一个 N 位的分数存储一个（N + 1）位的数字。

按照这个 8 位词的设置，应该需要分配 MSB 来存储符号 s，然后用一些位来表示指数 e，其余的位将表示如图 2-8 所示的分数 f。要编码如图 2-8 所示的数字，可以使用以下公式。

$$x = (-1)^{MSB} \left(1 + \sum_{i=1}^{F} \frac{b_{F-i}}{2^i}\right) 2^{\sum_{i=0}^{N-F-2} b_{F+i} 2^i - bias^{**}} \qquad (2.8)$$

其中，F 表示分数的比特数，而偏误 $bias^{**}$ 被引入指数中，以能够同时表示负数和正数。因此，浮点数据类型的优点之一是它允许在给定的位数中表示较大范围的数字，这在固定点表示法中是不可能的。

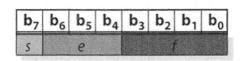

图 2-8 浮点数示意

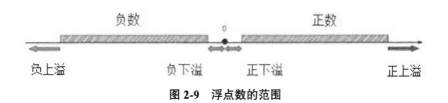

图 2-9 浮点数的范围

为了让指数具有或多或少对称的范围，这种偏差可以使用方程（2.1）来计算：bias** =bias$_{N-F-1}$ = 2^{N-F-2}（比负指数的数量大一个单位）或者按如下方程计算。

$$bias^{**} = 2^{N-F-2} - 1 \qquad (2.9)$$

由式（2.9）可知，指数的范围为[-2N-F-2 +1;2 n-f-2]。然而，在实践中，指数的一些值被保留用于标记无穷大（Inf）、不是一个数（NaN）和非规范化的数字（见下文），因此数的真实范围如下。

$$[e_{\min}; e_{\max}] = [-2^{N-F-2} + 2; 2^{N-F-2} - 1] \qquad (2.10)$$

图2-9提供了式(2.8)表示数字范围的图形说明。方程（2.10）中占指数范围的最小数的绝对值计算如下。

$$V_{\min} = 2^{-2^{N-F-2}+2} \qquad (2.11)$$

最大值的绝对值是

$$V_{\max} = (2 - 2^{-F}) 2^{2^{N-F-2}-1} \qquad (2.12)$$

从图2-9可以看出，在浮点运算中，零附近总是有一个缺口。为了填补这一空白，从而提供一个逐渐的下溢，允许计算过程慢慢失去精度，而不会让计算机一次性全部使用非规范化或次正规范化的数字。这些数字，可以用方程（2.8）的非规范化形式表示，使用形式 0.f 的尾数，而不是 1.f。0 有一种特殊的字节表示模式，在这种情形下，e＝0 和 f＝0（由于按照浮点数的符号和大小表示法，0 有两种表示，一种是正 0，另一种是负 0）。

总的来说，大于V$_{\max}$的正数和小于−V$_{\max}$的负数都是上溢，因此它们分别映射到+Inf 和−Inf。小于 V$_{\min}$ 的正数和负数大于−V$_{\max}$的是下溢或者称为非规范化的数，包括零。

图2-10 提供了一个可以使用固定点和浮点格式存储为 8 位（N＝8）的有符号实数的示例。对于由方程（2.2）给出的定点格式，假设二进制点位于第 3 位和第 4 个位之间（从左开始计数），因此 w＝3。对于浮点格式，T 有大约相同的范围，由考虑偏差的方程（2.8）给出，可以设置为 4。

由方程（2.11）可知，在图2-10 中可以清楚地看到零附近的下溢范围为−0.25～0.25，此时从方程（2.12）计算的浮点数范围为−15.5～15.5。注意，与方程（2.3）表示的固定点数相比，浮点数的范围是完全对称的。还需要注意的是，因为预留了两个指数来表示 Inf、NaN 和非规范化数字，图2-10 中的 8 位浮点数现在只表示 192 个而不是 256 个不同的数字（2 个符号×6 个不同的指数×16 个不同的分数）。

从图2-10 可以看出，浮点数还有一个非常重要的特性。与固定点表示的数字相反，它们不是均匀分布的，也就是说，浮点数的精度是变化的，从最小的数

$$precision_{\min} = 2^{e_{\min}-F} \qquad (2.13)$$

到最大的数

$$precision_{\max} = 2^{e_{\max}-F} \qquad (2.14)$$

对于比较大的数，在 N＝8 和 F＝4（见图2-8）情况下，分别对应 0.0156 和 0.5。为

了有一个唯一的衡量标准，计算机使用从 1.0 到下一个最大浮点数之间的距离（称为舍入常数）衡量数据表示的精度。它相应于指数等于 0 的情形，因此被定义为

$$\varepsilon = 2^{-F} \tag{2.15}$$

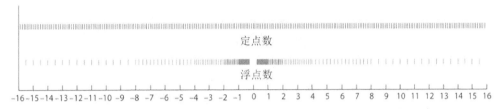

图 2-10　以八字节存储的定点数和浮点数

对于前面提到的 F = 4 的示例，精度值为 ε = 0.0625。这个常数也是相对精度的上界。与方程（2.5）表示的固定点数相反，浮点数的相对精度不依赖于实数的大小，并且在所有的数字范围内几乎保持不变。从方程（2.13）和方程（2.14）可知，增加指数域（降低 e_{min} 和增加 e_{max}）可以提高数量级比较小数值的精度，但同时导致数量级较大数值的精度恶化。方程（2.13）～方程（2.15）表明增加分数域可以获得更好的数组精度。

前面的讨论实际上做了某些假设，以确定 N 字节的词中哪一部分应该用于表示分数 f 和如何引入偏差指数 e。通过选择不同 N 和 f，可以获得不同精度和不同范围的浮点数。为了能够用这些数字进行运算，必须预先知道这些数的格式。否则，如果其他计算机使用不同的表示格式，这些数的运算代码将产生错误结果（如果有的能够运行的话）。

在 20 世纪 60 年代至 80 年代，情况更加复杂。不仅每台计算机都有自己的浮点数系统，而且有些是二进制的，有些是小数。在二进制计算机中，有些以 2 为基数，有些使用 8 或 16 为基数。不同的基数有不同的精度。1985 年，电气电子工程师协会（IEEE）标准委员会和美国国家标准协会（ANSI）采用二进制浮点运算的 ANSI/IEEE 标准 754—1985。这是由来自大学、计算机制造商和微处理器公司的数学家、计算机科学家和工程师组成的近百人的工作小组历经近十年努力的巅峰之作。

自 1985 年以来，几乎所有计算机都使用 ANSI/IEEE 浮点系统运算。这并不意味着这些计算机都提供完全相同的结果，因为在标准中有一些灵活性。然而，这确实意味着可以依赖一个与机器无关的模型来了解使用浮点格式运算的行为。除此之外，ANSI/IEEE 标准（最近被更新为 IEEE 754—2008 标准）指定了四种浮点数格式，其中单精度格式（使用 32 位词）和双精度格式（使用 64 位词）使用最为广泛。

2.6　标准单精度和双精度格式

如前所述，为了能够同时表示数量级较小的数和数量级较大的数，浮点格式中的指

数是有偏差的。ANSI / IEEE 浮点标准将单精度数的指数字段定义为 8 位的超 127 字段〔根据式(8.9)bias** = 28-1 -1 = 127〕。双精度指数字段使用一个 11 位的超 1023 字段（bias** = 211-1 -1 = 1023）。

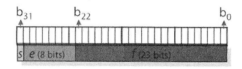

图 2-11　单精度（32 位词）格式

因此，单精度浮点格式是一个 32 位词，分为 1 位符号指示符 s、8 位有偏指数 e 和 23 位分数 f，如图 2-11 所示。形式上，这种格式与其实数表示之间的关系由式 2.16 决定。

$$x = (-1)^s(1+f)2^{e-127}, 其中, 0 < e < 255 和 f = \sum_{i=1}^{23}\frac{b_i}{2^i}(b_i = \{0,1\}) \quad (2.16)$$

双精度浮点格式基于一个 64 位词，它被分为 1 位符号指示符 s、11 位有偏指数 e 和 52 位分数 f，如图 2-12 所示。这种格式与其实数表示之间的形式关系由式 2.17 决定。

$$x = (-1)^s(1+f)2^{e-1023}, 其中, 0 < e < 2047 和 f = \sum_{i=1}^{52}\frac{b_i}{2^i}(b_i = \{0,1\}) \quad (2.17)$$

因为一些值的指数是留给表示那些正如上一节所讨论的不同数字，真正地为单指数值精度范围从 126～127（纯过剩-127 将提供-127～128 范围）和双精度范围从 1022-1023（纯过剩-1023 将提供-1023～1024 范围）。

MATLAB 传统上使用 IEEE 双精度格式（这是所有数学运算的默认格式）。MATLAB 的最新版本也支持单精度算法。虽然单精度格式节省了空间，但运算速度不一定快。

图 2-12　双精度（64 字节）格式

表 2-3　浮点相对精度，最大最小浮点数

精度	单精度格式	双精度格式
四舍五入误差	eps('single')=2^{-23}	eps==2^{-52}
下溢	realmin('single')=2^{-126}	realmin=2^{-1022}
上溢	realmax('single')=(2-eps('single'))2^{127}	realmax(2-eps)2^{1023}

类型转换使用下列函数。

single(X)	将 X 转为单精度
double(X)	将 X 转为双精度

基于方程（2.16）和方程（2.17），考虑到缩小的指数范围，单双精度的舍入常数（相对精度）以及它们可以表示的最小和最大数字可以由表 2-3 和表 2-4 所示的方法估计得到。

在表 2-3 中，浮点相对精度 eps 返回从 1.0 到下一个最大数字的距离，计算方法如方程（2.15）所示，realmin 在计算机上返回最小的规范化正浮点数，由方程（2.11）计算得到，realmax 在计算机上返回可表示的最大浮点数，由方程（2.12）计算得到。

2.7 舍入误差

由于数字计算机在表示数字的能力上有范围和精度的限制，不能准确地表示某些数量，从而导致四舍五入误差。这些误差对工程和科学问题的解决很重要，因为它们会使计算不稳定或导致错误的结果。如果误差仅导致计算结果微妙的差异，相当难以发现。

表 2-4 表 2-3 中计算结果的十进制表示

精度	单精度格式	双精度格式
四舍五入误差	1.1921e-007 $=1.1921\times10^{-7}$	2.2204e-6 $=2.2204\times10^{-6}$
下溢	1.1755e-038 $=1.1755\times10^{-38}$	2.2251e-308 $=2.2251\times10^{-308}$
上溢	3.4028e+038 $=3.4028\times10^{+38}$	1.7977e+308 $=1.7977\times10^{+308}$

事实证明，范围和精度限制并不是数值计算中涉及的舍入误差的唯一来源。由于舍入误差，某些数值运算会进一步加剧精度下降。这可能是由于数学计算本身的原因，也可能是由于计算机执行算术运算方式导致的。在继续考虑这些情况之前，应该从四舍五入误差的角度回顾一下固定点格式和浮点格式。

2.7.1 固定点数与浮点数

只要设定小数点后的位数，固定点表示的数值就可以精确地表示不超过最大值的所有数字（由位数决定）。这与浮点数表示法相反，浮点数表示法包括一个自动管理的指数，但是在它的表示法中给定相同数量的位不能准确地表示相同数量的数字。

由于浮点数不能表示精确的数组，固定点表示法通常用于存储货币值。除此之外，如果执行运算的处理器没有浮点单元（FPU），或者如果固定点算法为应用程序提供了必要的性能改进，那么有时也会使用固定点表示法。例如，一些音频编解码器使用固定点算法，这是由于为了节省成本，许多音频解码硬件设备没有 FPU，而音频解码需要足够的性能，在低速设备上实现浮点的软件无法产生实时输出。

然而，很少有计算机语言包含对固定点存储值的内置支持，因为对于大多数应用程序来说，浮点格式表示法运算就足够快了，而且能够达到足够精度了。浮点表示法比固定点表示法更加灵活，因为它们可以处理更大范围的数字。浮点表示法使用起来也稍微容易一些，因为它们不需要程序员指定小数点后的位数。

在历史上，固定点表示法是十进制数据类型的标准（如 PL/1 或 Cobol）方法。Ada 编程语言包括对固定点和浮点方法的内置支持。但是，如果需要，固定点数甚至可以在 C 和 C++等不包含这种内置支持的编程语言中实现。MATLAB 也依赖于浮点计算，尽管它也支持固定点数（在 Simulink 中）计算。

浮点数的行为通常与它们用来近似的实数非常相似。然而，这很容易导致程序员过于自信地忽略数值分析的需要。在许多情况下，浮点数不能很好地模拟实数。

例如，十进制分数 0.1 或 0.01 不能准确地用任何二进制浮点格式表示（稍后讨论）。一般来说，当要求固定精度时，定点算法通常是更好的选择。然而，当需要在一定范围的比例尺上实现相对（比例）精度时，浮点表示可能更合适。下面将讨论浮点计算中的常见误差。

2.7.2　范围和精度

形式上，与范围和精度相关的误差为

上溢（对于浮点数产生无穷大）；

下溢（通常定义为一种格式的正常数范围之外的不精确的微小结果），它产生零、次正常数或最小的正常数 3。这些是四舍五入和不可表示的数字。

从 2.2.3 部分和 2.2.4 部分可以看出，MATLAB 中所有类型的数据都有其局限性。表 2-1～表 2.4 给出了这些限制。如果你试图分配超过这些限制的数字，你将得到一个误差的（未确定的）结果。对于整数，它将是一个特定范围的边界数，对于浮点数，将是无穷大。

浮点数的另一个误差来源是它们有限的精度。首先，有些数字无法精确地表示出来。例如，π、e 或 5 等无理数不能用有限个数的有效数字表示。因此，计算机不能准确地表示它们。一般来说，对于使用 32 位字(单精度)的计算机工具，尾数可以表示为大约 8 个 10 进制数字的精度。因此，π 可以被显示为

```
>> format long,  single(pi)
ans = 3.1415927
```

执行算术运算，例如 1/3 或 6/7，也会受到浮点数精度的影响。再如，对于 1/3，单精度格式产生 0.6666667 而不是 0.(6)，对于 6/7 -产生 0.871429 而不是 0.(857142)。对于

使用 64 位字的工具，精度增加到大约 15 个 10 进制数字。例如，π 表示为

```
>> format long， double(pi)
ans = 3.14159265358979
```

此外，由于计算机使用二进制或以 2 为底的方式来表示，它们不可能精确地表示某些以 10 为底的情况。

例如，10 进制的数字 0.1 不能在二进制中精确地表示出来。使用 MATLAB 默认的 64 位浮点数可能很难看到，但是如果我们有意地将精度降低到单一格式，你将能够看到两种表示之间存在差异，表明 1/10 没有精确地表示。

```
>> 0.1-single(0.1)
ans = -1.4901161e-009
```

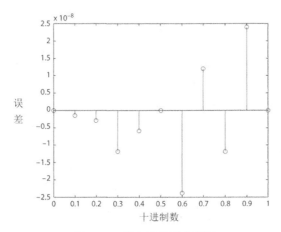

图 2-13　浮点数的代表误差

在存在精确表示的情况下，返回值将为零。如果你认为 0.1 是一个特殊的数字，那么运行以下脚本。

```
i=[0 : 0.1 : 1];
er=i-single(i);
stem(i, er), xlabel('Decimal number'), ylabel('Error')
```

其结果如图 2-13 所示。

可以看出，在这 11 个分数中，只有 0、0.5 = 2-1 和 1 = 2^0 这 3 个分数有准确的表示法。其余的则没有。MATLAB 的 64 位字格式并没有使这些误差消失，而是使它们变得更小。

某些数值方法需要进行大量的算术运算才能得到最终结果。此外，这些计算通常是相互依赖的。也就是说，后面的计算依赖于前面的计算结果。因此，即使是个人舍入误差可能很小，在大型计算过程中累积的影响可能很大。

另一个含义是浮点算术既不是结合律也不是分配律。这意味着通常对于浮点数 x、y 和 z

$$(x+y)+z \neq x+(y+z), (xy)z \neq x(yz), x(y+z) \neq xy+xz$$

例如

>>(1e100-1e100)+1

得到

　ans = 1

一个稍微不同的命令

>>1e100-(1e100-1)

产生一个错误结果

　ans=0

这是因为第二个例子中的 1 被更大的数字所吸收。

>> eps(1e100)

可以看到第二大数字大于 1e100。

　ans=1.9427e+084

如图 2-10 所示，大数的精度要比小数的精度大得多，所以 1 被吸收也就不足为奇了。即使你用 1e83 而不是 1，它还是会被吸收。

2.8　一些函数

2.8.1　class 函数

要显示 MATLAB 变量的数据类型，可以使用函数 class。例如：

```
>> class(14)
ans =
    'double'
>> class('Mary had a little lamb.')
ans =
    'char'
```

```
>> class(class(14))
ans =
    'char'
```

第一个示例显示默认情况下数字的类型是双精度型的。第二个显示字符串的类型是字符型的。第三个例子表明，class本身返回的类型是字符型的。这是因为class返回一个字符串，其中显示了数据类型的名称。虽然 MATLAB 支持复数，但在对实数、虚数和复数进行类型分类时，并不区分它们。

```
>> class(sqrt(-1))
    ans = 'double'
```

在这里，一个明显的虚数 i = −1 被归类为双精度类型。表 2-5 包括 MATLAB 的所有数值数据类型以及每种类型所支持的取值范围。这些函数名称非常便于记忆：除了两个名称外，所有都用到"int"这个词，意思是"整数"；前缀"u"表示无符号，所以 uint表示"无符号整数"。名称中的数字表示用于存储的位数，如表 2-5 所示。

表 2-5　数据类型

数据类型	数值范围
int8	-2^7 至 2^7-1
int16	-2^{15} 至 $2^{15}-1$
int32	-2^{31} 至 $2^{31}-1$
int64	-2^{63} 至 $2^{63}-1$
uint8	0 至 2^8-1
uint16	0 至 $2^{16}-1$
uint32	0 至 $2^{32}-1$
uint64	0 至 $2^{64}-1$
single	-3.4×10^{38} 至 3.4×10^{38},Inf,NaN
double	-1.79×10^{308} 至 1.79×10^{308},Inf,NaN

2.8.2 　"is"函数

MATLAB 提供了一组允许用户检查特定数据类型的函数。每个函数的名称都以"is"开头。例如 isinteger、isfloat、issingle、isnumeric 和 ischar。这些函数都接受一个数组作为输入参数，并返回 true 或 false。函数名揭示了它的含义：当且仅当 x 是整数类型之一时 isinteger(x)返回 true；当且仅当 x 是浮点类型（单精度或双精度）时 isfloat (x)返

MATLAB编程基础

回 true；当且仅当 x 是表 2-5 中的类型之一时 isnumeric(x)返回 true。还有一个泛型函数 isa，它接受两个输入参数，一个是正在检查类型的数组，另一个是用于匹配数据类型的 字符串。例如当且仅当 x 的类型是 uint32 时 isa(x, 'uint32')返回 true。

2.8.3 转换函数

为了产生特定类型的数值，MATLAB 提供了转换函数。给定数据类型的转换函数具 有与该类型相同的名称。转换函数接受一个任意数字类型的输入参数，并返回一个指定 类型的输出参数。以下是一些转换函数应用的例子。

```
>> x=10
x =
     10
>> class(x)
     ans =
         'double'
```

从上面的命令中，可以看到默认的数字数据类型是 double。现在将 x 转换为另一种 类型。

```
>> x=int8(10)
x =
  10
>> class(x)
  ans =
       'int8'
```

上面的两个命令表明可以在给定双精度输入类型时，使用转换函数 int8 生成数字类 型 int8 作为输出结果。

```
>> y=x
     y =
         10
>> class(y)
     ans =
         'int8'
```

上面的两行命令表明，尽管把 x 的值赋给了 y，但 y 的数据类型与原变量 x 的数据类 型相同。如果想让 y 是双精度类型，必须使用转换函数。

```
>> y=double(y)
```

```
    y =
        10
>> class(y)
    ans =
        'double'
```

2.8.4　算术运算

MATLAB 的许多算术运算都涉及运算符+、−、*、/、\、^、.*、./、.\和.^。然而，到目前为止，操作数一直是双精度类型的。所有其他数据类型也可以用于 MATLAB 中的算术运算。然而，这些运算有一些重要的限制，比如当二进制算术运算符的两个操作数是不同类型时，产生的运算称为混合模式计算。在 MATLAB 中，混合模式运算有严格的限制。对于表达式 x op y，其中 op 是一个算术运算符，下面的类别列表用大括号给出了每个给定的操作数类型对所允许的运算符集合。

1. x 和 y 是浮点类型：{任何算术运算符}
2. x 是整型，y 是浮点型标量：{+, −, .*, ./, .\, ∘ ^, *, /}
3. x 是一个浮点型标量，y 是整数型：{+, −, .*, ./, .\, ∘ ^ * \}
4. x 和 y 是相同的整数类型：{+, -, .*, ./, .\, .^}
5. 当 y 是一个标量时，类别 4：{+, −, .*, ./, .\, ∘ ^, *, /}
6. 当 x 是标量时，类别 4：{+, −, .*, ./, .\, ∘ ^, *, \}
7. x 和 y 是不同的整数类型：无！

最后一类表明，涉及不同整数类型的算术运算总是非法的。在混合模式运算中立即出现了一个问题：结果的类型是什么？答案有两种情况：当执行类 1 的操作时，结果的类型为

● double，如果两个操作数都是 double 类型。
● single，如果两个操作数都是 single 类型。

当一个操作涉及整数类型的操作数，其中包括从 2 到 6 的所有类别时，结果具有相同的整数类型。注意，在这两种情况下，MATLAB 使用的规则是：算术运算的输出类型与较小范围的输入类型相同。

当正确答案超出该类型的范围时，给出什么值？这个问题的答案视情况而定。这取决于正确答案和类型。根据结果的类型，MATLAB 给出表达式一个特殊的值（Inf 表示"无穷大"）：对于 double 和 single 类型，如果正确答案是正的，该值为 Inf，如果正确答案是负的，该值为-Inf。

对于任何整数类型，如果正确答案大于取值范围的最大值，则该值为范围的最大值。如果正确答案小于范围的最小值，则该值为范围的最小值。例如，如果 x 的类型是 int8，x 等于 100，那么 x + 50 产生 127，因为 127 是 int8 的最大范围；如果 x 等于 100，那么 x - 250 会产生-128，因为-128 是 int8 范围的最小值。如果 x 是 uint8 类型，x = 100，那么 x + 500 的 uint8 结果是 255，因为 255 是最大的 uint8 范围，如果 x = 100，那么 x -

500 的 uint8 是 0，因为 0 是最小的 uint8 范围。

还有一个问题：当结果未定义时，例如 x = 0/0， y = Inf/Inf，或 z = 0*Inf，会给出什么值?对于整型，结果是 0，对于单精度和双精度，结果是一个名为 NaN 的特殊值，它意味着"不是数"。

关系操作符==、~=、<、>、<=和>=都允许任何数字类型的混合模式操作数。它们返回逻辑类型的值。例如：

```
>> int8(4)<single(4)
    ans =
            0
>> class(ans)
    ans =
            'logical'
```

乍一看可能有点奇怪，但是，就像数字数据类型一样，字符串可以用于算术运算!当对它们进行运算时，MATLAB 将它们视为 ASCII 码的一个向量，而不是一串字符。与整数类型一样，字符串也可以用于混合模式运算，而且另一个操作数可以是浮点类型的 single 或 double。然而，一个主要的区别是，当一个字符串中使用复杂运算，运算的结果是单精度类型或双精度类型，取决于另一个操作数的类型。而当一个整数变量用于复杂运算，结果是相同的整数类型。下面是一个字符串运算的例子。

```
>> language='MATLAB'
language =
        'MATLAB'
>> double(language)
        ans =
                77 65 84 76 65 66
>> MATLABplus=language+1
    MATLABplus =
                78 66 85 77 66 67
```

从以上代码看到，将 double 类型的 1 加到 char 类型的 language 上，结果是 double 类型的。因此，涉及 char 类型的算术运算产生更宽类型的输出，而不是像整数类型那样产生更窄类型的输出。

```
>> char(MATLABplus)
        ans =
                'NBUMBC'
>> char(MATLABplus-1)
```

```
    ans =
        'MATLAB'
```

最后一个命令通过减去增量的 1 并再次转换为 char 类型，再次生成原始字符串。这种向前向后的转换为存储秘密信息提供了一种简单的编码方案：任何可以撤销的操作都适合于对信息进行编码。

2.8.5 关系运算

MATLAB 的关系运算符（包括，==，~=，<，>，<=和>=）都允许任何数字类型和 char 类型的混合模式操作数，它们将字符串视为 ASCII 数字向量，而不是字符串。例如：

```
>> int8(97)< 'a'
    ans =
            0
single([97 97])< 'ab'
    ans =
    0  1
```

在这里，向量[997 97]的每个元素依次与 ASCII 码向量[997 98]中编码"a"和"b"的对应元素进行比较。下面的例子展示了这种基于 ASCII 码进行比较的能力是如何应用的。

```
>> 'agbe'<'ahf '
    ans =
        0 1 0 1
```

由于 ASCII 码的合理顺序，在字母表中出现较早的字母的数字也较小。因此，需要按字母顺序排列单词的程序可以比较 ASCII 数字，以确定哪些字母在前面。有趣的是，大写字母都在小写字母之前。正是由于这个原因，许多计算机排序的单词列表将所有大写单词放在所有非大写单词之前。对于给定的应用程序，这可能不是首选顺序，也没有必要按这种方式排序。然而，它是需要最不复杂的程序的方式。不管是好是坏，程序员经常这样做。

练习题

1. 编写一个 MATLAB 程序，使用最小数量的括号计算 r

$r = \dfrac{x + y^2}{z^3 + y^4}$，其中 $x = 1, y = 2, z = 3$。

2. 用适当的答案填写下表，先不要使用 MATLAB，然后在 MATLAB 验证答案。

x	y	x & y
1	0	
−1	−1	
0	3	0
0	0	

3. 首先确定 x 的值，不使用 MATLAB，然后使用 MATLAB 检查答案。

① $x = (1 < 2) \,\&\, (3 > 4)$

② $x = 1 < 2 \,\&\, 3 > 4$

③ $x = -1 \,\&\, -1$

④ $x = \sim -1$

⑤ $x = \sim 1$

⑥ $x = (1 < 2) \,|\, (3 > 4)$

4. 编写一个 MATLAB 命令，使用线性方法创建以下向量

① x = [-5, -4, -3, -2, -1, 0, 1, 2, 3, 4, 5].

② y = [5, 4, 3, 2, 1, 0, -1, -2, -3, -4, -5].

③ z = [10, 8, 6, 4, 2, 0, -2, -4].

5. 编写一个 MATLAB 命令，使用线性间隔（linspace）方法创建以下向量

①x = [-5, -4, -3, -2, -1, 0, 1, 2, 3, 4, 5].

② y = [5, 4, 3, 2, 1, 0, -1, -2, -3, -4, -5].

③ z = [10, 8, 6, 4, 2, 0, -2, -4].

④ r = [1/2, 1/4, 1/6, 1/8].

⑤ s = [0, 1/2, 2/3, 3/4, 4/5].

6. 给定下面所示的两个不同向量

x = [2, 4, 7, 9, -1, 2], y = [-1, 4, 8, 1, -4, 6],

解释以下 MATLAB 命令的运算：

① z = x & (~y)

② **z = (~x) & y**

③ **z = x & y|x**

④ z = x & y|~x

7. 给定以下两个向量

x = [2, 4, 7, 9, -1, 2], y = [-1, 4, 8, 1, -4, 6],

查找使用这些命令生成的输出。首先在不使用 MATLAB 的情况下执行此运算，然后使用 MATLAB 检查答案。

① x(y < 0)

② y(x < 0)

③ x(x < 0)

④ x((x < 2)|(x >= 8))

⑤ x((x < 2) & (~(x >= 8)))

8. 创建下面的数组 Y。然后访问由椭圆所包围的 Y 元素，并将其分配给一个名为 R 的新向量。

$$Y = \begin{bmatrix} 1 & 2 & 16 & 31 & 22 \\ 2 & 8 & 12 & 2 & 23 \\ 4 & 9 & 11 & 14 & 25 \\ 3 & 6 & 10 & 16 & 34 \end{bmatrix}$$

9. 创建下面的数组 Z。访问如下所示被矩形包围的 Z 元素，并将其分配给一个名为 R 的新数组。

$$Z = \begin{bmatrix} 1 & 2 & 16 & 31 & 22 \\ 2 & 8 & 12 & 21 & 23 \\ 4 & 9 & 11 & 14 & 25 \\ 3 & 6 & 10 & 16 & 34 \end{bmatrix}$$

10. 给定以下两个数组

x = [1, 2, -4; 7, 0, 5]和 y = [-3, 5, 1; 9, 7, 0],

找到将使用以下命令生成的输出，首先不使用 MATLAB，然后使用 MATLAB 检查答案。

① x(y < 0)

② y(x < 0)

③ x((x < 2)|(x >= 8))

④ y((x < 2)&(~(x >= 8)))

3

_____

矩阵和数组

第 2 章使用了各种数据类型进行简单的算术运算，涉及一些基本的单变量（标量）运算。正如在第 1 章中提到的，MATLAB 的一个优点是它处理数据集（称为数组）的能力，就像它们是单个变量一样。例如，添加两个同样大小的数组 A 和 B，可以发出一个命令 C = A + B，MATLAB 将把所有相应元素 A 和 B 相加产生 C。在其他编程语言中，此运算需要超过一行代码。以数组为 MATLAB 的基本构建模块，本章解释如何创建、寻址和编辑不同类型的数组，以及如何使用数组运算，包括加、减、乘、除、求幂，来解决实际问题。另外，还将介绍非标准数组运算和一些特定的常用数组处理函数。最后，本章将解释如何使用 MATLAB 数组形式来处理多项式和文本字符串。

本章学习目标如下：

（1）数组的分类及其索引；

（2）标准和非标准矩阵和数组操作；

（3）将多项式作为向量处理；

（4）将文本字符串作为数组处理。

3.1 数组类型及其元素索引

根据定义，数组是一组相关的元素（值或变量），可以由一个或多个索引引用。这样的集合通常称为数组变量或简单地称为数组。例如，气象站提供每小时的天气数据，可以将任何特定一天的每小时温度读数存储为一个一维（1-D）数组，由 24 个温度值组成。这样的数组也称为向量。如果想存储其他参数，如空气密度、湿度、能见度等，每小时总共 n 个变量，那么还需要添加另一个维度，也就是说，处理一个包含 24 × n 个变量的二维数组。

现在，假设需要为每个月的第一天存储这些数据。这增加了另一个维度，因此，通过一个 3-D 数组，将能够存储 24 × n × 12 块数据。到目前为止，只关注一个气象站，但如果要从 100 个气象站收集数据呢?要有效处理 24 × n × 12 × 100 个值，现在需要一个 4-D 数组。为了连续存储这类数据 10 年，可能需要一个 5-D 数组，24 × n × 12 × 100 × 10，等等。

　　与向量和矩阵的数学概念类似，一维或二维的数组类型通常被称为向量类型或矩阵类型。二维数组或矩阵和多维（n-D）数组的 MATLAB 分类如图 3-1 所示。在这种情况下，向量（传统上，一维数组）和偶数标量被认为是二维数组的子类。（图 3-1 还显示了矩阵的其他子类，本章后面讨论这种情况。）

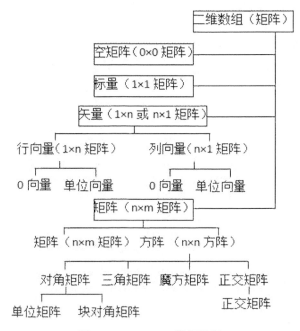

图 3-1　MATLAB 常规数组

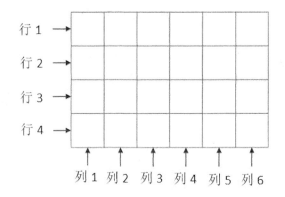

图 3-2　矩阵元素排列示意

3.1.1 矩阵和多维数组

在 MATLAB 中的第一个广泛使用的二维数组是矩阵，如图 3-2 所示。一个由 n 行和 m 列组成的矩阵被称为 n×m 矩阵，所以 n 和 m 定义了矩阵在每个维度上的大小。例如，图 3-2 所示的矩阵是 4×6 矩阵，其符号形式可以写成：第一个下标 i 在垂直方向上变化（指行号），第二个下标 j 在水平方向上变化（指列号）。

因此，一个向量可以被认为是矩阵的一种特殊情况，其中一个维数等于 1。行向量的元素"水平"存储，被认为是一个 1×n 的矩阵，而列向量的一个元素以列的形式跟随另一个元素，被认为是一个 n×1 的矩阵，如图 3-3 的示例所示。

由图 3-1 可知，MATLAB 标量处理为 1×1 矩阵。为了一致性，引入了空的（0×0）矩阵。

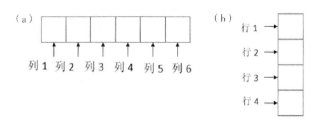

（a）行向量（b）列向量

图 3-3　行向量和列向量

创建一个 0×0 矩阵，使用空白的方括号操作符。

```
>> a = [];
```

当需要删除整个行(s)和/或列(s)时，这个 0×0 矩阵的概念非常有用，在后面将继续讨论。

图 3-4 展示了一个 3-D 数组的示例，其中元素被组织为页面（片或层）。对于具有更高维数的数组的几何解释是不可能的（我们生活的空间是三维的），但可以认为一个 4-D 数组是几个 3-D 数组的集合，一个 5-D 数组是 4-D 数组的集合，等等。

3.1.2 寻址数组元素

将有序数据存储在数组中使用起来非常方便，因为这样可以轻松地访问它的任何特定部分。处理单个元素和一组元素，在数组操作中是经常用到的。例如，给定有 24 个元素的一维数组 x。

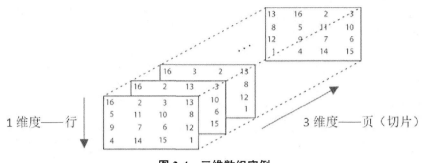

图 3-4　三维数组实例

X(:)	处理整个行（或列），即所有 24 个元素
X(2：6)	处理四个元素
X(20:end-2)	处理三个元素
X(2：5：20)	处理四个元素

　　这六个例子涵盖了构造索引表达式的所有可能方法，通过数组元素的索引 ind1，…，indlast（必须是从 1 开始的正数）来寻址数组元素。计算这些索引的一般格式是 first : increment : last。

　　寻址的第一个元素 ind1 的索引是第一个；下一个元素 nd2，first + increment；其次是 ind3，即先+ 2*增量；等等，一直向上（或向下），直到 indlast≤last（在正增量的情况下）或 indlast≥last（在负增量的情况下）。第一个和最后一个条目必须是正整数（1，2，3，…），increment -非零整数。increment 的默认值（如果省略）是 1。第一个和最后一个条目也可以省略，在这种情况下，索引列表包括所有可用范围。函数端点用作最后一个可用的索引，既可以单独使用，也可以用于代数表达式中。显然，以下不等式应该成立。

　　first≤last(increment> 0)和 first≥last(increment< 0)。

　　也就是说，以下任何一种寻址

　　x(4：4)
　　x(4：2：4)
　　x(4：-1：4)

　　完全可以接受，并且只返回单个元素 x(4)。接下来的三个 x(6:2:5)、x(8：0：10) 和 x(20：-1：22)是可接受的(虽然没有意义)，返回一个空的矩阵 1×0。但是，下面两个：x(-2)和 x(25)返回一个错误，发出索引超过矩阵维度的错误指令。

　　使用方括号的语法允许处理一组间隔不规则的元素。如上例所示，正则索引表达式也可以是这种寻址的一部分。括号中的表达式可以用空格、逗号或分号分隔。

同样的规则也适用于具有多个维度的数组。唯一的区别是需要为每个维度提供一个索引表达式，用逗号分隔。例如：

A(:, 4)：处理第四列矩阵 A 中的所有元素。
A([2 5], 1 : 4)：处理矩阵 A 第二行和第五行的第一列到第四列的所有元素。
A(end,end-1)：处理矩阵 A 最后一行中倒数第二个元素（注意：end 函数分别计算每个维度的最后一个可用索引）。
B(2, 5, :)：处理三维数组 B 第二行或第二页中的第五个元素。

一个向量可以被视为一个矩阵的一个特例，其中一个的 size=1（见图 3-1），这样寻址得到 x(5)。所谓的线性索引，相当于 x(1, 5)行向量，和寻址 x(3)相当于 x(3, 1)列向量（见图 3-5）。后一种索引类型称为行-列下标（3-D 数组的行-列-页，等等）。

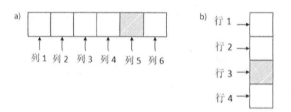

图 3-5　寻址 a)行向量和 b)列向量元素

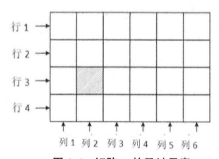

图 3-6　矩阵 A 的寻址元素

在计算机的内存中，数组不是按照它们在 MATLAB 命令窗口中显示时的形状存储的，而是作为单个元素列存储的，一个元素接一个元素，位于最左边的维度索引循环最快。这意味着在矩阵的情况下，元素是逐列存储的（列的索引循环第一个），每个都附加到最后一个。对于 3-D 数组，它们是逐页存储的，同一页按列主顺序存储，等等。因此，MATLAB 甚至允许对多维数组进行线性索引。例如，n×m 矩阵 A 的第 i 行和第 j 列元素的最简单的寻址方法显然是 A(I, j)。但是，如果需要，也可以使用等价的线性索引 A(n*(j-1)+i)。对于如图 3-6 所示的一个例子，寻址 A(3, 2)等价于 A(7)。

两个有用的 MATLAB 函数 sub2ind 和 ind2sub 有助于下标转换为线性指数，反之亦然，例如，对于如图 3-6 所示的情况下命令。

>> i = sub2ind(size(A), 3, 2)

返回,

i= 7,

和命令

>> [r, c] = ind2sub(size(A), 6)

返回,

r = 2,

c = 2。

这些函数也适用于多维数组（只需适当增加输入/输出参数的数量）。

图 3-7 总结了数组元素寻址的不同方式，并附加了一些解释的例子。

3.1.3 创建数组

在通常应用中，从创建简单的向量数组开始，更大的数组是通过计算获得的。所以先介绍几个手工创建数组的简单示例，然后介绍几个有用的函数来简化这个过程。例如，命令 a=[1, 2, 3]或 a=[1, 2, 3]，其中使用逗号或空格分隔元素，创建相同的 1×3 行向量 a。

```
>> a = [1, 2, 3]
a = 1  2  3
```

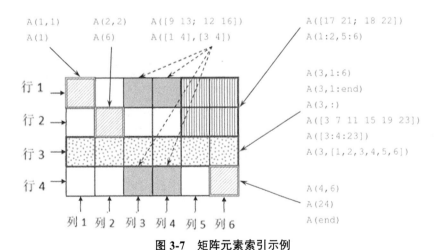

图 3-7　矩阵元素索引示例

命令 b =[4; 5; 6]（使用分号分隔元素）或 b =[4, 5, 6]'（使用撇号置换行向量）创建相同的 3 乘 1 列向量 b。

```
>> b = [4; 5; 6]
    b =  4
         5
         6
```

下面两个命令创建单位向量的示例（向量的大小，或者更精确地说，欧氏范数等于1）。

```
>> c = [0, 1, 0]
    c =
         0  1  0
>> d = [sqrt(2)^-1; √2 ^-1]'
    d =
    0.7071
    0.7071
```

前面的例子使用逗号或空格来分隔行元素，使用分号来分隔列元素。在此基础上可以用转置运算将一个行向量转置为一个列向量，反之亦然。现在可以使用相同的语法来创建矩阵。例如，同样的 3×2 矩阵 C 可以通过发出以下任何一行命令。

```
C =[1, 4; 2, 5; 3, 6],
C =[1, 2, 3; 4, 5, 6]',
C =[1: 3; 4: 6]',
C =[a', b],
```

和 C =[a; b]'（在后两种情况中，使用的是之前创建的向量 a 和 b）。

```
>> C =[1:3; 4: 6]'
    C = 1  4
        2  5
        3  6
```

同样，要创建如图 3-4 所示的 3-D 数组的前两页，每一页必须单独分配，例如：

```
>> A(:, :, 1) = [16, 2, 3, 13; 5, 11, 10, 8; 9, 7, 6, 12; 4, 14, 15, 1]
>> A(: , :, 2) = [16, 2, 13, 3; 5, 11, 8, 10; 9, 7, 12, 6; 4, 14, 1,15]
```

得到：

```
A(:, :, 1) =  16   2   3  13
               5  11  10   8
               9   7   6  12
```

$$
A(:,:,2)=
\begin{array}{cccc}
4 & 14 & 15 & 1\\
16 & 2 & 13 & 3\\
5 & 11 & 8 & 10\\
9 & 7 & 12 & 6\\
4 & 14 & 1 & 15
\end{array}
$$

然后，可以复制这些页面如下。

```
>> A(:, :, 3: 4) = A(:, :, 1: 2);
```

除了像前面所示的那样手动输入元素和值之外，还可以使用其他几种方法。创建一个向量，并且使元素的间隔有一定规则的最简单方法是使用冒号运算符。考虑下面的例子。

```
>> x = 1:10
   x = 1 2 3 4 5 6 7 8 9 10
>> y = -1:0.1:1
   y = Columns 1 through 8
-1.0000 -0.9000 -0.8000 -0.7000 -0.6000 -0.5000 -0.4000 -0.3000
   Columns 9 through 16
     ...
```

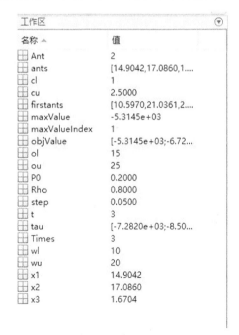

图 3-8　各种数组的工作空间

注意，也可以使用带括号的语法，比如 x =[1: 10]，这在试图创建列向量时特别有用。

```
>> x = [1 : 2.5 : 10.2]'
    x =  1.0000
    3.5000
    6.0000
    8.5000
```

显然，第 3.1.2 部分中介绍的所有规则都适用，唯一的区别是：所有三个值，即开始值、增量值和最后值，都可以作为实数给出，而不必像索引那样必须是整数。

图 3-8 显示了工作空间窗口以及本节中迄今为止创建的所有数组。为了存储数组的每个元素，MATLAB 会占用 8 个字节的内存（默认情况下）。例如，存储 4 × 4 × 4 = 64 个元素的数组需要 512 字节。此外，图 3-8 还提供了工作空间窗口的一些附加列，以便计算每个数组的平均值和标准差（与图 2-6 中给出的两个进行比较）。

另一种与括号相同的方法是使用 linspace 函数 linspace(x1, x2, n)，它返回在 x1 和 x2 之间相等间隔的 n 个数字。例如：

```
>> xlin = linspace(1100, 30);
```

创建一个行向量，包含从 1(100) 到 100(102) 的 30 个元素。可省略点数 n，使用默认假设值 100。增量可以用一个简单的公式计算出来。

$$incr = \frac{x_2 - x_1}{n-1}$$

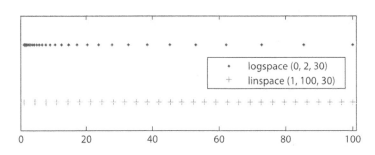

图 3-9　使用 linspace 和 logspace 函数生成的向量中元素的分布

另一个创建规则间隔向量的命令是在对数域中创建数组的函数 logspace。logspace(a, b, n) 在 10^a 和 10^b 之间创建了 n 个对数间隔的点。例如：

```
>> xlog = linspace(0, 2, 30);
```

创建一个行向量，包含从 1(10^0) 到 100(10^2) 的 30 个元素。可以省略点数 n，使用默认的假设值 50。为了更好地理解，图 3-9 并排显示了两个向量 xlin 和 xlog 中的元素分布。

一旦已经创建了一些向量和矩阵，就可以使用各种各样的函数来修改它们。例如，(块)对角线矩阵和矩阵对角线可以使用以下函数创建（见图 3-10）。

diag(v)：将向量 v 的元素放在正方形矩阵的主对角线上，即具有相同行数和列数的矩阵。
diag(v, k)：将向量 v 的 n 个元素放在 n+abs（k）阶方阵的第 k 个对角线上（对于主对角线 k=0）。
diag(X)：返回由矩阵 X 的主对角线元素形成的列向量。
diag(X, k)：返回由矩阵 X 的第 k 个对角线的元素形成的列向量。
blkdiag(A, B, C, ⋯)：输出由矩阵 A、B、C、⋯⋯构成的块对角矩阵⋯⋯

本部分开始创建矩阵 C 时，已经介绍了几个简单的例子来说明如何将两个向量连接成一个矩阵：C = [a', b] 和 C = [a; b']'。注意，必须使用转置操作来将这些向量变成相同的形式（列向量或行向量）。此外，它之所以有效，只是因为它们有相同数量的元素。

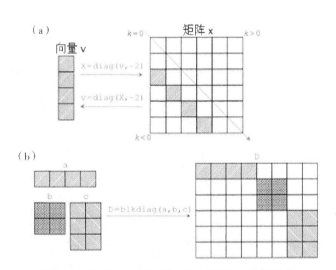

图 3-10　（a）diag 函数和（b）blkdiag 函数示意

在一般情况下，将一个矩阵附加到另一个矩阵，MATLAB 为此提供了几种特殊的连接函数：cat、vertcat 和 horzcat。

根据定义，cat(n, A, B, C, ⋯)通过将数组 A、B 和 C 沿维度 n 连接起来（它们在对应维度中的长度应该匹配）来创建一个新数组。vertcat 函数和 horzcat 函数是 cat 函数的子集，在矩阵运算场合下能够简化许多创建更大矩阵的麻烦（见图 3-11）。

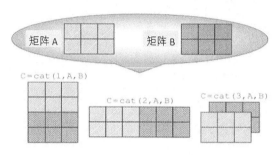

图 3-11　cat 函数的描述

MATLAB 还提供了几个有用的函数来创建特殊的数组（见表 3-1 中使用这些函数的示例）。

ones(m, n, p, …)：创建一个 m×n×p…维单位数组，ones(n)创建一个 n×n 个单位矩阵。
zeros(m, n, p, …)：创建一个 m×n×p…维零数组，zeros(n)创建一个 n×n 平方个零元素，被称为零矩阵。
rand(m, n, p, …)：创建具有均匀分布（在区间（0.0, 1.0）上）伪随机项的 m×n×p…数组，rand（n）创建具有随机项的正方形 n×n 矩阵。
randn(m, n, p, …)：创建一个具有正态分布（从均值为 0、方差为 1、标准差为 1 的正态分布中选择）的随机条目的 m×n×p…数组，randn（n）创建一个带有随机条目的正方形 n×n 矩阵。

表 3-1　rand 和 randn 函数输出例子

命令	ones(3,4)	zeros(3)	eye(3,4)	magic(3)	pascal(3)
输出	1 1 1 1 1 1 1 1 1 1 1 1	0 0 0 0 0 0 0 0 0	1 0 0 0 0 1 0 0 0 0 1 0	8 1 6 3 5 7 4 9 2	1 1 1 1 2 3 1 3 6

注意，函数 eye、magic 和 pascal 只适用于创建矩阵，而其余的函数也可用于生成多维数组（应该进行明显的语法更改）。还有两个函数能够创建下三角矩阵和上三角矩阵（见图 3-12）。

triu(B, k)返回矩阵 B 的上三角部分（在 B 的第 k 条对角线上及以上）；tril(B，k)返回矩阵 B 的下三角部分（在 B 的第 k 条对角线上及以下）。

最后，repmat 函数允许复制和平铺数组。具体来说，语句 repmat(A, [m, n])创建了一个 A 的复制矩阵，A 在横向重复 m 次，纵向重复 n 次，语句 repmat(A, n)创建的矩阵在横向和纵向都重复 n 次，因此有 n×n 个 A 组成（见图 3-13）。

例如，在本节的开始，使用下面的命令来复制 4×4×2 数组 A 的两层。

```
>> A(:, :, 3 : 4) = A(:, :, 1 : 2);
```

相反，也可以用

>> A=repmat(A, [1, 1, 2])

更多的函数，创建其他特定的数组和矩阵，也可以从 MATLAB 及其工具箱中获得更多使用方法。因此，可以使用 MATLAB 帮助浏览器了解更多。

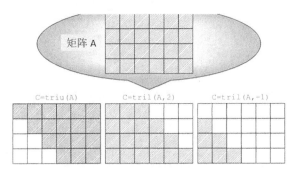

图 3-12　创建上下三角矩阵的图片

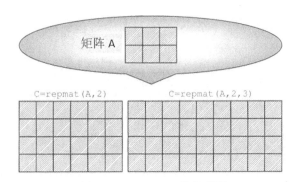

图 3-13　repmat 函数的说明

3.1.4 修改、编辑和显示数组

一旦有了一个数组，就可以用 reshape(A, m, n, p, …)函数将它重新排列为另一个尺寸或维度。这里，A 是一个数组的名称，m、n、p、…是新（多维）数组中每个维度上的元素数量。值得注意的是，在函数中并不需要提及新数组中的元素数量 m × n × p ×…应该与 A 中的元素数量相同。

考虑一个例子。假设有一个 3×4 的矩阵需要重构它。为了更好地理解重构的概念，回顾一下数组存储在计算机的内存中是一个一维序列，即列向量，如图 3-14（a）所示。因此，对矩阵 A 应用 reshape(A, m, n)命令将返回一个 m × n 的矩阵，其元素将从图 3-14（a）右侧所示的列向量中逐一选取。当然，只有当 m × n 等于 12 时，这种操作才能运行，否则就会出现一个错误，表明 A 没有 m × n 个元素。图 3-14（b）给出了对特定数组 A 进行重构的一些可能性。在三种情况下，将矩阵重构为 3-D 数组（2×3×2），只改变了原来的矩阵（4×3、6×2和2×6的矩阵）。

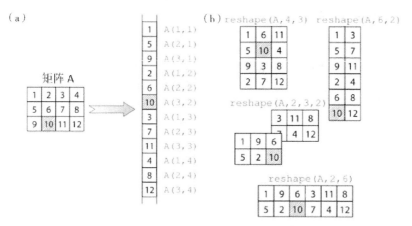

（a）将3×4矩阵存储在计算机的存储器中；（b）对其进行整形

图 3-14　矩阵

另一种改变现有数组大小（和内容）的方法是使用图 3-1 中介绍的空矩阵形式。例如，创建矩阵 Ah 如下。

```
>> Ah = [0.7680 0.4387   0.3200   0.7446 0.6833
         0.9708 0.4983   0.9601   0.2679 0.2126
         0.9901 0.2140   0.7266   0.4399 0.8392
         0.7889 0.6435   0.4120   0.9334 0.6288];
```

并键入以下命令。

```
>> Ah(:, [2, 4])=[];
```

命令 Ah(3, :)=[]消除矩阵 Ah 中的第二和第四列以及第三行并返回。

```
 Ah = 0.7680   0.3200   0.6833
      0.9708   0.9601   0.2126
      0.7889   0.4120   0.6288
```

到目前为止，已经讨论了以编程方式更改数组，当然，总是可以使用 MATLAB 编程环境的变量编辑器。在工作空间浏览器中双击一个变量，或者使用 openvar variablename 命令，打开变量编辑器窗口，如图 3-15 所示。这样可以使用变量编辑器来查看和编辑工作空间中可用的任何变量（数组），以及从其他地方加载数据到当前工作空间。它还允许使用各种绘图函数可视化数字数组的内容（参见图 3-15）。

MATLAB 还有其他查看矩阵的方法。其中一个是 spy(A)函数，它对于显示有很多零元素的稀疏矩阵特别有用。考虑下面的一组命令来创建一个稀疏矩阵 z。

>> z=ones(100, 200);
>> z(10 : 50, 150 : 170)=0;
>> z(70 : 80, 20 : 35)=0;
>> z(4 : 5 : 100, 50 : 130)=0;
>> z(3 : 5 : 100, 50 : 130)=0;
>> z(2 : 5 : 100, 50 : 130)=0;
>> z=z-eye(100, 200);

然后执行以下命令。

>> spy(z)

弹出如图 3-16 所示的窗口。该命令生成稀疏结构的模板视图，其中图上的每个点表示非零元素的位置。图 3-16 显示了非零元素的数量(nz)。

也可以使用另一个 MATLAB 函数 imagesc(A)，它找到矩阵 A 中元素的扩展，并将其匹配到当前 colormap 的全部范围，将矩阵表示为一个彩色图，其中每个颜色对应一个特定的数量大小。例如，图 3-17（a）显示了前面编写的矩阵 z 使用以下两个命令的数据集是展示的。

>> imagesc(z)
>> colorbar

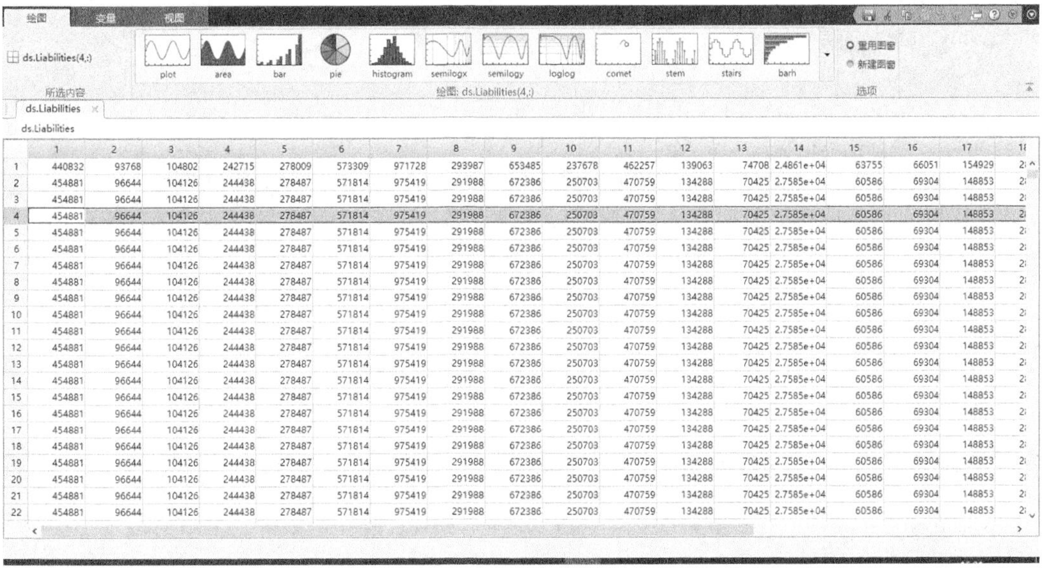

图 3-15　变量编辑界面

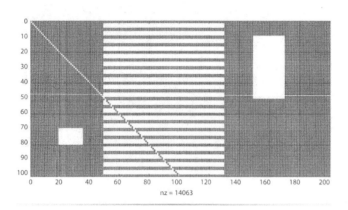

图 3-16　使用 spy 函数显示矩阵稀疏性结构

其中向量[0.2 1]显式指定了颜色条的范围，一些通常用于 3-D 绘图的其他函数也可以用于可视化数组。

最后，应该提出警告，在处理数组并为它们使用简单的非唯一名称时，必须小心工作空间中已有的内容。例如，假设有一些 4 × 7 的数组 x（通过 X= zeros(4, 7)命令来创建它），然后决定使用相同的名称 x 来创建另一个数组，完全忘记了已经有了另一个数组。如果新数组有相同的大小，也就是 4 × 7，将定义这个数组的所有元素，这样不会有麻烦，因为新值会覆盖旧值。然而，如果新 X 有一个较小的尺寸，那么可能会遇到问题。例如，输入：

>> X(1 : 3, 1 : 3) = ones(3);

"意外"的结果如下。

```
x =  1  1  1  0  0  0  0
     1  1  1  0  0  0  0
     1  1  1  0  0  0  0
     0  0  0  0  0  0  0
```

要避免可能的问题，要么使用唯一名称，要么清除不再需要的变量(数组)。在后一种情况下，使用：

>> clear variablename

只删除一个变量 variablename，或使用：

>> clear

所有变量清除整个工作空间。通配符"*"也可以用来清除匹配模式的变量。例如：

```
>> clear  x*
```

清除从 X 开始的所有变量(数组)。

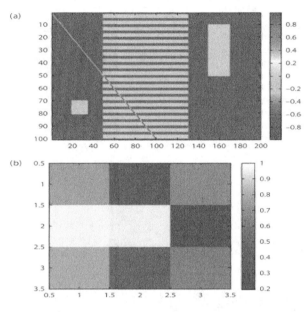

图 3-17 使用 imagesc 函数显示矩阵(a) z 和(b) Ah

3.2 数组运算

3.2.1 数组标准运算

可用于修改矩阵的三种基本运算是矩阵加法、标量乘法和转置。现在从"转置"运算开始。

```
>> D = A';
```

矩阵 A 的行和列相互交换，使得

$$D = [d_{ij}] = [a_{ji}]$$

应用于数组，MATLAB 允许以两种不同的方式使用算术运算符+、−、*、/和 înv。下面将同时考虑这两种方法，从处理产生标准矩阵操作的数组的传统方法开始，然后进行非标准操作。

1. 转置运算符

一个矩阵可以通过转置来改变，或者取它的转置，这意味着交换它的所有元素使 X(m, n)被 X(n, m)取代。结果是：

- 新矩阵的每一行是旧矩阵的一列，反之亦然。
- 新矩阵的行数等于旧矩阵的列数，反之亦然。

用于矩阵转置的运算符是转置运算符，其符号是撇号、'或单引号（通常与双引号在同一个键上）。这个运算符，被称为转置运算符，或撇号运算符，在它的要被转置的矩阵之后，也就是

```
>>H=[1 2 3; 4 5 6]
H =
     1 2 3
     4 5 6
>>H'
ans =
       1  4
       2  5
       3  6
```

也许以图 3-18 运算示意更能说明问题。

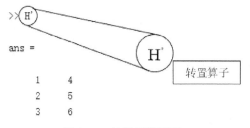

图 3-18 转置运算示意

可以说 H'是 H 的转置，或者 H'等于 H 的转置。

表达式 H'中的 H 是转置运算符作用的操作数。只接受一个操作数的运算符，如转置运算符，称为一元运算符，而运算两个操作数（如 1 + 2）的运算符，称为二元运算符。一元运算符不像二元运算符那么常见，其他的例子有一元运算符−H，它对其操作数求相反数，一元运算符+H，与二元运算符"+"不同，它运算前后结果是相同的。当运算符的符号在操作数之后时，如 H'，该操作符被称为后置运算符。当它出现在操作数之前（如−H）时，该运算符被称为前置运算符。当它出现在操作数之间时，称为中置运算符，例如 1 + 2 中的加号运算符。注意，行向量的转置会把它变成列向量。

```
>>x=[1 4 7]
```

```
    x =
     1 4 7
>>x'
  ans=
      1
      4
      7
>>y=[1:4:7]
    y =
        1
        4
        7
>>y'
  ans =
      1 4 7
```

通过使用转置运算符，可以将总是由冒号运算符产生的行向量变成列向量。

```
>>x=(1:3:7)'
  x =
      1
      4
      7
```

括号在这里很重要。如果省略它们，什么也不会发生。

```
>>x=1:3:7'
    x =
      1  4  7
```

什么都没有发生的原因是，当省略括号时，只有 7 被转置，而 7 ' = 7，因为交换一个标量的行和列，它们都等于 1，没有任何作用。括号迫使转置算子作用于整个行向量，把它变成列向量。

需要指出一个关于转置算子的细节：如果原始数组的元素是复数的，这意味着他们有一个非零的虚数部分。然后，在转置过程中，每个这样的元素将被其复数的共轭取代，这意味着虚部符号发生变化。如果改变上面的例子，让其包含一个复数的元素，那么转置就会显示出这样的行为。

```
>> H=[1+2i 2 3; 4 5 6]
    H =
```

列 1 至列 2

1.0000 + 2.0000i   2.0000 + 0.0000i

4.0000 + 0.0000i   5.0000 + 0.0000i

列 3

3.0000 + 0.0000i

6.0000 + 0.0000i

元素(1，1)的虚分量从+2i 变为-2i。要求转置而不取任何共轭复数，必须在撇号(')前面加一个句点(.)，如下所示。

```
>> H.'
    ans =
    1.0000 - 2.0000i   4.0000 + 0.0000i
    2.0000 + 0.0000i   5.0000 + 0.0000i
    3.0000 + 0.0000i   6.0000 + 0.0000i
```

这种转置运算符称为点撇号运算符。当然如果所有的元素都是实数，这两个转置算子的作用是一样的。

事实上，在 MATLAB 调用这个运算是一个复数的共轭转置矩阵的情况下，因为有复数元素，这个运算不仅交换行和列，而且改变任何共轭复数，例如，如果一个矩阵= $[a_{ij} + ib_{ij}]$.'，那么，D = $[a_{ji} - ib_{ji}]$。

MATLAB 也有一个不涉及共轭的方案。应用这种转置的方法是使用以下语法。

```
>> D = A.';
```

算术是对数字进行加、减、乘、除和取幂(对一个数取幂)运算。这些运算通常被认为适用于标量，但它们也适用于数组。

2. 加法和减法

运算+（加法）和–（减法）可用于对相同大小（相同行数和列数）的数组进行加法（减法），并将标量添加（减法）。当涉及两个数组时，数组的和或差是通过添加或减去它们对应的元素来获得的。则通过将 A 和 B 相加而获得的矩阵为

$$A = \begin{bmatrix} A_{11} & A_{12} & A_{13} \\ A_{21} & A_{22} & A_{23} \end{bmatrix} \qquad B = \begin{bmatrix} B_{11} & B_{12} & B_{13} \\ B_{21} & B_{22} & B_{23} \end{bmatrix}$$

$$A + B = \begin{bmatrix} A_{11} + B_{11} & A_{12} + B_{12} & A_{13} + B_{13} \\ A_{21} + B_{21} & A_{22} + B_{22} & A_{23} + B_{23} \end{bmatrix}$$

```
>> VectA=[8 5 4]; VectB=[10 2 7];
>> VectC=VectA+VectB
VectC =
```

```
       18    7    11
>> A=[5 -3 8; 9 2 10]
    A =
     5    -3    8
     9     2   10
>> B=[10 7 4; -11 15 1]
    B =
     10    7    4
    -11   15    1
>> A-B
    ans =
    -5   -10    4
    20   -13    9
>> C=A+B
     C =
     15    4   12
     -2   17   11
>> VectA+A
      ans =
      13    2   12
      17    7   14
```

当将标量（数字）添加到数组（或从数组中减去）时，该标量将添加到数组的所有元素（或从中减去）。例如

```
>> VectA=[1 5 8 -10 2]
     VectA =
      1    5    8   -10    2
>> VectA+4
    ans =
     5    9   12   -6    6
>> A=[6 21 -15; 0 -4 8]
    A =
     6   21  -15
     0   -4    8
>> A-5
ans =
    1   16  -20
```

-5 -9   3

数组加法适用于具有任意维数的数组，只要两个操作数具有相同的维度。减法也是这样。运算符+和-都作用于两个操作数。如前面所述，这种运算符被称为二元运算符。此外，两者都是中置运算符，而且在大多数编程语言中都是中置运算符（X+Y，而不是XY+或+XY）。事实上，MATLAB中的所有二元运算符都是中置运算符。

3. 乘法

其他二元运算符包括乘法和除法。在 MATLAB 中有两种类型的乘法：数组乘法（对操作数的对应元素进行乘法）和矩阵乘法（执行线性代数中使用的标准乘法运算）。正如前面提到的，像几乎所有的计算机语言一样，MATLAB 使用星号来表示乘法。数组乘法是这样表示的：Z = X .*Y。注意*前面的句点"."。与加法和减法一样，数组乘法要求两个矩阵具有相同的大小。二维数组的数组乘法定义如下：Z = X*Y 表示对于每一个m 和 n，$Z(m,n) = X(m,n) *Y(m,n)$。

数组乘法对于电子表格中的操作很有用，其中工作表的单元格对应于数组的元素。数组加法和减法，数组乘法适用于任意维数的数组。

正如上面提到的，矩阵乘法不同于数组乘法。其定义如下：Z = X*Y（这次没有点）。它对操作数维数的要求也不同于数组乘法。它要求其操作数没有超过两个维度，这列数 X 等于 Y。由此产生的矩阵的行数 Z 有相同的行数，X 和 Y 的相同数量的列关系见图3-19。

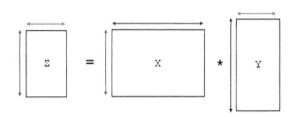

图 3-19　矩阵乘法示意

两个长箭号是乘法中 X 和 Y 的"内部"维度。内部尺寸必须相等，否则乘法是不可能的。两个较短的箭号表示乘法中 X 和 Y 的"外部"维度。外部尺寸决定了结果的尺寸。MATLAB中矩阵乘法的语义（矩阵乘法的含义）与线性代数的标准定义相同：如果内部维数相等（使乘法成为可能），则矩阵乘法的定义如下。

$$Z = X*Y。$$

Z 为 m 行 n 列矩阵

$Z(m,n) = \sum_k X(m,k)Y(k,n)$ 和扩展到 X 的所有列（和对应的 Y 行）。

```
>> X=[1 2 3; 4 5 6; 6 1 1; 0 1 -3]
    X =
```

```
       1    2    3
       4    5    6
       6    1    1
       0    1    -3
>> Y=[2 -2; 3 8; 7 4]
       Y =
       2    -2
       3    8
       7    4
>> z=X*Y
       z =
       29   26
       65   56
       22   0
       -18  -4
```

对这八个元素分别作如下总结。

表 3-2　矩阵相乘元素计算过程

$1 \times 2 + 2 \times 3 + 3 \times 7 = 29$	$1 \times (-2) + 2 \times 8 + 3 \times 4 = 26$
$4 \times 2 + 5 \times 3 + 6 \times 7 = 65$	$4 \times (-2) + 5 \times 8 + 6 \times 4 = 56$
$6 \times 2 + 1 \times 3 + 1 \times 7 = 22$	$6 \times (-2) + 1 \times 8 + 1 \times 4 = 0$
$0 \times 2 + 1 \times 3 + (-3) \times 7 = -18$	$0 \times (-2) + 1 \times 8 + (-3) \times 4 = -4$

　　矩阵 X*Y 的一个重要的特殊情况发生在 Y 是一个向量的时候。在这种情况下，内部维度必须匹配的规则要求 Y 是一个列向量，并且它的元素个数等于 X 的列数，结果将是一个列向量，它的长度等于 X 的行数。下面是一个特殊情况的例子，使用与上面相同的 X，小写字母被用于向量，这是习惯。

```
>> y=[2; 3; 7]
       y =
       2
       3
       7
>> z=X*y
       z =
       29
```

$$65$$
$$22$$
$$-18$$

注意到 y 等于 y 的第一列，因此计算 X*y 所执行的运算如上面 X*y 描述的第一列所示。

4.除法

除法运算也与线性代数的规则相关联。此运算更为复杂，下文仅作简要说明。关于线性代数的书中可以找到完整的解释。除法运算可以借助于单位矩阵和逆运算来解释。

（1）单位矩阵

可以使用 eye 命令在 MATLAB 中创建单位矩阵。这个函数得到一个方阵，其中对角元素为 1，其余元素为 0。当单位矩阵与另一个矩阵（或向量）相乘时，该矩阵（或矢量）不变。乘法必须根据线性代数的规则进行），这相当于将标量乘以 1。例如

$$\begin{bmatrix} 7 & 3 & 8 \\ 4 & 11 & 5 \end{bmatrix} \begin{bmatrix} 1 & 0 & 0 \\ 0 & 1 & 0 \\ 0 & 0 & 1 \end{bmatrix} = \begin{bmatrix} 7 & 3 & 8 \\ 4 & 11 & 5 \end{bmatrix}$$

$$\begin{bmatrix} 1 & 0 & 0 \\ 0 & 1 & 0 \\ 0 & 0 & 1 \end{bmatrix} \begin{bmatrix} 8 \\ 2 \\ 15 \end{bmatrix} = \begin{bmatrix} 8 \\ 2 \\ 15 \end{bmatrix}$$

$$\begin{bmatrix} 6 & 2 & 9 \\ 1 & 8 & 3 \\ 7 & 4 & 5 \end{bmatrix} \begin{bmatrix} 1 & 0 & 0 \\ 0 & 1 & 0 \\ 0 & 0 & 1 \end{bmatrix} = \begin{bmatrix} 6 & 2 & 9 \\ 1 & 8 & 3 \\ 7 & 4 & 5 \end{bmatrix}$$

如果矩阵 A 是正方形，则可以从左或右乘以单位矩阵 I。

$$AI = IA = A$$

（2）矩阵的逆

当两个矩阵相乘时，如果乘积是单位矩阵，则矩阵 B 是矩阵 A 的逆矩阵。两个矩阵都必须为平方，乘法顺序可以为 AB 或 BA。

$$BA = AB = I$$

显然，B 是 A 的倒数，A 是 B 的倒数。例如

$$\begin{bmatrix} 2 & 1 & 4 \\ 4 & 1 & 8 \\ 2 & -1 & 3 \end{bmatrix} \begin{bmatrix} 5.5 & -3.5 & 2 \\ 2 & -1 & 0 \\ -3 & 2 & 1 \end{bmatrix} = \begin{bmatrix} 5.5 & -3.5 & 2 \\ 2 & -1 & 0 \\ -3 & 2 & 1 \end{bmatrix} \begin{bmatrix} 2 & 1 & 4 \\ 4 & 1 & 8 \\ 2 & -1 & 3 \end{bmatrix} = \begin{bmatrix} 1 & 0 & 0 \\ 0 & 1 & 0 \\ 0 & 0 & 1 \end{bmatrix}$$

矩阵 A 的逆通常写为 inv(A)。在 MATLAB 中，矩阵的逆可以通过将 A 取−1 的幂或使用 inv(A)函数来获得。将上述矩阵乘以 MATLAB 如下所示。

```
>> A=[2 1 4; 4 1 8; 2 -1 3]
```

```
   A =
   2   1   4
   4   1   8
   2  -1   3
>> B=inv(A)
   B =
   5.5000  -3.5000   2.0000
   2.0000  -1.0000        0
  -3.0000   2.0000  -1.0000
>> A*B
   ans =
   1   0   0
   0   1   0
   0   0   1
>> A*A^-1
    ans =
   1   0   0
   0   1   0
   0   0   1
```

不是每个矩阵都有逆矩阵。矩阵只有在平方且行列式不等于零时才有逆。

（3）数组相除

MATLAB 有两种类型的数组除法，右除和左除。

1）左除法\：

左除法用于求解矩阵方程。在该方程中，X 和 B 是列向量。该方程可以通过在左侧两侧乘以 A 的倒数来求解。

$$A^{-1}AX = A^{-1}B$$

这个方程的左边是 X，因为

$$A^{-1}AX = IX = X$$

所以解决方案是

$$X = A^{-1}B$$

在 MATLAB 中，最后一个等式可以使用左除法字符书写。

$$X = A^{-1}B$$

这里应该指出的是，虽然最后两次运算似乎给出了相同的结果，但 MATLAB 计算 X 的方法不同。在第一种情况下，MATLAB 进行计算，然后将其与 B 相乘。在第二种情况下（左除法），使用基于高斯消去的方法以数值方式获得 X 的解。建议使用左除法求解一组因为当涉及大矩阵时，逆的计算可能不如高斯消去法精确。

2）右除法/：

右除法用于求解矩阵方程。在该方程中，X 和 D 是行向量。该方程可以通过在右侧两侧乘以 C 的倒数来求解。

$X \cdot CC^{-1} = D \cdot C^{-1}$；

$X = D \cdot C^{-1}$。

在 MATLAB 中，最后一个等式可以使用右除法字符书写。

$X = D / C$。

下面的示例演示了使用左除法和右除法以及 inv 函数来求解一组线性方程。

求解：三个线性方程组（数组相除），使用矩阵运算求解以下线性方程组。

$4x - 2y + 6z = 8$

$2x + 8y + 2z = 4$

$6x + 10y + 3z = 0$

解答：使用线性代数规则，上述方程组可以以矩阵形式或以下形式表示。

$AX = B$ 或者 $XC = D$：

$$\begin{bmatrix} 4 & -2 & 6 \\ 2 & 8 & 2 \\ 6 & 10 & 3 \end{bmatrix} \begin{bmatrix} x \\ y \\ z \end{bmatrix} = \begin{bmatrix} 8 \\ 4 \\ 0 \end{bmatrix} \text{ 或 } \begin{bmatrix} x & y & z \end{bmatrix} \begin{bmatrix} 4 & -2 & 6 \\ 2 & 8 & 2 \\ 6 & 10 & 3 \end{bmatrix} = \begin{bmatrix} 8 & 4 & 0 \end{bmatrix}。$$

两种形式的解决方案如下所示。

```
>> A = [4 -2 6; 2 8 2; 6 10 3]
   A =
   4  -2  6
   2   8  2
   6  10  3
>> A = [4 -2 6; 2 8 2; 6 10 3];
>> B = [8; 4; 0];
>> X = A\B
   X =
   -1.8049
   0.2927
   2.6341
>> Xb = inv(A)*B
   Xb =
   -1.8049
   0.2927
```

```
     2.6341
>> C = [4 2 6;- 2 8 10; 6 2 3];
>> D = [8 4 0];
>> Xc = D/C
   Xc =
   -1.8049   0.2927   2.6341
>> Xd = D*inv(C)
   Xd =
   -1.8049   0.2927   2.6341
```

（4）逐元素运算

第 3.2 部分和第 3.3 部分表明，当乘法和除法的标准符号（*和/）与数组一起使用时，数学运算遵循线性代数的规则。然而，有许多情况需要逐元素运算。这些运算在数组的每个元素上执行。根据定义，加法和减法已经是逐元素运算，因为当两个数组相加（或相减）时，该运算是用数组中相同位置的元素执行的。只能对相同大小的数组执行逐元素运算。

两个向量或矩阵的逐元素乘法、除法或求幂通过在算术运算符前面键入句点的方式输入到 MATLAB 命令窗口中。

表 3-3　点算子总结

符号	描述
.*	乘法
.^	指数
./	右除
.\	左除

如果两个向量 a 和 b 是相加，则两个向量的逐元素乘法、除法和求幂可以得到

$a = [a_1 \quad a_2 \quad a_3 \quad a_4] \qquad b = [b_1 \quad b_2 \quad b_3 \quad b_4]$；

$a.*b = [a_1 b_1 \quad a_2 b_2 \quad a_3 b_3 \quad a_4 b_4]$；

$a./b = [a_1/b_1 \quad a_2/b_2 \quad a_3/b_3 \quad a_4/b_4]$；

$a.\text{^}b = [(a_1)^{b_1} \quad (a_2)^{b_2} \quad (a_3)^{b_3} \quad (a_4)^{b_4}]$。

如果两个矩阵 A 和 B 是

$$A = \begin{bmatrix} A_{11} & A_{12} & A_{13} \\ A_{21} & A_{22} & A_{23} \\ A_{31} & A_{32} & A_{33} \end{bmatrix}, \quad B = \begin{bmatrix} B_{11} & B_{12} & B_{13} \\ B_{21} & B_{22} & B_{23} \\ B_{31} & B_{32} & B_{33} \end{bmatrix}$$

然后，两个矩阵的逐元素乘法和除法得到

$$A.*B = \begin{bmatrix} A_{11}B_{11} & A_{12}B_{12} & A_{13}B_{13} \\ A_{21}B_{21} & A_{22}B_{22} & A_{23}B_{23} \\ A_{31}B_{31} & A_{32}B_{32} & A_{33}B_{33} \end{bmatrix}$$

$$A./B = \begin{bmatrix} A_{11}/B_{11} & A_{12}/B_{12} & A_{13}/B_{13} \\ A_{21}/B_{21} & A_{22}/B_{22} & A_{23}/B_{23} \\ A_{31}/B_{31} & A_{32}/B_{32} & A_{33}/B_{33} \end{bmatrix}$$

以下例子演示逐元素乘法、除法和求幂。

```
>> A = [2  6  3; 5  8  4]
    A =
    2   6   3
    5   8   4
>> B = [1  4  10; 3  2  7]
    B =
    1   4   10
    3   2   7
>> A.*B
    ans =
    2   24   30
    15  16   28
>> C=A./B
    C =
    2.0000   1.5000   0.3000
    1.6667   4.0000   0.5714
>> B.^3
    ans =
    1   64   1000
    27   8   343
>> A*B
```

发出错误使用 * 的信息：用于矩阵乘法的维度不正确。请检查并确保第一个矩阵中的列数与第二个矩阵中的行数匹配。要执行按元素相乘，请使用 '.*'。

逐元素计算对于计算函数的同一个参数的许多值是非常有用的。首先定义一个包含自变量值的向量，然后在逐元素计算中使用该向量来创建另一个向量，其中每个元素都是函数的对应值。一个例子是

```
>> x = [1 : 8]
  x =
    1   2   3   4   5   6   7   8
>> y = x.^2-4*x
  y =
    -3  -4  -3  0   5   12  21  32
```

在上面的例子 $y = x^2 - 4x$ 中，当 x 被平方时，需要逐个元素的运算。向量 y 中的每个元素是当在等式中替换向量 x 的对应元素的值时获得 y 的值。另一个例子是

```
>> z = [1 : 2 : 11]
  z =
    1   3   5   7   9   11
>> y = (z.^3+5*z)./(4*z.^2-10)
  y =
    -1.0000  1.6154  1.6667  2.0323  2.4650  2.9241
```

在上一个示例 $y = \dfrac{z^y + 5z}{4z^2 - 10}$ 中，使用了三次逐元素运算，分别是指数运算、求和运算和分子与分母的除法运算。

（5）求幂

最后，还有求幂运算，也称为"幂运算"。数组求幂，Z = X .^Y，要求 X 和 Y 具有相同的形状。它意味着对于每一个 m 和 n，Z(m，n) = X(m，n)^Y(m，n)其中，^表示对"幂"矩阵求幂，Z = X .^ p，有几个含义根据 Z 和 p 的形状，但是这里只考虑与整数 p 是一个标量值，在这种情况下，X 必须一个方阵。同时使用矩阵乘法，Z 被定义为 X 与自身相乘 p 次的结果。因此，$z = x^p$ 意味着 z = x * x * x * ... * x（p 个 x）。

3.2.2　非标准数组运算

与上一节讨论的标准数组（矩阵）运算一样，MATLAB 允许将数组视为一组数字，而不是普通数组，并对它们应用非标准运算。这些非标准运算的列表可以在表 3-4 中找到，与表 3-3 中显示的运算不同的是一个句号(.)，如前一节中的转置运算。这些非标准运算的目的是利用逐个元素的运算，而不是逐个矩阵的运算。元素对元素的乘法只适用于相同大小的数组，其结果是两个矩阵中相应的元素相乘，如二维数组所示。

例如：

```
>> A = [1 2 3 4; 4 3 2 1], B = [2 2 1 1; 1 2 1 2]
  A =
      1   2   3   4
      4   3   2   1
```

```
    B =
         2  2  1  1
         1  2  1  2
>> C = A.*B
    C =
         2  4  3  4
         4  6  2  2
```

表 3-4 数组运算总结

函数	描述	符号
times	数组乘法	.*
power	数组除法	.^
rdivide	数组右除	./
ldivide	数组左除	.\

类似地，对相同大小的数组逐个元素除法的结果为（这两种运算也适用于多维数组）

```
>> C = A./B
    C =
        0.5000   1.0000   3.0000   4.0000
        4.0000   1.5000   2.0000   0.5000
>> C = A.B
    C =
        2.0000   1.0000   0.3333   0.2500
        0.2500   0.6667   0.5000   2.0000
```

按照同样的模式，对大小相同的数组进行元素幂运算 A.^B，将返回大小相同的数组，由数组 A 中的元素组成，其幂由数组 B 中的元素表示。

使用相同的矩阵 A 和 B

```
>> C = A.^B
    ans =
         1  4  3  4
         4  9  2  1
```

如果 B 是一个标量，那么 A .^ B 得到数组的每个元素的 B 次幂。例如

```
>> C = A . ^ 3
```
返回，
```
  C =
          1   8   27  64
          64  27  8   1
```

如果 B 是一个标量，A . ^ B 返回一个新的数组相同的大小，标量 B 对 A 中的每一个元素取幂。因此

```
>> C = 5.^B
```
返回，
```
  C =
      25  25  5   5
      5   25  5   25
```

3.3　数组函数

首先，应该注意的是，初等函数不仅适用于标量，也适用于数组。应用于数组的任何这些函数都将导致逐元素运算，也就是说，该函数将应用于该数组的每个元素，返回由各个运算的结果组成的相同大小的数组。例如，命令

```
>> sin([0 pi/4 pi/2 3*pi/4; pi -3*pi/4 -pi/2 -pi/4])
```
返回，
```
  ans =
          0         0.7071   1.0000   0.7071
          0.0000   -0.7071  -1.0000  -0.7071
```
相似地，
```
>> floor(randn(3, 4, 2))
```
返回，
```
  ans(:, :, 1) =
            -1  0  -1  -2
             2  1  -1   0
            -1  0   0   1
  ans(:, :, 2) =
          -1  -2  -1  0
           0  -2   0  1
           1   0   0  0
```

显示 floor 函数应用于使用 randn 函数创建的三维数组的每个元素的结果。

表 3-5　获取矩阵维度信息

函数	描述
ndims(A)	返回数组 A 的维度
numel(A)	返回数组元素个数或下标数组表达式
length(A)	返回 A 的最长维度的大小（如果 A 是向量，则返回 A 中的元素数；如果 A 是矩阵，则返回行或列的最大值）
size(A)	返回带有 ndims（A）元素的行向量中数组 A 的每个维度的大小

除了这些基本函数之外，MATLAB还提供了各种适用于矩阵（包括向量和标量）和多维数组（包括矩阵和标量）的其他数组处理函数。根据使用的维数的不同，这些函数的语法可能略有不同，但一般的思想是，这些函数对于标量和多维数组具有相同的形式。表 3-4 至表 3-6 展示了三类主要函数的总体概述（当然，也可以通过检查 MATLAB 帮助系统了解感兴趣的特定函数的更多信息）。

表 3-5 提供的第一组函数允许你分析数组。例如，假设使用以下命令创建了一个 3-D 数组。

```
>> A = rand(2, 4, 5);
```

下面是应用表 3-5 中的函数可以了解到的情况。

```
>> ndims(A)
      ans =
            3
>> numel(A)
   ans =
            40
>> length(A)
      ans =
         5
>> size(A)
      ans =
      2  4  5
```

尽管 size 函数允许利用另一种语法

```
>> [l, m, n] = size(A)
```

```
        l =
              2
    m =
              4
    n =
              5
```

但是这似乎是多余的，因为使用简单的语法 size(A)得到了相同的信息。如果输出的数量小于数组的维数，最后一个输出将返回后两个维度的乘积。

```
>> [l, m] = size(A)
    l =
              2
    m =
              20
```

这一种用法允许使用者沿着指定的维度查找大小，例如：

```
>> size(a，2)
    ans =
              4
```

此外，还有一种不使用 ndim 函数

```
>> length(size(a))
    ans =
              3
```

来查找维度的数量的另一种方法。

3.4 在 MATLAB 内置数学函数中使用数组

MATLAB中的内置函数是这样编写的：当参数（输入）是数组时，函数定义的运算将在数组的每个元素上执行（可以将运算视为函数的逐元素应用）。这种运算的结果（输出）是一个数组，其中每个元素都是通过将参数（输入）数组的相应元素输入函数来计算的。例如，如果在函数 cos(x)中替换具有七个元素的向量，则结果是具有七个元素的向量，其中每个元素是 x 中相应元素的余弦，如下所示。

```
>> x=[0 : pi/6 : pi]
```

```
    x =
     0    0.5236   1.0472   1.5708   2.0944   2.6180   3.1416
>> y=cos(x)
    y =
     1.0000   0.8660   0.5000   0.0000   -0.5000   -0.8660   -1.0000
>> d=[1 4 9; 16 25 36; 49 64 81]
     d =
      1    4    9
     16   25   36
     49   64   81
>> h=sqrt(d)
     h =
      1    2    3
      4    5    6
      7    8    9
```

MATLAB 的这种特性称为向量化，其中数组可以用作函数中的参数。

1. 用于分析数组的内置函数

MATLAB 有许多用于分析数组的内置函数，表 3-6 列出了其中一些函数。

表 3-6　分析数组的内置函数

函数	描述	例子
mean(A)	如果 A 是一个向量，返回向量元素的均值	>>A=[5 9 2 4]; >>mean(A) 　ans= 　　5
C=max(A) [d, n]=max(A)	如果 A 是一个向量，C 是 A 最大元素；如果 A 是矩阵，C 是 A 每一列中最大的元素组成的行向量。 如果 A 是向量，d 是 A 中最大的元素，n 是元素的位置（几个值中最大的值）	>>A=[5 9 2 4 11 6 11 1]; >>C=max(A) 　C= 　　11 >>[d, n]=max(A) 　d= 　　11 　n= 　　5
min(A) [d, n]=min(A)	和 max(A)一样，但为最小元素 和[d, n]=max(A)一样，但为最小元素	>>A=[5 9 2 4]; >>min(A) 　ans= 　　2
sum(A)	如果 A 是向量，返回向量元素之和	>>A=[5 9 2 4]; >>sum(A) 　ans= 　　20

续表

函数	描述	例子
sort(A)	如果 A 是向量，按升序排列向量的元素	>>A=[5 9 2 4]; >>sort(A) 　ans= 　　2 4 5 9
median(A)	如果 A 是向量，返回向量元素的中位数	A=[5 9 2 4]; >>median(A) 　ans= 　　4.5000
std(A)	如果 A 是向量，返回向量元素的标准差	>>A=[5 9 2 4]; >>std(A) ans= 　　2.9439
det(A)	返回矩阵 A 的行列式	>>A=[2 4;3 5]; >>det(A) 　ans= 　　-2
dot(a, b)	计算两个向量 a 和 b 的标量（点）积。向量可以是行向量或列向量	>>a=[1 2 3]; >>b=[3 4 5]; >>dot(a, b) 　ans= 　　-5 3 -2
cross(a, b)	计算两个向量 a 和 b 的叉积（a×b），这两个向量必须各有三个元素	>>a=[1 3 2]; >>b=[2 4 1]; >>cross(a,b) 　ans= 　　-5 3 -2
inv(A)	返回矩阵 A 的逆	>>A=[2 -2 1; 3 2 -1; 2 -3 2]; >>inv(A) ans= 　0.2000 0.2000 0 　-1.6000 0.4000 1.0000 　-2.6000 0.4000 2.0000

2.随机数的生成

许多物理过程和工程应用的模拟通常需要使用具有随机值的数字（或一组数字）。MATLAB 有三个命令 rand、randn 和 randi，可用于将随机数分配给变量。

91

（1）rand 命令

rand 命令生成值介于 0～1 的均匀分布随机数。该命令可用于将这些数分配给标量、向量或矩阵，如表 3-7 所示。

表 3-7　均匀分布随机数生成函数

命令	描述	例子
rand	生成 0～1 的随机数	>>rand ans= 　　　0.2311
rand(1, n)	生成 0～1 的一行 n 个元素的随机数	>>a= rand(1,4) a= 　　0.6068 0.4860 0.8913 0.7621
rand(n)	生成 0～1 的 n×n 随机数矩阵	>>b= rand(3) b= 　　0.4565 0.4447 0.9218 　　0.0185 0.6154 0.7382 　　0.8214 0.7919 0.1763
rand(m, n)	生成 0～1 的 m×n 随机数矩阵	>>c= rand(2,4) c= 　　0.4057 0.9169 0.8936 0.3529 　　0.9355 0.4103 0.0579 0.8132
randperm(n)	生成包含 n 个元素的行向量，这些元素是整数 1 到 n 的随机置换	>> randperm(8) ans= 　　8 2 7 4 3 6 5 1

有时，需要以（0，1）以外的数为间隔的随机数，或者只需要整数。这可以通过使用 rand 函数的数学运算来完成。分布在（a, b）范围内的随机数可以通过将随机数乘以（b–a）并将乘积加到 a。

$(b-a)*rand+a$。

例如，一个由 10 个元素组成的向量，其随机值介于-5～10，可以通过（a= -5，b=10）创建。

```
>> v=15*rand(1,10)-6

v =

  7.2209    8.5869    -3.0952    8.7006    4.4854    -3.5369    -0.8225    3.2032    9.3626    9.4733
```

（2）randi 命令

randi 命令生成均匀分布的随机整数。该命令可用于将这些数字分配给标量、向量或矩阵，如表 3-8 所示。

表 3-8 均匀分布的随机整数生成函数

命令	描述	例子
randi(imax) (imax 是整数)	生成 1 到 imax 之间的单个随机数	>>a = randi(15) A = 9

randi(imax, n)	生成 1 到 imax 之间的 n×n 矩阵的随机数	>>b = randi(15,3)
		B =
		    4 8 11
		   14 3 8
		    1 15 8

randi(imax, m, n)	生成 1 到 imax 之间的 m×n 矩阵的随机数	>>c = randi(15, 2, 4)
		C =
		    1 1 8 13
		   11 2 2 13

通过键入[imin imax]而不是 imax，可以将随机整数的范围设置为任意两个整数之间。例如，具有 50 和 90 之间的随机整数的矩阵通过以下方式创建。

```
>> d = randi([50  90], 3, 4)
  d =
  83   87   61   89
  87   75   72   56
  55   53   89   89
```

（3）randn 命令

randn 命令生成平均值为 0、标准差为 1 的正态分布数。该命令可以与 rand 命令相同的方式生成单个数、向量或矩阵。例如，通过以下方式创建矩阵。

```
>> d = randn(3, 4)
  d =
  0.7254  -0.2050   1.4090  -1.2075
 -0.0631  -0.1241   1.4172   0.7172
  0.7147   1.4897   0.6715   1.6302
```

数字的平均值和标准差可以通过数学运算改变为任意值。这是通过将 randn 函数生成的数字乘以期望的标准差，并添加期望的平均值来实现的。例如，平均值为 50 和标准差为 6 的数字向量。

```
>> w = round(4*randn(1, 6)+50)
  w =
   54   45   46   47   38   56
```

正态分布数的整数可以通过使用 round 函数获得。

```
>> v = 4*randn(1, 6)+50
  v =
   51.3008  46.9803  55.4812  43.1539  49.5910  49.0342
```

练习题

1. 创建一个 4×1 列向量，它包含你所选择的任何值。

2. 创建一个由 8 个元素组成的元胞数组，这样元素 i 就会包含大小为 i = 1，…，8 的单位矩阵。

3. 使用一个 MATLAB 命令来计算 30º、45º、60º 和 120º 的正弦值。然后，计算相同角度的余弦、正切和余切。

4. 求出从 1 到 100 的整数的和。

5. 创建一个例子来证明矩阵乘法是不可交换的。

6. 举例证明下面的方程式是否成立。

$$(ABC)^T = C^T B^T A^T$$

其中，A、B、C 是不同大小的矩阵，乘积 ABC 是可行的。

7. 计算以下表达式的值。

$$\left(6 \begin{bmatrix} 10 & -7 & 6 & -9 \\ 0 & -1 & 10 & 7 \\ 7 & 9 & 4 & 9 \end{bmatrix} - 8 \begin{bmatrix} 4 & -2 & 5 & -9 \\ 6 & 4 & -9 & -8 \\ 5 & -6 & -4 & 7 \end{bmatrix} \right) \times \begin{bmatrix} 5 & 4 & -7 & -3 \\ 6 & 4 & 0 & 2 \\ -4 & -6 & 10 & -5 \end{bmatrix}^T$$

8. 创建一个包含从 20 到 25 的整数值的 1×6 向量 v。随后，创建一个 1×6 向量，其值等于 v 中值的 5 倍。

9. 创建一个从 –2 到 +2 的向量，其中包含 50 个元素。

10. 创建一个取值范围从 0 到 2π 的向量，其中包含 100 个等间距的元素，从而使第一个值为 0，最后一个值为 2π。

11. MATLAB 内存中的输入向量 q = [–1,5,3,22,9,1]^T。

（a）仅使用表 3-3 和表 3-4 中所示的矩阵运算，将 q 重新调整为一个单位向量。

（b）线性地重新缩放 q，使最小值为 0，最大值为 1 再次仅使用本章中给出的矩阵运算。

（c）线性重新缩放 q，使最小值为−3.6，最大值为105。使用以上相同的函数或者运算符计算。

12. 创建一个由 100 行和 100 列组成的矩阵。奇数列应该包含值 2，偶数列应该包含值 0。

13. 使用一行 MATLAB 代码创建一个向量，然后利用 reshape 函数把向量调整为如下矩阵。

1	2	3	4	5	6	7	8	9	10
11	12	13	14	15	16	17	18	19	20
21	22	23	24	25	26	27	28	29	30
31	32	33	34	35	36	37	38	39	40
41	42	43	44	45	46	47	48	49	50

14. 使用矩阵方程，求出由以下方程定义的直线的交点。

$$7x - 12y + 4 = 0$$
$$12x - 45y + 26 = 0$$

注意：命令 inv (A)将返回矩阵 A 的逆。

15. 运行下面的代码。代码能从标准的 MATLAB 安装中获取一个图像，将其转换为灰度，将矩阵存储在变量 im 中，并显示该图像，如图 3-20 (a)所示。

```
im = rgb2gray(imread('pepper.png')); % read the image into a 2d matrix
imshow(im) % show the grey-level image
```

（a）找出包含图像的矩阵的大小，并切割（大约）包含洋葱的部分。使用imshow命令来显示图 3-20(b)的图像效果。

 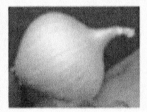 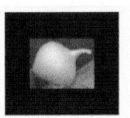

（a）原始　　　　　　　　（b）洋葱　　　　　　　（c）有框架的洋葱

图 3-20　洋葱切割和框架

（b）在洋葱图像周围添加一个 k 行和 k 列零值的图框，并显示它，如图 3-20(c)所示，k 的值应该是可变化的；在例子中，k = 30。注意：当显示新的矩阵时，比如 z，请使用：

```
imshow(uint8(z)) % show the grey-level image
```

（c）找出在洋葱图像中出现了多少种不同的灰度强度（在可能的 256 个强度中）。将其与原始图像中的强度进行比较，并添加一个简短的注释。

16. 创建大小为 m×n 的矩阵 A，其元素 $d(i,j)$ 根据行和列索引计算如下：

$$d(i,j) = (j-4)^2(i+1)^{-3} + ij$$

参数 m 和 n 应该是可变的。（不允许在这里使用循环。再次调用"meshgrid"函数。）

17. 创建向量 x 和 y，当绘制和连接时，将显示图 3-21 (a)-(c)中的模式。

18. 创建向量 x 和 y，当绘制和连接时，将显示图 3-21(d)-(f)中的模式。

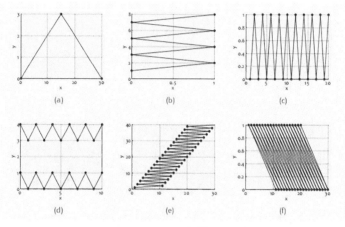

图 3-21   向量模式

4

———

条件语句

一般来说，MATLAB脚本的正常控制流程和过程式编程都是顺序的，即每个程序语句都是按顺序执行的，一个接着一个。用医学上检验类比，治疗计划可能包括进行血液测试，然后分析结果，最后注射特定剂量的药物。每个操作都是一个接一个地按顺序执行的。然而，对于纯粹的顺序控制流，所能实现的功能是非常有限的。例如，可能只希望在血液检验结果中符合特定条件时才使用该药物。或者，可能想在给药后重复血液测试，以检查患者对药物的反应，并可能相应地改变剂量，甚至可能想多次重复这个流程，直到验血结果显示对药物有满意的反应。

同样，在计算机编程中，如果所有的程序都只具有顺序控制流，那么程序功能就会受到限制。要编写更复杂和强大的程序，需要利用编程结构来改变这种正常的控制流。一种编程构造是条件语句。回到医学类比，病情可能基于血液检验的结果，执行的两种途径可能是给药或不给药。本章学习目标如下：

（1）学会如何使用 MATLAB 的选择语句——if 语句和 switch 语句。

（2）将学会如何嵌套选择语句，即 if 语句和 switch 语句之间的位置。

（3）学会编写 MATLAB 条件语句。在 MATLAB 中形成复杂的逻辑表达式，并解释运算符优先的规则。

（4）学会使用关系操作符==、~=、>、<、>=和<=，以及逻辑 "and" "or" 和 "not" 操作符。

（5）了解所有 MATLAB 运算符的完整优先顺序等级。

4.1　IF 条件

条件几乎是任何程序语言的基本组成部分，只用于在某些情况下执行代码的某些部分。在下面给出的 if 语句的流程图中，流程图对于记录程序可以采用的路径非常有用。因此，从某种输入开始程序编写，并使用逻辑表达式计算该输入。这个逻辑表达式将由一个或多个关系运算符组成。例如小于、大于或等于，如果此逻辑表达式的计算结果为 true，则程序将执行一个或多个语句，然后结束。但是，如果这个逻辑表达式为 false，程序将结束。以下是我们将在MATLAB中工作的示例的流程图。

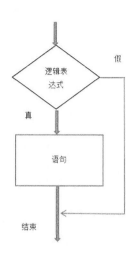

if 逻辑表达式
　if 语句
end

关系符号	含义
<	小于
<=	小于或等于
>	大于
>=	大于或等于
==	等于
~=	不等于

图 4-1　if 条件语句控制流

条件语句的编写应该服从语法格式。

1. if 和逻辑表达式之间需要一个空格。

2. 逻辑表达式可以是复合表达式（多个算术运算符、关系运算符和逻辑运算符）。

3. 如果在数组上执行逻辑表达式，那么只有当逻辑表达式的所有元素都为真（非零）时，条件检验才为真。

4. 这些表示一系列 MATLAB 命令的语句只有在逻辑表达式为真时才会执行。

5. 为了紧凑，可以将 if 结构和一个短语句写在一行上：if 逻辑表达式，语句，end。

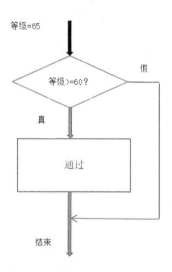

图 4-2　if 条件语句的示例

在这个例子中等级是 65，这个等级满足大于或等于 60 的条件，是真的，这表明已经通过了这个条件检验，程序就结束了。

以下阐述如何通过 MATLAB 编程来实现它。从输入一个数值类型开始，首先将它存储在一个叫作 grade 的变量中，后续可以给它赋值。在这种情况下，如果选择 70，并在行末添加分号以抑制输出，接下来就是 if 语句的编写。如果等级大于或等于 60，需要编写一个逻辑表达式语句，其中大于或等于是关系运算符。

如果成绩大于或等于 60，那么希望程序显示已经通过了该课程等级，可以使用 disp 函数实现这一目的。程序显示 pass，然后结束。

这里显示如何读取：如果等级大于或等于 60，则在程序中显示 pass；如果逻辑表达式的计算结果为 false，则程序将结束。

```
1       grade = 70;
2       if grade >=60
3           disp('pass')
4       end
```

为了运行这个程序，选中后点击 run，在命令窗口显示 pass。如果保存代码为脚本文件 mygrade.m，并且去除 grade=70 后面的分号，运行后在命令窗口运行可以显示以下结果。

```
grade = 70;
if grade>=60
disp('pass')
end
>>mygrade
  grade =
       70
```

这个例子的 if 语句由两部分组成：条件语句和当条件为真时运行的代码。代码是写在条件之后和 if 结束之前的所有内容。没有满足第一个条件，因此没有执行 if 和 end 之间的代码。

现在把这个输入等级改为小于 60。比如说 55，程序运行后发现什么都没有发生，这是因为选择语句的程序只有一条路径可以用来显示第一个语句的结果。

```
1 -     grade = 55;
2 -     if grade >=60
3 -         disp('pass')
4 -     end
```

因此，由于分数不大于或等于 60，程序结束并没有显示任何结果。

```
>> mygrade
fx >>
```

这就是单一路径的 if 语句的一个主要限制。最好让程序也能显示成绩没有通过。

例如，考虑实现以下分段数学函数 y=f(x)。

$$y = \begin{cases} 1 & if \quad x < -1 \\ x^2 & if \quad -1 \le x \le 2 \\ 4 & if \quad x > 2 \end{cases} \tag{4.1}$$

y 的值基于 x 的值，它可能在三个可能的范围之一。选择哪个范围可以用三个单独的 if 语句来完成，如下所示。

```
1    if x < -1
2        y = 1;
3    end
4    if x >= -1 && x <= 2
5        y = x^2;
6    end
7    if x > 2
8        y = 4;
9    end
```

4.2　IF-ELSE 条件

在某些情况下，如果条件为假也能让程序执行某些功能，可以使用另一种选择程序结构"——if-else-语句——"。这里引入了另一个关键字 else。该选择语句要执行的两条语句中的一条，但与上面的 if 语句一样，这些语句中的每一条都可以被由两条或多条语句组成的块替换。以下是 else 语句的结构和流程。

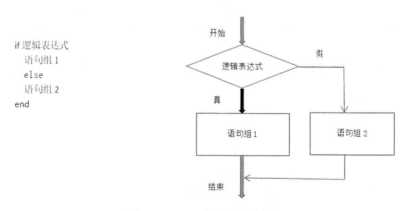

图 4-3　if-else 条件语句控制流

再次用一个输入来运行程序，并用一个逻辑表达式来计算该输入，如果计算了 true 语句组 1，则程序结束。现在，与 if 语句不同，如果该逻辑表达式为 false，则可以在程序结束之前计算第二个语句组。现在看看在 MATLAB 中实现的流程图。

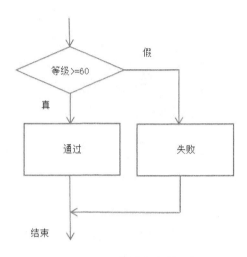

图 4-4 if-else 条件语句的示例

在这种情况下，再次从一个课程成绩开始，试图确定某个等级上是 pass 还是 fail。所以根据逻辑表达式计算这个输入，在这个例子中，等级 55 不大于或等于 60。因此，由于这个条件为假，在程序结束时运行第二个语句块。

现在修改程序以实现 else 语句。使用 else 语句的目的是添加程序可以执行的第二条路径语句。如果等级大于或等于 60，那么需要显示 pass，否则如果逻辑表达式为假，那么要显示 fail。

```
1 -    grade = 55;
2 -    if grade >=60
3 -        disp('pass')
4 -    else
5 -        dis('fail')
6 -    end
```

根据这个逻辑表达式，程序有两条不同的路径显示第一个赋值语句的结果是真还是假。现在程序第一行输入了 55 分，这个程序运行确实显示不及格（fail）。

4.3 嵌套 if-else 语句

if 语句可以嵌套（见图 4-5）。在这种情况下，每个 if 语句都有相应的结尾（为了紧凑起见，可以输入 end，end 要在同一行上）。if-else 语句用于在两个语句块之间进行选择。要从两个以上的语句块中进行选择，可以嵌套 if-else 语句，也就是一个 if-else 语句块在另一个 if-else 语句中。

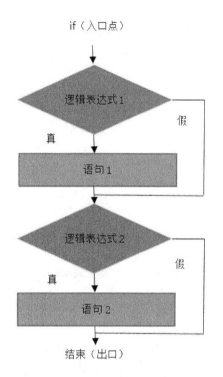

图 4-5　嵌套 if 条件语句控制流

由于式（4.1）中的三种可能性是互斥的，所以 y 的值可以通过使用三个单独的 if 语句来确定。然而，这并不是非常高效的代码：所有三个逻辑表达式都必须求值，不管 x 在哪个范围内。例如，如果 x 小于-1，第一个表达式为真，1 将被赋值给 y。然而，后面两个 if 语句中的两个表达式仍然被求值。也可以另外方式写这段语句，语句可以嵌套，当发现表达式为真时，整个 if-else 语句就结束了。

```
  if x < -1
y = 1;
  else
% 如果我们在这里，x 一定>=-1
% 使用 if-else 语句进行选择
% 剩下的两个范围之间
if x <= 2
  y = x^2;
else
```

```
  % 不需要检查
  % 如果我们在这里，x 一定>2
  y = 4;
 end
 end
```

通过使用嵌套的 if-else 语句，从三种可能性中进行选择，不是所有条件都必须像前一个示例中那样进行检验。在这种情况下，如果 x 小于-1，执行将 1 赋给 y 的语句，并完成 if-else 语句，因此不检验其他条件。但是，如果 x 不小于-1，则执行 else 子句。如果执行了 else 子句，那么在已经知道 x 大于等于-1 的情况下，这部分不再需要检验。

相反，只剩下两种可能性：x 小于或等于 2，或者大于 2。if-else 语句用于在这两种可能性中进行选择。因此，else 子句的操作是另一个 if-else 语句。尽管它很长，但上面所有的代码都是一个 if-else 语句，一个嵌套的 if-else 语句。

虽然这比单独使用 if 语句更可取，但如果想要有多个逻辑表达式，程序流应该如何设计呢？例如，在以上例子中，如果需要使用多个逻辑表达式来找出输入的字母等级，这就需要使用 else-if 条件语句。下面是 else-if 语句的结构和流程（见图 4-6）。使用 else-if 语句的好处是它允许程序员使用多个逻辑表达式。使用 else 可以在条件不满足时执行某些任务。但是如果想检查第二个条件，以防第一个为假。使用 elseif 关键词，可以在相同的条件块中检查另一个表达式，并且不局限于一次尝试。以上编程思路可以这样实现。

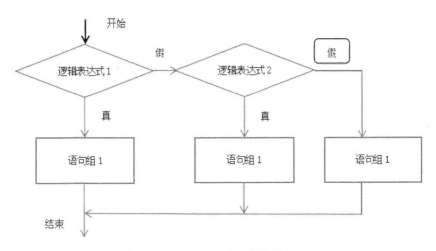

图 4-6   if-elseif-else 条件语句控制流

以上控制流程图用一个输入重新设计程序，并用逻辑表达式 1 对其求值，如果为真，则对语句组 1 求值，否则在程序中，如果逻辑表达式 1 为假，则对逻辑表达式 2 求值，若为真，那么对语句组 2 求值。否则，逻辑表达式 2 为假，然后对语句组 3 求值，并结束程序。在这一编程思路中，使用多个逻辑表达式来确定在课程中收到的字母等级，而不仅仅是及格了（pass）或失败了（fail）。现在的程序可以遵循多条路径，再次以字母 A 作为输入（见图 4-7）。

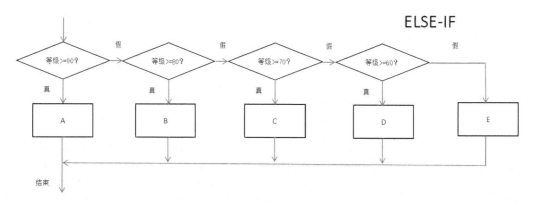

图 4-7 if-elseif-else 条件语句的示例

例如，在该课程的分数是 72，用逻辑表达式计算它，在这种情况下等级不大于或等于 90。所以这是假的，这将继续执行第二个逻辑表达式。在这种情况中，第二个逻辑表达式也是假的，将继续执行第三个逻辑表达式。最后，在本例中，当输入等级 72 大于或等于 70 时，条件是真的，这样输出字母等级 C，程序结束。

另一个示例用于演示从多个选项中进行选择。下面一段程序接收一个整数测试成绩，它应该在 0 到 10 之间。然后，该函数根据以下方案返回相应的字母等级：9 或 10 是"A"，8 是"B"，7 是"C"，6 是"D"，任何低于该成绩的都是"E"。由于结果是相互排斥的，可以使用单独的 if 语句来实现成绩评判方案。但是，一个 if-else 语句加上多个 else 子句会更有效。在 else-if 语句中，从用户那里获取输入，用户将使用命令输入课程成绩。

```
prompt = 'Enter the subject marks =';
grad = input(prompt)
Code:
prompt = 'Enter the subject marks ='
grad = input(prompt);
if grad>=90
    disp('A')
    elseif grad>=80
        disp('B')
    elseif grad>=70
        disp('C')
```

```
        elseif grad>=60
            disp('D')
        else
            disp('E')
    end
```

现在从第一个 if 语句和第一个逻辑表达式开始分析。如果成绩大于或等于 90 分，那么在这一等级得了 "A"。

```
    if grad>=90

    disp('A')
```

否则，如果成绩大于或等于 80，这是执行第二个逻辑表达式，则显示该课程获得了 "B" 级。

```
    elseif grad>=80

    disp('B')
```

否则，如果成绩大于或等于 70，则显示课程的成绩为 "C"。

```
    elseif grad>=70

    disp('C')
```

否则，如果成绩大于或等于 60，则显示课程成绩为 "D"。

```
    elseif grad>=60

    disp('D')
```

这将是最后一个逻辑表达式，因为如果前面的逻辑表达式都不是真的，那么唯一的选择就是在类中得到了等级 "E"。

```
    else

    disp('E')
```

因为只有一个其他选项，显示一个 E，然后结束程序。

```
1    prompt = 'Enter the subject marks =';
2    grad = input(prompt);
3    if grad>=90
4        disp('A')
5    elseif grad>=80
6        disp('B')
7    elseif grad>=70
8        disp('C')
9    elseif grad>=60
10       disp('D')
11   else
12       disp('E')
13   end
```

现在，在命令窗口中输入考试成绩，以查找课程的成绩。可以看到，在命令窗口中有一个输出 E，这是因为在程序开始时输入的数字等级是 55，因此小于或等于 60。最后一个逻辑表达式的运行结果是：课程成绩为 E。

```
>> grad

Enter the subject marks =55
E
fx >>
```

现在，将给课程成绩改为 80，这样输出结果为

```
>> grad

Enter the subject marks =80
B
fx >>
```

在 if 选择语句要返回字母等级的部分中，所有的逻辑表达式都在检验变量 quiz 的值，看看它是否等于几个可能的值，按顺序（首先是 9 或 10，然后是 8，然后是 7，等等）。

在这个例子中，没有检查 A 是否确实小于 60，这样得到了一个错误的信息，因为条件只检查表达式本身，而不等于 true (a = 10)的任何情况将执行第二部分语句块。对于初学者和有经验的程序员来说，这种类型的错误都是一个非常常见的陷阱，特别是当条件变得复杂时，应该始终记住这一点。

在选择使用 elseif 时要格外小心，因为所有 if 到 end 语句块中只有一个会被执行。所以，在该例子中，如果想要显示 a 的所有除数，上面的例子就不太好。

```
a = 15;
if mod(a,2)==0
    disp('a is even')
elseif mod(a,3)==0
    disp('3 is a divisor of a')
elseif mod(a,5)==0
    disp('5 is a divisor of a')
end
```

输出结果是

3 is a divisor of a

不仅是 3，而且 5 也是 15 的除数，但是如果上面的表达式中有任何一个是正确的，那么就没有达到检验 5 除数的部分。最后，可以在所有 else 条件之后添加一个 else(且只有一个)，以便在上述条件都不满足的情况下执行代码。

```
a = 11;
if mod(a,2)==0
    disp('a is even')
elseif mod(a,3)==0
    disp('3 is a divisor of a')
elseif mod(a,5)==0
    disp('5 is a divisor of a')
else
    disp('2, 3 and 5 are not divisors of a')
end
```

输出结果是

2, 3 and 5 are not divisors of a

注意，这些语句中只有一个块会被执行。这是适用于所有形式的 if-语句的规则：当遇到 if-语句时，该 if-语句中不超过一个语句块将被执行。要么什么都不执行，就像前面的第一个例子中 2 以外的数字一样，要么恰好执行一个块，并且只执行一次。如果第一个条件为真，那么第一个块将被执行一次。如果有 elseif-子句，并且第一个条件为false，那么与第一个 true 条件相关联的块将被执行一次。如果没有 else-子句且条件都不为真，那么所有的块都将被跳过，If-语句将不执行任何操作。但是，如果有 else 子句，则保证有一个块会被执行。

107

4.4 switch-语句

除了多种形式的 if 语句外，MATLAB 还提供了另一种的选择构造—switch 语句，可以用来执行上面用 if-语句执行的任务。下面举一个 switch 条件语句的例子。

switch 语句通常可以用来替换嵌套的 if-else 语句，或者替换带有多个 else 子句的 if 语句。switch 语句用于检验表达式是否等于几个可能值中的一个。switch 语句的一般形式是

```
switch switch_expression
case caseexp1
   action1
case caseexp2
   action2
case caseexp3
   action3
% 例如: 这种情况可能有很多
otherwise
   actionn
end
```

switch 语句以关键字 switch 开始，以关键字 end 结束。switch_expression 按顺序与大小写表达式(caseexp1、caseexp2 等)并进行比较。例如，如果 switch_expression 的值与 caseexp1 匹配，则执行 action1，结束 switch 语句。如果值与 caseexp3 匹配，则执行 action3，如果值与 caseexpi匹配，则执行 actioni（其中 i 可以是 1 到 n 之间的任何整数）。如果有一个 otherwise(否则，不执行任何语句)，而且 switch_expression 的值与 case 表达式不匹配，则执行关键词 otherwise 后面的语句(第 n 个行动，actionn)。

4.4.1 switch_expression 是标量或字符向量

下面是调用该函数的两个示例。

```
>> quiz = 22;
>> lg = switchletgrade(quiz)
lg =
   'X'
>> switchletgrade(9)
ans =
   'A'
```

注意，这里假设用户将输入一个整数值。如果用户不这样做，将打印错误信息或返回不正确的结果。

由于需要在一个以上的等级上打印"A"的相同输出，可以整合为如下的代码。

```
switch quiz
    case {10 , 9}
        grade = 'A'
    case 8
        grade = 'B'
     % 例如
```

大小写表达式 10 和 9 周围的大括号是必要的。

 switchletgrade.m

```
function grade = switchletgrade(quiz)
% switchletgrade 返回相应的字母等级
%   到整数测验分数参数使用switch
% 调用格式:switchletgrade(integerQuiz)
% 返回一个字符

% 首先，错误检查
if quiz < 0 || quiz > 10
    grade = 'X';
else
    % 如果在这里，它是有效的，所以求出
    % 对应的字母等级使用switch
    switch quiz
        case 10
            grade = 'A';
        case 9
            grade = 'A';
        case 8
            grade = 'B';
        case 7
            grade = 'C';
        case 6
            grade = 'D';
```

```
        otherwise
            grade = 'F';
        end
    end
end
```

这个 switch 语句中有三个新的关键字：switch、case 和 otherwise。关键字 switch 表示 switch 语句的开头，该关键字在同一行后面跟着变量 n。switch 行后面是一系列 case 子句，每个子句以关键字 case 开头，同一行后面跟着一个数字。对于每个 case 子句，后面都有一个语句块，在这种情况下，是一个 fprintf 函数调用语句和一个赋值语句。switch 行是控制语句。它通过将 n 与 case 关键字后面的数字进行比较来决定执行哪个语句块。switch 语句的流程类似于 if-elseif-else 语句。第一个数字匹配 n 的情况将执行它的语句块。当遇到 switch 语句时，在该 switch 语句中不会执行超过一个语句块。要么什么都不执行，要么只执行一个块。在上面的代码中，如果 case 关键字后面的数字都不匹配 n，则将执行 else 关键字后面的语句块。但是，other 语句可以省略。如果没有 other 子句，那么，如果所有的数字都不匹配 n，那么 switch 语句中的所有块都不会被执行。但是，如果有一个 other 子句，则保证会执行一个块。不管是否有 other 子句，switch 语句必须以关键字 end 结束。

4.4.2 switch 表达式可以是字符串

switch 语句中表达式的第二个选项是字符串。下面是一个名为 number_of_day 的函数的示例，这个新函数会给出输入的日期。

```
function n = number_of_day(day_name)
switch day_name
    case 'Sunday'
        n = 1;
    case 'Monday'
        n = 2;
    case 'Tuesday'
        n = 3;
    case 'Wednesday'
        n = 4;
    case 'Thursday'
        n = 5;
    case 'Friday'
        n = 6;
    case 'Saturday'
        n = 7;
    otherwise
        fprintf('Unrecognized day\n');
        return
end
```

注意，这个函数通过变量 n 返回天数。下面是一些使用这个函数的例子。

```
>> day_number = number_of_day('Sunday')
This is a weekend day
day_number =
    1
>> day_number = number_of_day('Wednesday')
This is a weekend day
day_number =
    4
>> day_number = number_of_day('Halloween')
Unrecognized day
day_number =
    0
>> day_number = number_of_day('friday')
Unrecognized day
day_number =
    0
```

只要输入字符串，比如"Sunday"和"Wednesday"，就能运行得很好，而且不会把"Halloween"识别为一周中的一天。然而，令人惊讶的是，它不识别"星期五"。这里的问题是"f"不是大写，因此"friday"与"Friday"不完全匹配。字符串必须完全相同，否则不能匹配。

4.4.3 case 表达式可以是一个集合

第三种情况是使用集合作为大小写表达式。大小写表达式可以是一组值，也可以是一组表达式。这个集合被称为"元胞数组"，将在名为数据类型的章节中了解它们，但现在，应该知道集合可以简单地通过用大括号而不是方括号来分隔向量来表示，如下面的语句所示。

```
case {case 表达式 1, case 表达式 2 ,… },
  一些语句块
```

意思是，如果 switch 表达式匹配列表中的任何大小写表达式，语句块就会被执行。下面是一个包含 case 集合的例子。

```
function weekday_or_weekend(n)
    switch n
      case 1
        fprintf('Sunday\n');
```

111

```
        case {2,3,4,5,6}
            fprintf('Weekday\n')
        case 7
            fprintf('Saturday\n');
        otherwise
            fprintf('Number must be from 1 to 7.\n');
    end
```

如果输入 1 或 7，则该函数输出日期，对于数字 2、3、4、5 和 6，则输出单词 "Weekday"。通过将一组由大括号分隔的数字（而不是单个数字）作为大小写表达式来处理工作日的情况。对于向量，括号中分隔数字的逗号可以用空格代替。下面是函数运行情况。

```
>> weekday_or_weekend(1)
Sunday
>> weekday_or_weekend(4)
Weekday
>> weekday_or_weekend(9)
Number must be from 1 to 7.
```

通常，值可以用表达式替换。例如，{2, 3, 4, 5, 6}可以是{2, 2+1,5-1, 5-2,5-4}。

4.4.4 switch 语句和 if 指令比较

switch 语句和 if 语句同样强大(一个可以做另一个可以做的事情)，但是 switch 语句特别适合处理只有有限选择集的情况。下面是一个 if 语句和 switch 语句做同样事情的例子。

```
if x == 1
    fprintf('One\n');
elseif x == 2
    fprintf('Two\n');
elseif x == 3
    fprintf('Three\n');
else
    fprintf('&d\n' , x);
end
switch x
    case 1
        fprintf('One\n');
```

```
case 2
    fprintf('Two\n');
case 3
    fprintf('Three\n');
otherwise
    fprintf('&d\n' , x);
end
```

对于 if 语句和 switch 语句中的任何一个，如果 x 等于 1、2 或 3，则输出 x 值的名称，否则输出数字。要完成这一任务，switch-statement 更合适，因为它避免了==运算符不必要的重复。这里有一个示例，展示了如何构造一个处理连续范围的值的 switch 语句。它表明 switch 语句复制 if 语句功能的能力，但这是一个非常糟糕的编程示例！当涉及一个范围的值时，if 语句是正确的选择。

如果要表达一个逻辑语句，a < x < b，需要两个条件语句，a < x 和 x < b。如果输入 a < x < b 不会得到合意的结果。

考虑一下执行以下代码时会发生什么。根据 x 和 y 的输入值，所有可能的结果是什么？

```
function [out] = myNestedBranching(x,y)
    % [输出] = myNestedBranching(x,y)
    % 嵌套分支语句示例
    % 作者
    % 日期
    if x > 2
        if y < 2
            out = x + y;
        else
            out = x - y;
        end
    else
        if y > 2
            out = x * y;
        else
            out = 0;
    end
    end
    end
```

4.4.5　编写条件语句的良好习惯

为了帮助跟踪哪些代码块属于哪个条件语句，MATLAB 为条件语句中的每一行代码提供了相同级别的缩进。在编写代码时，可能会发现由于某种原因缩进变得不正确。如果遇到这种情况，可以通过按 Ctrl+A 来选择所有代码，然后按 Ctrl+I 来正确地缩进所有代码，在 PC 上按 Ctrl+I，在 MAC 上按 command+A 和 command+I 来正确地缩进所有代码。在将代码呈现给其他人之前，请确保在代码上使用这个指令序列。这样更容易阅读。

下面是 mynested 分支的代码，没有任何缩进。它不仅在视觉上不讨人喜欢，而且还使理解代码的结构变得更加困难。

```
function [out] = myNestedBranching(x,y)
    % [输出] = myNestedBranching(x,y)
    % 嵌套分支语句示例
    % 作者
    % 日期
    if x > 2
    if y < 2
     out = x + y;
    else
     out = x - y;
    end
    else
    if y > 2
     out = x * y;
     else
      out = 0;
     end
    end
    end
```

学习编程时，从头到尾写代码是很自然的，就像写句子一样。然而，在开始填充代码块部分之前，最好先编写完整的 if 语句(所有条件语句)。例如，当编写 if 语句时，在顶部写上 "if"，然后在底部写上 "end"，然后填写 elseif 和 else 语句，再填写每个单独语句的主体。虽然对于本章给出的例子来说，这是微不足道的，但按照这个顺序编码将有助于在代码变得更复杂时跟踪代码。

下面显示输入 mynestedbranch 的良好顺序。

步骤 1：声明函数头和注释。

```
function [out] = myNestedBranching(x,y)
    % [输出] = myNestedBranching(x,y)
    % 嵌套分支语句示例
    % 作者
    % 日期
end % 结束 myNestedBranching
```

步骤 2：编写主分支语句(首先编写最外层的 if 语句)。

```
function [out] = myNestedBranching(x,y)
    % [输出] = myNestedBranching(x,y)
    % 嵌套分支语句示例
    % 作者
    % 日期
    if x > 2
        else
    end
end % 结束 myNestedBranching
```

步骤 3：填充第一个条件语句的代码块(嵌套的 if-语句)。

```
function [out] = myNestedBranching(x,y)
    % [输出] = myNestedBranching(x,y)
    % 嵌套分支语句示例
    % 作者
    % 日期
    if x > 2
        if y < 2
            out = x + y;
        else
            out = x - y;
        end
    else
    end
end % 结束 myNestedBranching
```

步骤 4：填充第二个条件语句的代码块。

```
function [out] = myNestedBranching(x,y)
```

```
% [输出] = myNestedBranching(x,y)
% 嵌套分支语句示例
% 作者
% 日期
if x > 2
  if y < 2
    out = x + y;
  else
    out = x - y;
    end
else
  if y > 2
    out = x * y;
  else
    out = 0;
    end
  end
end % 结束 myNestedBranching
```

以这种方式编写代码将以一种有助于有效编程的方式分解任务。

有许多用于帮助构建分支语句的逻辑函数。例如，可以使用 isreal、isnan、isinf 和 isa 等函数询问变量是否具有特定的数据类型或值。还有一些函数可以告诉有关逻辑数组的信息，如 any，如果数组中的任何元素为真，则计算为真，否则为假，以及 all，只有当数组中的所有元素都为真时，才判断为真。

4.5 逻辑数据类型

逻辑数据类型是一种特殊的数据类型，它只能在两个可能的值中选择其一：true 或 false。逻辑值是由两种类型的 MATLAB 运算符产生的：关系运算符和逻辑运算符。

逻辑值存储在一个字节的内存中，所占用的空间比数值型变量少得多，数值型通常占用 8 个字节。许多 MATLAB 分支结构的操作是由逻辑变量或表达式控制的。如果变量或表达式的结果为 true，则执行一段代码。如果不是，则执行另一段代码。要创建逻辑变量，只需在赋值语句中给它赋一个逻辑值。

创建一个包含逻辑值 true 的逻辑变量 a1。如果使用 who 命令检查这个变量，可以显示它具有逻辑数据类型。

与 Java、C11 和 Fortran 等编程语言不同，在 MATLAB 中，在表达式中混合数字和逻辑数据是合法的。如果在需要数值的地方使用逻辑值，则 true 将转换为 1，false 将转换为 0，然后用作数值。如果在需要逻辑值的地方使用数值，则非零值将转换为 true，0 值将转换为 false，然后用作逻辑值。也可以显式地将数值转换为逻辑值，反之亦然。逻辑函数将数值数据转换为逻辑数据，实函数将逻辑数据转换为数值数据。

4.5.1 表示逻辑真与假

概念上为真的表达式逻辑值为 1，而概念上为假的表达式逻辑值为 0。在 MATLAB 中表示逻辑真与假的概念略有不同：假的概念由值 0 表示，但真的概念可以由任何非零值(而不仅仅是 1)表示。这可能会导致一些奇怪的逻辑表达式。例如

```
>> all(1 : 3)
ans =
1
```

同样，考虑下面的 if 语句：

```
if  5
disp('Yes, this is true!')
end
```

结果是

Yes, this is true!

由于 5 是非零值，因此条件为真。当这个逻辑表达式被求值时，它将为真，因此 disp 函数将被执行，并显示 "Yes, this is true"。当然，这是一个非常奇怪的 if 语句。

表达式中的一个简单错误可能会导致类似的结果。例如，假设用户在回答 yes/no 问题时需要选择 "Y" 或 "N"。

```
letter = input('Choice (Y/N): ','s');
```

在脚本中，如果用户以 "Y" 响应，可能希望执行特定的运算。大多数脚本允许用户输入小写字母或大写字母；例如，用 "y" 或 "Y" 来表示 "是"。如果字母的值是 "y" 或 "Y"，将返回 true 的正确表达式将是

```
letter == 'y' || letter == 'Y';
```

然而，如果错误地将其写成

```
letter == 'y' || 'Y'; % Note: incorrect!!
```

这个表达式将永远为真，不管变量字母的值是多少。这是因为"Y"是一个非零值，所以它是一个取值永远为真（true）的表达式。表达式的第一部分，在 or 运算符的左边，可能是假的，但作为第二个表达式（在 or 运算符的右边；"Y"'）为真，则整个表达式将为真，不管变量字母的取值如何。

关系运算符和逻辑运算符都能产生逻辑值。这些运算符非常重要，因为它们能控制在某些 MATLAB 分支语句结构中执行哪些代码块。关系运算符是比较两个数字并产生逻辑值。例如，a> b 是一个关系运算符，用于比较变量 a 和 b 中的数字。如果 a 中的值大于 b 中的值，则该运算符返回一个 true 的结果。否则，运算符返回 false 的结果。逻辑运算符能比较一个或两个逻辑值并产生逻辑值。例如，&&是逻辑运算符。逻辑运算式 a &&b 比较存储在变量 a 和 b 中的逻辑值。如果 a 和 b 都为真（非零），则运算符返回 true 的结果。否则，运算符返回 false 的结果。

4.5.2　关系运算符

在上面的 if 语句中已经用到运算符==和<，这是关系运算符的例子。关系运算符产生的值取决于其两个参与运算的数值之间的关系。如上所述，运算符==用两个等号表示。当在 if 语句中使用它作为条件语句时，当且仅当第一个操作数与第二个操作数相等时，才执行它所管理的程序块。注意，这个运算符与赋值运算符非常不同，赋值运算符只用一个等号来表示，赋值运算符会将其左侧变量的值设置为右侧变量的值。用<表示的运算符是"小于"运算符，当在 if 语句中使用它作为条件语句时，当且仅当它的第一个操作数小于第二个运算数时，就会执行它所管理的程序块。另外还有 4 个关系运算符，表 4-1 给出了所有 6 个运算符。

表 4-1　关系符号

符号	含义
==	等于
~=	不等于
>	大于
<	小于
>=	大于或等于
<=	小于或等于

虽然关系运算符通常出现在 if 语句的条件表达式中，但当程序运行到循环程序部分时，会在另一个称为"while语句"的控制结构中用到。关系运算符可以出现在控制语句之外，而且关系运算实际上产生了一个值。下面是命令窗口中的两个简单示例。

```
>> 10 == 20
```

```
    ans =
          0
>> 3 == 35-32
    ans =
     1
```

在这两个例子中的第一个，让 MATLAB 计算 10==20 的值，它显示取值等于 0。在 MATLAB 中，当==运算符发现其第一个操作数不等于第二个操作数时，返回值 0，即"false"。在第二个示例中，发现表达式 3 == 35-32 的值是 1。当==运算符发现它的第一个操作数等于它的第二个操作数时，它返回值 1，这意味着"true"。

事实上，每个关系运算符在其表达式为假时返回 0，在其表达式为真时返回 1。下面是另一个例子。

```
>> x = (45*47 > 2105) + 9
    x =
     10
```

在这个表达式中，45*47 等于 2115，大于 2105，因此括号中的关系表达式的值为 1（真）。然后 9 和 1 相加，得到 10。括号在这里有一个重要的作用。如果忽略它们会得到不同的答案。

```
>> x = 45*47 > 2105 + 9
    x =
     1
```

这一次，加法运算符在大于运算符之前执行，因为+的优先级高于>，所以先执行加法运算符。事实上，所有算术运算符的优先级都高于所有关系运算符（见表 4-4 中的优先顺序表）。加法的结果是 2114，但是>左边的运算数的值（和之前一样是 2115）仍然大于>右边的操作数的值，因此关系运算符产生的值是 1（true），和之前一样，而且整个表达式的结果是 1。

下面是一个在算术表达式中有意义地使用关系运算符的例子（例如，不是在 if 语句的条件语句中）。值得注意的是，有时表达式涉及除法时，可能会被 0 除，就像下面这个例子。

```
>> x = 16;
>> y = 0;
>> z = x/y
z =
    Inf
```

大多数程序语言对分母为 0 不能容忍，只会停止程序运行，在命令窗口打印错误信息，等待用户修改代码并重新运行程序。MATLAB 要宽容得多，通过给它一个特殊的值——inf，结果是无穷大。如果程序员更希望 z 被设为 x，而不是当 y = 0 时 x/y。可以用一个 if 语句来处理这种情况，方法如下。

```
if y ~= 0
    z = x/y;
else
    z = x;
end
```

使用 if 语句是一个完美的解决方案，但也可以使用一个包含关系运算符的算术表达式来完成相同的任务，如下所示。

$$z = x/(y + (y == 0));$$

首先对 y 使用一个非零值，然后赋予 y 一个零值。

```
>> x = 16;
>> y = 2;
>> z = x/(y + (y==0))
  z =
    8
>> y = 0;
>> z = x/(y + (y==0))
   z =
    16
```

与 if 语句一样，当 y 不为零时，z 被设为 x/y，当 y 为零时，z 被设为 x。这个函数将 z 设为 0，而不是 x，当 y 为 0 时

$$z = (y \sim= 0)*x/(x + (y == 0));$$

关系运算符是数组运算符，遵守与其他数组运算符相同的规则。因此，通过给两个具有相同大小和形状的数组操作数，可以用一个表达式来比较多对数值。下面是一些例子。

```
>> [4 -1 7 5 3] > [5 -9 6 5 -3]
  ans =
   0  1  1  0  1
```

也就是说，4 不大于 5，-1 大于-9，7 大于 6，5 不大于 5，3 大于-3。

```
>> [4 -1 7 5 3] ~= [5 -9 6 5 -3]
    ans =
    1  1  1  0  1
```

也就是说，只有第 4 个元素是相等的。同样，与数组运算符一样，如果一个操作数是标量，则另一个操作数可以具有任意大小和形状，从而允许将多个值与一个值进行比较，如下所示。

```
>> [4 -1 7 5 3] <=4
    ans =
    1  1  0  0  1
>> [14 9 3 14 8 3] == 14
    ans =
    1  0  0  1  0  0
>> sum([14 9 3 14 8 3] == 14)
    ans =
    2
```

最后一个表达式显示了一种简单的方法来确定一个给定值有多少个向量元素。同样也能很容易看出如何改变这个例子来处理诸如"有多少个元素大于向量 v"这样的问题。

4.5.3　逻辑运算符

通过在条件表达式中使用关系运算符，可以使用 if 语句根据变量的值来确定控制流。这是一个强大的思想，但是通过添加另一组运算符(逻辑运算符)，程序可以变得更加强大。逻辑运算符的取值取决于其两个操作数的值。有三个这样的运算符，被列在表4-2 中。

表 4-2　逻辑符号

符号	含义
&&	与
||	或
~	非

为了理解逻辑运算符是如何工作的，假设有个函数，它接受三个输入参数，而且参数是递增，函数返回 1，如果是递减的，函数返回-1，否则返回 0。使用逻辑"and"运算符可以实现这样一个函数的功能。

121

```
function a = order3(x, y, z)
if x <= y && y <= z
    a = 1;
elseif x >= y && y >= z
    a = -1;
else
    a = 0;
end
```

由&&表示的"and"运算符第一次出现在第一个条件语句中：x <= y && y <= z。其工作原理如下：&&运算符接受两个操作数。如果两个都是真值（取值非零），则返回真值（取值为1），否则，返回假值（取值为0）。需要说明的是，如果其中一个操作数是假值（取值为0），则返回假值（取值为0）。然而，这个运算符有一个有趣的特性，将在下一部分中讨论。

（1）快捷运算符

表达式 x <= y && y <= z 的工作原理：先取值 x <= y，如果该操作数是假的，&&运算符返回 false(0)，但没有对第二操作数运算。当第一个操作数为 false 时，它会忽略第二个操作数，从而节省计算第二个操作数的时间。无论第二个操作数是真还是假，只要第一个操作数为假，答案就为假。由于第二个操作数的值对运算符的结果没有影响而跳过该操作数的求值，称为快捷方式。快捷并不总是可能的。当第一个操作数为真时，则"and"表达式的真假由第二个操作数决定。如果该操作数也是 true，则&&运算符返回 true（值为1）。如果第二个操作数为 false，则&&运算符返回 false（值为0）。

上面的逻辑"and"运算中的控制流如图 4-8 所示。逻辑"and"运算及其两个操作数用颜色深浅表示，并显示它们可能的输出（true 或 false）。实际输出为 1 表示真值，0 表示假值（未显示）。当第一个操作数为 false 时所采取的路径被标记为"快捷"，因为它避免通过第二个操作数运算的路径，并将直接（短）路径变为 false。下面是逻辑"and"运算符的第二个例子。

```
function a = not_smallest(x,y,z)
  if x < y && x < z
      a =0;
  else
      a = 1;
  end
```

这个函数能够确定第一个输入参数是否小于它的另外两个输入参数。如果不小于后两个参数，则返回 1，这意味着不是最小的参数（因此有了函数名），否则返回 0。如果第一个操作数为 false，则可以使用快捷方式。

还有第二个快捷逻辑运算符——逻辑"或"运算符，符号为"||"。如果它的操作数中至少有一个为真（第一个、第二个或两个都为真），则返回 true（值为1）；如果两个操

作数都为假（值为0）。现在通过重写上面的函数来演示它的用法，程序使用||而不是&&。

```
function a = not_smallest_version_2(x,y,z)
    if x >= y || x >= z
        a =1;
    else
        a = 0;
    end
```

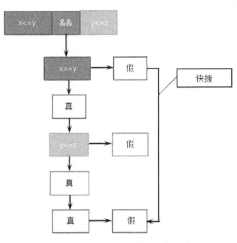

图 4-8　&&快捷方式示意

控制的流程显示在一个快捷逻辑"and"运算：&&。&&的第一个操作数位于左边，其可能的输出（true 或 false）用深色表示。&&的第二个操作数位于右边，可能的输出用浅色表示。浅色部分列出了&&的两个可能输出。如果第一个操作数的输出为false，则遵循标记为"快捷"的路径，绕过第二个操作数的计算。

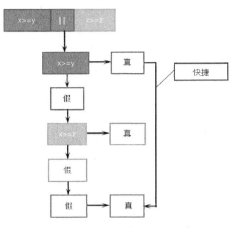

图 4-9　||的快捷方式示意

控制流程在快捷逻辑"或"操作中显示：||的第一个操作数是深色的，它可能的输出 true 或 false 用深色列出。||的第二个操作数是浅色的，它可能的输出用浅色表示。浅色部分列出了||的可能输出。如果第一个操作数的输出为 true，则遵循标记为"快捷"的路径，绕过第二个操作数的计算。该函数执行的任务与上面的"and"版本执行的任务完全相同。如果第一个操作数为真，就可以使用快捷方式，如图 4-9 所示，因为在这种情况下，||操作符将返回 1，而不管第二个操作数的值是多少。

快捷似乎并不重要，因为是否计算一个操作数似乎是一件无关紧要的事情。但是，如果第二个操作数需要很长的计算时间，则可以节省很多时间。如果函数涉及操作数，就会发生这种情况，如下所示。

```
function a = not_smallest_version_3(x,y,z)
    if x >= f(y) || x >= f(z)
        a = 1;
    else
        a = 0;
    end
```

上一个例子和这个例子之间唯一的区别是 y 和 z 被 f(y)和 f(z)取代了。现在 y 或 z 输入函数 f，函数取值与 x 进行比较。

（2）"非"运算

表 4-3 给出了逻辑"and"运算符&&和逻辑"or"运算符||的四种输入的可能输出结果，以及相关函数 xor（"exclusive or"）的输出结果。异或没有运算符，它是一个接受两个输入的函数，例如：xor(x, y)。

表 4-3　逻辑"与"与"或"输入/输出

输入		&&	||	xor
0	0	0	0	0
0	nonzero	0	1	1
nonzero	0	0	1	1
nonzero	nonzero	1	1	0

需要注意的是，输入是"零"和"非零"，而不是 0 和 1。当用作逻辑运算的输入时，这些值被视为假值和真值。到目前为止，只看到数字 1 表示真，因为所有关系和逻辑运算符在其表达式为真时都返回这个值。但是，这些运算符允许使用任何值作为输入，在所有可能的输入值中，只有零表示 false。下面使用非零值作为&&和||的输入的示例。

```
>> 1 && 1
   ans =
    1
>> 17 && 1
   ans =
    1
>> -1 && 1
   ans =
    1
>> -1 || 0
   ans =
    1
>> pi || 0
   ans =
    1
```

在每种情况下，非零值作为输入与 1 具有相同的效果。

表 4-3 中的第三个运算符是逻辑上的"not"运算符，用~表示，通常位于键盘上的 Tab 键上方。"非"运算符是一个一元前缀运算符，就像一元"+"和一元"–"一样，正如在矩阵和运算符中所学到的，这意味着它只接受一个操作数，并且出现在其操作数之前。下面是在 not_smallest 函数中使用这个运算符的例子。

```
function a = not_smallest_version_4(x, y, z)
if ~(x < y && x < z)
    a = 1;
else
    a = 0;
end
```

非运算符出现在 if 语句的条件语句中，其操作数是括号中的逻辑表达式。条件表达式的取值过程如下：（1）关系运算 x < y 被取值；（2）关系运算 x < z 被取值；（3）逻辑"and"运算 x < y && x < z 括号内被取值；（4）not 运算符获得条件表达式的结果。如果"and"运算产生的值是 1（true），那么非运算将返回 0（即 false）。如果"and"运算的值为 0（表示 false），那么非运算返回 1（表示 true）。换句话说，~只是将 0 改为 1，将非 0 值改为 0。

这个函数似乎比其他版本函数更好地匹配了函数名"not_smallest"，因为这是唯一使用"not"运算符的版本。这使程序更加清晰，一个好的程序员总是试图找到一种清晰的方式来编写逻辑表达式。

not 操作符(~)是一元运算符，只有一个操作数。非运算符的结果是 true(1)，如果操

MATLAB编程基础

作数为零，则为 false(0)，如表 4-3 所示。

这里，括号也很重要。如果删除它们，那么剩下的表达式，~x < y & & x < z。"非"运算符的优先级高于 "< "操作符，所以没有括号，执行的第一个运算是~ x，等于零或一个根据 x 是否非零或零。然后执行 "<" 运算符，它的第一个操作数不是 1 就是 0，而不是 x。这显然不是合意的。与关系运算符&&和||不同，~运算符是数组运算符。因此，它可以应用于数组，对每个元素产生"非"运算。

```
>> ~[1 -1 0 0 pi 0 4]
ans =
    0 0 1 1 0 1 0
```

这里包含了一些非零值，而不是一个值，以强调非零(偶数-1)表示为真。

```
>> ~[-1 < 1 4 == 4 2 >3 2 ~= 2 9 ~= 4 6 >= 7 6 <= 7]
ans =
    0 0 1 1 0 1 0
```

输出元素与前一个示例相同，但这次输入元素是关系运算，在前一个示例的输入元素中出现非零值和零值的地方，输入元素恰好为 true 或 false。

还有两个逻辑运算符——所谓的"元素级"版本的逻辑"与"运算符以及逻辑"或"运算符。这些运算符由一个&和一个|符号表示。与对应的快捷符号运算符一样，都是二元运算符，并且执行相同的逻辑运算，即"and"和"or"。这些运算符与关系运算符都是数组运算符，但是&&和||只能应用于标量。与其他二元数组运算符一样，也可以接受一个标量操作数和一个非标量操作数。使用&和|时要注意一个问题：当它们出现在 if 语句（或下一节将看到的 while 语句）的条件语句时，就像&&和||一样可以使用快捷方式，但当它们出现在外部时，就不能使用快捷方式。下面是在数组中使用&和|的一些例子。

```
>> [4 0 pi -1 0 1/3] & [1 1 -2 0 0 8]
ans =
    1 0 1 0 0 1
>> [4 0 pi -1 0 1/3] | [1 1 -2 0 0 8]
ans =
    1 1 1 1 0 1
>> [1 0 2; 0 4 -1] | [0 0 3; 0 4 0]
ans =
    1 0 1
    0 1 1
>> [1 0 2; 0 4 -1] & 7
```

ans =

   1 0 1

   0 1 1

已经介绍了 MATLAB 的十个运算符。在题为"矩阵和运算符"一节中,给出前五个(连同括号)的优先级。表 4-4 给出了所有的完整的优先级表。低优先级的数字意味着更高的优先级,这意味着表达式中的求值更早:具有低优先级数字的运算符优先。但是,总是可以用括号覆盖运算的顺序。在执行表达式中的任何运算之前,MATLAB解析器找到所有匹配的括号(其 0 优先级优于所有其他的),并将任何匹配括号中的表达式与表达式的其余部分分开求值。

同样,正如在《矩阵和运算符》一节学到的,当有两个或多个优先级相同的运算符时,就会使用从左到右的结合律,也就是说,运算的顺序是从左到右。括号也可以覆盖这个结合规则。

表 4-4 运算符优先级

优先级	符号
0	括号(…)
1	求幂^与转置'
2	一元+,一元-,与逻辑否定:~
3	乘法与除法(数列与矩阵)
4	加法与减法
5	克隆运算符
6	相关符号:<,<=,>,>=,==,~=
7	逐元素逻辑"与":&
8	逐元素逻辑"或":|
9	快捷逻辑"与":&&
10	快捷逻辑"或":||

MATLAB 还内置了逻辑运算符的逻辑函数,即 and(a, b)=a&b,or(a, b)=a | b,而 not(a)=~a。

(3)逻辑异或

当且仅当一个操作数为真而另一个为假时,互斥 OR 运算符的结果为真。如果两个操作数都为真或两个操作数都为假,则结果为假,如表 4-3 所示。注意,两个操作数都必须求值,以便计算互斥 OR 的结果。逻辑异或运算是作为一个函数来实现的。例如

```
A = 10;
B = 0;
X = xor(a, b);
```

A 的值是非零的，因此它被视为真。b 的值为零，因此它被视为 false。由于一个值为真，另一个为假，异或操作的结果将为真，并返回值 1。

（4）层次结构的运算

在运算的层次结构中，逻辑运算符在所有算术运算和所有关系运算符运算之后再求值。表达式中运算符的求值顺序为：1）所有算术运算符都按照前面描述的顺序先运算。2）关系运算符（==、~=、>、>=、<、<=）都是从左到右运算的。3）所有~运算符都被运算。4）所有&和&&运算符都被从左到右运算。5）所有|、||和 xor 运算符都从左到右运算。

（5）all 和 any 函数

在使用逻辑运算符时，如果数组可能变成空数组，则需要特别注意。人们通常认为，如果 all(A)为真，那么 any(A)也一定为真，如果 any(A)为假，那么 all(A)也一定为假。但是 MATLAB 中对空数组的处理并不是这样的。

```
>> any([])
ans =
    0
>> all([])
ans =
    1
```

因此，如果比较一个数组的所有元素与一个特定的阈值，需要知道数组是不是空的。

```
>> A=1 : 10;
>> all(A>5)
ans =
    0
>> A=1 : 0;
>> all(A>5)
ans =
    1
>> a = [];
>> isempty(a)
ans =
    logical
    1
```

练习题

1. 对以下 MATLAB 表达式进行取值。

```
5 >= 5.5
20 > 20
xor(17-pi < 15, pi < 3)
true > false
~(35/17) == (35/17)
(7 <= 8) == (3/2 == 1)
17.5 && (3.3 > 2.)
```

2. 正切函数定义为 $\tan\theta = \sin\theta /\cos\theta$。只要 $\cos\theta$ 的大小不太接近 0，就可以利用该表达式来求解正切。（如果 $\cos\theta$ 为 0，则计算 $\tan\theta$ 的方程将产生非数值 Inf。）假设 θ 以度为单位，只要 $\cos\theta$ 的大小大于或等于 10^{-2}，就编写 MATLAB 语句来计算 $\tan\theta$。如果 $\cos\theta$ 小于 10^{-2}，则改写错误信息。

3. 以下代码旨在提醒用户口腔温度计读数过高（数值单位为华氏度）。检查这些代码是否正确？如果不正确，请解释原因并更正。

```
if temp < 97.5
    disp('Temperature below normal' ) ;
elseif temp > 97.5
    disp('Temperature normal' ) ;
elseif temp > 99.5
    disp('Temperature slightly high' ) ;
elseif temp > 103.0
    disp('Temperature dangerously high' ) ;
end
```

4. 通过快递服务寄送包裹的费用是前两磅$15.00，超过两磅的每磅或不足一磅为$5.00。如果包裹重量超过 70 磅，费用中会加上$15.00 的超重附加费。不接受超过 100 磅的包裹。编写一个程序，输入包裹重量（磅）并计算邮寄包裹的成本，务必处理超重包裹。

5. 编写 MATLAB 程序对以下函数进行取值。

$$y(x) = \ln\frac{1}{1-x}$$

对于任何用户指定的 x 值，其中 x 是一个<1.0 的数字（注意 ln 是自然对数，以 e 为底的对数）。使用 if 结构验证传递给程序的值是否合法。如果 x 的值是合法的，则计算 y(x)。如果没有，让代码抛出一条错误的信息并退出。

6. 编写一个程序，允许用户输入包含一周中某一天的字符串（"周日""周一""周二"等），并使用 switch 结构将该天转换为相应的数字，其中周日被视为一周的第一天，周六被视为该周的最后一天，打印得出的日期。另外，一定要用其他语句来处理非法日名的情况！（注意：确保在函数输入上使用"s"选项，以便将输入视为字符串。）

7. 假设一名学生在一个学期内可以选择报读一门选修课。学生必须从有限的选项列表中选择一门课程：英语、历史、天文学或文学。构造一段 MATLAB 代码，该代码将提示学生进行选择，浏览该选择，并将答案用作 switch 结构的案例表达式。请确保包含一个默认案例来处理无效输入。

5

循环语句和逻辑索引

循环允许重复执行代码。常用的两种主要循环类型包括 for 和 while 循环。在 MATLAB 中，循环必须在关键词 end 前完成。通过经验会发现，当一个条件运行的迭代次数已知时，for 循环很有用，而 while 循环在迭代次数未知时很有用。只要循环的条件为真，while 循环就会执行代码。一旦为 false，循环将停止。如果该值不为真，则循环永远不会运行。反之，如果条件总是为真，则要小心，因为这将进入无限循环。

本章学习目标如下：

（1）将学习如何使用 for 循环和 while 循环。

（2）将学习 break 语句和 continue 语句是如何工作的，将使用嵌套循环。

（3）将学习如何使循环语句更有效，并将学习 MATLAB 强大的隐式循环系统。

（4）将学习逻辑索引，并看看如何使用它来产生高效和易于阅读的隐式循环。

5.1 循环的概念

循环是一个新的程序控制结构。本章将把循环添加到上一章已经介绍过的选择语句结构中。上一章已经介绍了控制结构——if、if-else、if-elseif、if-elseif-else 和 switch，它们分别设定了语句块是执行一次还是不执行。正如即将看到的，循环结构包含了一个强大得多的思想：它也是一个控制结构，可以设定语句块是执行 0 次、1 次、100 次和 10 万次，还是任何其他次数。在仔细研究循环思想之前，通过一个例子来看看它可以提供的运算速度。假设想把 1 到 10 的数字加起来，使用 MATLAB 进行此计算的两种简单方法如下。

```
>> 1 + 2 + 3 + 4 + 5 + 6 + 7 + 8 + 9 + 10
ans =
    55
>> sum(1 : 10)
ans =
    55
```

第一种方法属于基本的计算器运算类型，在所有数字之间添加"+"号，然后按Enter。第二个示例比较简单，因为它使用了循环。事实上，它包括两个使用循环的MATLAB功能。第一个功能是通过冒号运算符将1:10展开为向量[1 2 3 4 5 6 7 8 9 10]。第二个功能是通过名为 sum 的函数将向量中的所有元素相加。这两个功能都是在MATLAB 内部通过循环实现的（但对用户隐藏）。过程是隐式的，因为没有明确地告诉MATLAB重复什么指令。当 MATLAB 看到 1:10 时，开始一个循环，生成向量[1 2 3 4 5 6 7 8 9 10]，然后使用它作为函数和调用的参数。然后，当求 sum([1 2 3 4 5 6 7 8 9 10])的和时，它开始一个循环，将参数中的所有元素加到函数的 sum 中。这个简单的例子说明了循环的力量，它显然是容易输入命令的9个数字，把向量(1:10)加起来。也就是说，使用 sum(1:20)方法比 1+2+⋯+20 方法快两倍多，因为输入 20 个字符比输入 9 个字符要多花两倍的时间。当涉及更多的数字时，优势就变得更重要了。如果想要将 1 加到 10000，那么输入所有的数字和加号将需要 13.5 小时（每秒 1 个字符），但输入 sum(1:10000)只需要 12 秒。速度提高了 4000 倍。

当使用冒号运算符和函数 sum，已经看到了循环的强大功能。每个涉及冒号运算符的表达式都使用一个循环求值，该循环使用一个语句集，即一遍又一遍地重复执行它们，可能是数百次或数千次。每个数组操作都通过循环进行计算；每个矩阵运算都用循环求值，max 和 min 函数使用循环，sqrt(...)使用循环，等等。事实上，几乎每个MATLAB运算符或执行数值计算的内置函数都使用一个或多个循环。它们是隐式循环，所以它们是隐藏的，但它们无处不在。

那么，什么是循环？图 5-1 演示了一个从 1 到 10 的整数相加的循环。该图显示了在计算机上进行加法运算所需的流程图，该流程图包括一个在阴影图框中概述的循环。运算流从图的顶部进入，跟随箭头并从图的底部退出。在执行第一个运算"total = 0"之后，就进入了循环。在这个循环中有两个语句。第一个是"重复 n = 1 到 10"。这条语句是一个控制语句，正如在条件选择语句部分所学到的，这意味着它控制另一条或多条语句的执行。循环中的第二个语句是"Add n to total"，已经用浅色突出显示了它。这条语句是循环的主体。循环体包含重复的语句。函数体中可以有许多运算，但为了保持简单，只使用一个。浅色语句重复 10 次，然后循环结束。将这种重复称为"循环"的原因从图中流动线条的形状很明显：它们形成了一个循环。当浅色语句一遍又一遍地执行时，程序流在从浅色方框的一侧出现并重新进入方框顶部的路径上来回移动。程序流被迫通过浅色框一次又一次地循环回去。循环结束后，执行最后一个操作"Print total"。在图中所示的操作之前和/或之后，程序中可能会发生许多其他操作，但这里只关注循环。事实上，包含"total = 0"和"Print total"的唯一原因是它们显示了如何使用循环，并不是循环本身的一部分。

图 5-1 中语句块的重复循环继续，直到满足条件：指定的条件控制语句，"重复 n = 1 到 10"，条件是变量 n 设置先后到每个值：1，2，3，⋯，10。

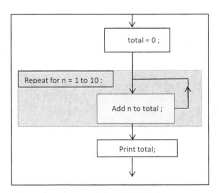

图 5-1　循环语句流程

注：该图显示了计算和打印求和的一系列操作的流程图：$1 + 2 + 3 + \cdots + 10$。每个小盒子都包含一个操作。深框内的部分是一个循环。浅色方框包含循环的主体，在循环完成之前重复 10 次。

　　循环体的一次执行称为循环的迭代。迭代也可以用来表示循环，可以说一个循环迭代了 10 次，或者一个循环迭代了 10 次，也就是说，动词 iterate 可以是及物的，也可以是不及物的，可以将包含循环的代码描述为迭代代码。例如"执行 200 次计算需要迭代代码，以避免键入 200 条语句"。

　　正如我们前面提到的，图 5-1 中的循环体由语句"Repeat for n = 1 to 10"所控制。循环体是这个闭环回路的劳动者，控制语句更像是一个监督者，让劳动者在工作中重复一定的任务，直到工作完成。这个控制语句还做了其他的事情。它反复地改变变量 n 的值。下面是它导致的运行序列

```
Set n to 1
Execute Add n to total
Set n to 2
Execute Add n to total
Set n to 3
Execute Add n to total
Set n to 4
Execute Add n to total
Set n to 5
Execute Add n to total
Set n to 6
Execute Add n to total
Set n to 7
Execute Add n to total
Set n to 8
Execute Add n to total
Set n to 9
Execute Add n to total
Set n to 10
Execute Add n to total
```

计算机不知疲倦地、机械地、非常迅速地为用户重复语句。如果改变 10 到 10000，将继续执行同样的语句和 n 设置为另外的次数，直到结束。而用户要做的是写一些语句告诉 MATLAB 进行所有 10 到 10000 的冗长的迭代。

变量 n 在每次循环中都要更新，它是循环的关键部分，它有一个特殊的名字。由循环的控制语句所改变的变量称为循环索引。这是"index"一词的新用法，到目前为止，该词一直用于编程意义上表示枚举向量或 matrix 的元素索引的正整数。例如，可能会说："在表达式 y(n) + 17 中，索引 n 指定了向量 y 中的一个特定元素。"这是以前的用法。这里将继续以这种方式使用它，但这里有一个关于"index"的新用法的例子："在图 5-1 中，循环索引 n 开始等于 1，结束等于 10。"从现在开始，将同时使用这两种意思。两个意思相同的词似乎令人困惑，有时候会发现在同一循环结构中两个含义适用于相同的变量。通常，当引用的索引运行循环语句时，会说"循环索引"，而不是简单的"索引"。

5.2 for 循环

这一节将使用一个称为 for 循环的控制结构。该结构的工作原理与如图 5-1 所示的结构类似，"for 循环"的名称基于单词"for"在控制语句中的出现。"for 循环"这个名字不是为 MATLAB 发明的。它是由 1960 年名为 ALGOL（算法语言）的发明者引入的，这个结构和名称变得如此流行，以至于几乎所有后来的编程语言都提供了这种类型的循环，并使用相同的名称（例如，MATLAB、C++和 Java 都有 for 循环）。在本节的后面，将介绍 MATLAB 提供的另一种循环——"while 循环"。图 5-1 循环的 MATLAB 一段实现的代码如下。

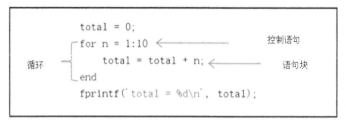

图 5-2　循环语句的构成示意

这段代码引入了一个新的 MATLAB 关键字 for，用于表示 for 循环的开始，而关键字 end 表示循环的结束。对于 n = 1 : 10，循环的第一行是循环的控制语句。它控制语句 total = total + n，这是 for 循环的主体，并被控制语句强制重复其任务十次，如图 5-2 所示。注意，控制语句后面没有分号。MATLAB 从不输出给循环索引赋值的结果，所以这里不需要分号。

控制语句中的短语，n = 1 : 10，一开始可能会令人困惑。这并不意味着"将向量[1 2 3 4 5 6 7 8 9 10]赋给 n"，即使这正是 n = 1 : 10 语句的意思，如果它单独出现（在它前面没有关键字 for）。当 n = 1 : 10 出现在 for 循环的控制语句中，它的意思是

Assign the first element of [1 2 3 4 5 6 7 8 9 10] to n.
Execute the body of the for-loop.
Assign the next element of [1 2 3 4 5 6 7 8 9 10] to n.
Execute the body again.
Assign the next element of [1 2 3 4 5 6 7 8 9 10] to n.
Execute the body again.
. . .
Assign the last element of [1 2 3 4 5 6 7 8 9 10] to n.
Execute the body for the last time.

for 循环的一般形式如下

```
for index = values
    block
end
```

block 是 for 循环的主体。上面的 for 循环示例符合这种通用形式，如表 5-1 所示。

表 5-1　for 循环的组成

例词	一般形式
n	循环指数
1 : 10	循环指数取值
total = total + n	语句块

注意 for 循环的语法和 if-语句的语法之间的相似之处可能会有所帮助。这两个结构都以 for 循环中的关键字 for 和 if-语句中的关键字 if 开头，以关键字 end 结束。这两个结构的语义也很相似，因为每个结构都有一个由控制语句控制的程序主体部分，每个结构都有一个控制语句，设定了主体部分将被执行的次数。不同之处在于，在 if 语句中，循环次数被限制为 0 或 1，而在 for 循环中，循环次数为 0 或某个正整数。

再来看第二个例子

N = 5;
list = rand (1,N); % 指定随机数的行向量
for x = list

```
if x > 0.5
    fprintf('Random number %f is large.\n',x)
else
    fprintf('Random number %f is small.\n',x)
end
end
```

可以看出，这个循环也符合一般的形式，所有的 for 循环都必须这样做。第一，x 是循环索引；第二，list 包含循环变量可能的取值；第三，if 语句块是循环主体。下面是这个例子的一个运行示例。

```
Random number 0.141886 is small
Random number 0.421761 is small
Random number 0.915736 is large

Random number 0.792207 is large
Random number 0.959492 is large
```

请注意，如果运行相同的代码，可能会得到不同的结果，因为函数 rand 可能会返回不同的取值集合，过程如下。

（1）N 被赋值为 5。

（2）使用参数 1 和 5 调用 rand，生成一个由 5 个随机数组成的行向量[0.14189 0.42176 0.91574 0.79221 0.95949]，该行向量被赋给 list。

（3）控制语句将 list 的第一个元素 0.14189 赋值给 x。

（4）if 语句发现 0.14189 小于 0.5，触发了第 1 个 fprintf 函数。

（5）到达终点，执行程序流返回到循环的起点。

（6）控制语句将 list 的第 2 个元素 0.42176 赋值给 x。

（7）if 语句发现 0.42176 小于 0.5，触发了第一个 fprintf 函数。

（8）到达终点，程序流返回到循环的起点。

（9）控制语句将 list 的第三个元素赋值给 x。

（10）if 语句发现 0.91574 大于 0.5，触发第二个 fprintf 函数。

（11）到达终点，执行流返回到循环的起点。

（12）控制语句将 list 的第 4 个元素 0.79221 赋给 x。

（13）if 语句发现 0.79221 大于 0.5，从而触发第二个 fprintf 函数。

（14）到达终点，执行流返回到循环的起点。

（15）控制语句将 list 的第 5 个元素 0.95949 赋值给 x。

（16）if 语句发现 0.95949 大于 0.5，从而触发第二个 fprintf 函数。

（17）因为 list 的最后一个元素被赋值给 x，所以循环结束。

可以从第二个例子知道：（1）赋给循环索引的值不一定是整数，不一定是规则间隔，也不一定是递增顺序。（2）另一个控制结构可以在 for 循环的主体中使用。

第一点循环索引的取值类型可以进一步扩展：不仅赋给循环索引的值不必是整数，甚至不必是实值。这些值也不一定是标量。如果 for 循环的控制语句中的值列表不是向量，那么索引将被分配给数组的列，从第一个到最后一个。

第二点也可以加强：任何控制结构都可以出现在循环体中。在以上两个例子中，if 语句在 for 循环的主体中使用，但是 for 循环也可以在另一个 for 循环的主体中使用，这将在下一节中看到。将一个控制结构包含在另一个控制结构中称为嵌套。在上面的例子中，if 语句嵌套在 for 循环中。

当控制语句和循环体中的语句都为循环索引赋值时，会出现一个有趣的问题：下一次迭代时索引的新值是什么?答案是，控制语句中可能取值列表中的下一个值。在循环体中对循环索引的赋值是临时的，只在迭代过程中持续。对于该值列表或由下一次迭代的控制语句分配给循环索引的下一个值没有影响，下面是一个例子。

```
total = 0;
for n = 1 : 10
    n
    n = n + 1;
    total = total + n;
end
fprintf('%d\n',total);
```

可以修改前面的示例，以便（1）在控制语句之后立即打印循环索引，以显示循环索引取值，（2）循环索引加 1。以下是命令窗口前三次迭代的结果输出。

```
n =
    1
n =
    2
n =
    3
```

很明显，语句 n = n + 1 增加了在第一次迭代循环索引为 2，控制语句将它设置为取值列表中下一个值，这是 2。同样的事情发生在下一次迭代中，n 被设为 3。

在每次 for 循环的第 n 次迭代开始时，循环控制语句将把取值列表中的第 n 项赋值给循环索引，而不管上一次迭代时在循环体可能给循环索引赋的什么值。

现在继续看另一个涉及随机数的例子，以加深一下对循环语句的理解。

```
N = 1000;
```

```
list = rand(1,N);  % list 获取随机数的行向量
N_larger = 0;      % 初始化计数器
for x = list
    if x >0.5
        N_larger = N_larger + 1;
    end
end
fprintf('fraction over 0.5 = %f\n', N_larger/N);
```

当循环开始时，索引 x 首先被设为 list(1)。随着迭代的进行，将被分配从 list 开始的连续元素，在每次循环迭代开始时分配一个新元素，在第 1000 次迭代时以 list(1000)结束。然而，不能通过查看代码来知道这些值是什么，因为它们来自函数 rand，而该函数的输出只有在运行时才确定。for 循环的主体对应于一般形式的语句块，在每次迭代时执行一次。它由一个 if 语句组成，当且仅当 x 大于 0.5 时，这个 if 语句将导致 n_bigger 递增。由于 rand 产生的数值均匀分布在从 0 到 1 的区间上，可以预计其中大约一半将大于 0.5。因此，在循环结束后，n_bigger 大约等于 N 的一半。因为 N 是 1000，可以预计 n_bigger 大约是 500，所以由 fprintf 语句打印的分数 n_bigger /N 应该是 0.5。这是一次运行的输出

```
fraction over 0.5 = 0.514000
```

正如预期的那样，这个分数接近 0.5。它只是稍微大一点。下面是另一个运行的例子

```
fraction over 0.5 = 0.497000
```

这个比例再次接近 0.5。这次它稍微小一点。由于随机数的集合每次都是不同的，这样对小数点后数组每次都是不同的就不应该感到惊讶了。

将数组运算转换为 for 循环

如前所述，每个数组运算都涉及循环。考虑以下运算

```
>> u = [5 4 8 8 2]
>> v = [5 5 7 8 8]
>> w = u - v
w =
   0  -1  1  0  -6
```

这样得到两个 5 个元素的行向量 u 和 v，然后减去 v 的元素的对应元素 u 和分配结

果给向量 w。从 u 和 v 各有五个元素，数组运算要求 5 倍。可以编写一个 for 循环，它执行相同的 5 个运算，但不使用数组减法。

```
for ii = 1 : length(u)
    w(ii) = u(ii) - v(ii);
end
```

从这个简单的例子中能够学到什么呢？第一，很容易看出，每个数组运算和每个矩阵运算都可以转换成等价的 for 循环版本。但是没有理由这样做，因为数组运算通常会运行得更快，而且比使用显式循环的等价版本更容易编程，但它确实说明了数组运算总是需要循环的事实。第二，即使 MATLAB 省略了那些方便的数组或矩阵的运算，仍然可以使用显式循环来强制它执行相同的计算。显式循环可以执行数组和矩阵运算，这是一件好事，因为如果显式循环不能做这些运算，那么像 C++ 和 Java 这样不提供任何数组或矩阵运算符的语言就根本不能做这些操作。在这些语言中，编写循环是程序员完成数组运算的唯一方法。在需要数组运算时，MATLAB 提供隐式循环，从而为用户节省了输入和调试的时间。

数组运算和矩阵运算都很方便。然而，for 循环比这些运算更强大。除了能够执行数组和矩阵运算能做的所有事情，for 循环还可以做很多数组和矩阵运算不能做的事情。上面的第二个循环示例做了一些数组运算无法完成的事情：它调用了 fprintf 函数。下面是数组运算无法完成的另一个例子。

假设想要得到这个级数

1，1，2，3，5，8，…

这个数列中的数字是无穷无尽的，每个数字都可以很容易地生成。在开始的两个数字之后，级数中的每个数字都是前面两个数字的和。结果的顺序是，1，1，2，3，5，8，13，…叫作斐波那契数列，在《函数重载》的章节中学习递归时将再次看到它。产生这个数列的方法不止一种，但一般是用两个连续数相加的方法来得到下一个。下面是使用该方法生成序列的代码，并将斐波那契序列的前 10 个数字放入向量 f2 中。

```
N = 10;
f2(1) = 1;
f2(2) = 1;
for ii = 3:N
    f2(ii) = f2(ii-1) + f2(ii-2);
end
```

运行结果为：f2 = [1, 1, 2, 3, 5, 8, 13, 21, 34, 55]。

5.3 嵌套的 for 循环

正如前一节所提到的，MATLAB 允许将控制结构嵌套到其他控制语句构造中。当处理二维数组时，经常会出现嵌套的 for 循环。已经知道如何用二维数组来做一些事情，例如，之前介绍过的数组运算的计算。下面是一个对二维数组进行数组运算的例子。首先，生成一个数组。

```
>> A = randi(10, 3, 4)
A =
    9   10    3   10
   10    7    6    2
    2    1   10   10
```

这里使用 randi 函数生成了一个 3×4 的数组，数组包含 1~10 的随机整数，并将其赋值给 A。

```
>> P = A.*A
P =
   100    4   64    1
     1  100   81   16
    25    1   81    9
```

使用数组乘法来计算 A 的每个元素与其自身的乘积，并将乘积赋给新数组 P 中相应的元素。这段代码是一个很好的计算方法，但是假设不想使用数组乘法，下面的代码使用显式循环对相同的数组完成相同的任务。

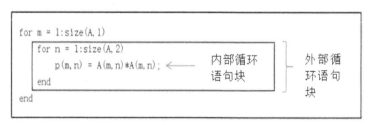

图 5-3 嵌套循环的示意

这里有两个循环。第一个 for 循环开始于"外部循环"，之所以这么叫是因为第二个循环位于它内部。因为它在另一个循环中，第二个循环被称为"内循环"。如前所述，内部循环是外部循环的主体。外部循环使用循环索引 m。将 m 设置为 1 : size(A, 1) 给出的值。函数调用 size(A, 1) 返回 A 的第一个维度的元素数，即 A 的行数，等于 3。m 分别设为 1、2 和 3。当 m = 1 时，程序执行外部循环体。外部循环的主体本身是一个 for 循环，其循环索引是 n。该循环体将 n 设置为 1：size(A, 2)给出的值。函数调用 size(A, 2)返回 A 的第二个维度的元素个数，即 A 的列数，等于 4。m 分别设为 1、2、3 和 4。这个内部 for 循环的主体语句 P(m, n) = A(m, n)*A(m, n)是完成代码功能的关键。在内部循环的第一次迭代中，n = 1，由于外部循环的下标 m 也为 1，内部循环体执行以下操作。

P(1,1) = A(1, 1)*A(1, 1);

内部循环的下一次迭代为 n = 2，由于外部循环的下标 m 仍为 1，内部循环体执行以下操作。

```
P(1,2) = A(1,2)*A(1,2);
```

内部循环继续执行，更新它的索引 n，并再执行两次循环体。

```
P(1,3) = A(1,3)*A(1,3);
P(1,4) = A(1,4)*A(1,4);
```

现在，内部循环完成了，但外部循环继续其迭代：外部循环的控制语句将其循环索引 m 设置为下一个值，即 2，并强制其主体（内部循环）再次执行。这个内部循环像之前一样将其循环下标 n 设置为 1、2、3 和 4，并执行以下运算。

```
P(2,1) = A(2,1)*A(2,1);
P(2,2) = A(2,2)*A(2,2);
P(2,3) = A(2,3)*A(2,3);
P(2,4) = A(2,4)*A(2,4);
```

内部循环再次执行，外部循环继续迭代，这次将其循环下标 m 设为 3，内部循环执行以下运算。

```
P(3,1) = A(3,1)*A(3,1);
P(3,2) = A(3,2)*A(3,2);
P(3,3) = A(3,3)*A(3,3);
P(3,4) = A(3,4)*A(3,4);
```

同样，完成了内部循环，但这一次也完成了外部循环。如果现在输出 P，P 的元素会等于用数组运算 P = A *A 计算的元素。

P =

100   4   64   1

```
1    100  81  16
25   1    81  9
```

通过以上循环代码的展示可知，即使 MATLAB 没有提供数组运算来对二维(非向量)数组进行运算，仍然可以使用嵌套的 for 循环来进行相同的运算。事实上，程序员总是可以编写显式循环来执行数组运算所做的任何事情，而不管数组的维数是多少。

在上面的例子中，内部循环是外部循环体中的唯一语句，但外部循环体可以包含多条语句。下面的代码完成了与上面相同的数组运算，但在每次外部循环迭代时也会告诉程序员代码运算哪一行。

```
for m = 1 : size(A, 1)
    fprintf('Working on row %d ...\n',m);
    for n = 1 : size(A, 2)
        P(m, n) = A(m, n)*A(m, n);
    end
end
```

代码运行可以显示：

```
Working on row 1 …
Working on row 2 …
Working on row 3 …
```

正如上面提到的，for 循环可以做数组运算不能做的事情，比如调用 fprintf 函数，就像这个例子所做的那样。这是另一个例子。这一次，fprintf 函数同时出现在外部循环和内部循环中。

循环可以嵌套，以在另一个迭代任务中预形成迭代任务。考虑以下循环

```
ch = 'abc'
m = 3;
for c = ch
    for k = 1:m
        disp([c num2str(k)]) % NUM2STR 将存储在 k 中的数字转换为一个字符
                % 所以它可以和 c 中的字母连在一起
    end
end
```

使用 2 个迭代循环显示 ABC 和 1 : m 元素的所有组合，得到

```
        a1
        a2
        a3
        b1
        b2
        b3
        c1
        c2
        c3
```

也可以使用嵌套循环将每次要执行的任务和在多次迭代中执行一次的任务组合在一起。

```
N = 10;
n = 3;
a1 = 0; % 斐波那契数列的第一个元素
a2 = 1; % 斐波那契数列的第二项
for j = 1:N
    for k = 1:n
        an = a1 + a2; % 计算斐波那契数列的下一个元素
        a1 = a2;      % 将上一个元素保存到下一次迭代中
        a2 = an;      % 为下次迭代保存新元素
    end
    disp(an) % 显示每 n 个元素
end
```

这里要计算所有的斐波那契数列，但是每次只显示第 n 个元素，所以得到以下结果

```
3
13
55
233
987
4181
17711
75025
317811
1346269
```

可以做的另一件事是在内部循环中使用第一个（外部）迭代循环。下面是另一个例子

```
N = 12;
gap = [1 2 3 4 5 6];
for j = gap
    for k = 1:j:N
        fprintf('%d ',k) % FPRINTF 将数字 k 打印到下一行
    end
    fprintf('\n')        % 转到下一行
end
```

这一次，使用嵌套循环来格式化输出，并只在元素之间引入新的 gap(j)时才停止一行循环。在外部循环中遍历 gap 的长度，并在内部循环中使用它来遍历向量中的每一个元素。

```
1 2 3 4 5 6 7 8 9 10 11 12
1 3 5 7 9 11
1 4 7 10
1 5 9
1 7
```

第一个 fprintf 函数在每次执行时打印一个数字。请注意，这个 fprintf 所在的内部循环的索引 k 从 1 到 N。因此，N 越大，内部循环重复的次数就越多，结果在每个连续的行中打印的数字就越多。第二个 fprintf 函数只在内部循环完成后执行，导致一个换行字符被"打印"到命令窗口，这意味着一个新行开始，这个新值 k 可以打印一行新的数字。

5.4   while 循环

正如以上所讨论的，for 循环比数组和矩阵运算更强大。现在，介绍一个更强大的程序结构——while 循环。回顾本节开始的整数加法的第一个例子，假设只对正整数求和，直到得到第一个大于 50 的和。除非知道需要在 10 处停止，否则用 for 循环是无法做到这一点的。这需要一个 while 循环来解决这个问题。图 5-4 显示了 while 循环的工作原理。

与图 5-1 中的 for 循环一样，图 5-4 中的 while 循环也有一个控制语句，在本例中为"while total <= 50"，再次用阴影突出了循环主体。只要变量 total 的值仍然小于或等于50，就重复语句体中的两条语句。同样，如图 5-1 所示，在循环结束后，将执行最后一个操作——"print total"。然而，在图 5-4 中，包含了第二个 print 语句。该语句输出 n 的最终值，该值在 while 循环完成执行之前是未知的。这种情况与图 5-1 不同，因为 n 的最终值可以在 for 循环中看到，只需注意由 for 循环的控制语句分配的值列表中的最后一个值。while 循环结束后输出的 total 值为 55。输出 n 的值是 10。

图 5-4 是 while 循环示意图。一个流程图显示了计算和输出形式为 $1+2+3+\cdots$ 的最小和的一系列操作：$1+2+3+\cdots$ 每个小盒子都包含一个操作。深色方框内的部分是一个循环。浅色的方框包含循环的"主体"，当和小于或等于 50 时重复。

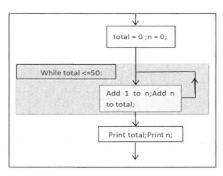

图 5-4 while 循环的流程

图 5-4 显示了计算和输出形式为 $1+2+3+\cdots$ 的最小和的一系列运算：$1+2+3+\cdots$ 每个小盒子都包含一个操作。阴影内的部分是一个循环，方框包含循环的"主体"，当 total 小于或等于 50 时重复。

比较图 5-1 的 for 循环和图 5-5 的 while 循环，可以发现两者之间的主要区别：与 for 循环不同，while 循环没有正式的循环索引。虽然在 for 循环和 while 循环中使用同一个变量 n，但在形式上只是 for 循环中的循环索引。在 while 循环，可以方便地把 n 视为循环索引，有时会引用计数器 n=n+1，列举了迭代次数作为"循环索引"，但不是 while 循环的语法的一部分，也不是 while 循环的控制语句的必需部分。因此，关于计数器的两种循环之间（如 n）有三个重要的区别：（1）n 必须在进入 while 循环之前初始化，而对于 for 循环，初始化是不必要的；（2）n 在 while 循环体中必须加 1，而在 for 循环体中不需要加 1；（3）while 循环的控制语句不给 n 赋值，而 for 循环的控制语句给 n 赋值。图 5-5 表示 while 循环的 MATLAB 实现。

```
            total = 0;
            n = 0;
            while total <= 50          控制语句
循环            n = n + 1;
                total = total + n;      语句块
            end
            fprintf('total = %d\n', total);
            fprintf('n = %d\n', n);
```

图 5-5 while 循环的构成示意

这是运行以上代码的结果。

total = 55

145

```
n = 10
```

在这个代码中，引入了一个新的 MATLAB 关键字 while。这个关键字表示 while 循环的开始。关键字 end 表示循环的结束。循环的第一行"while total <= 50"是循环的控制语句。它控制循环体，该循环体由两个语句"n = n + 1;"和"total = total + n;"组成。while-循环结构的一般形式如下。

```
while conditional
    block
end
```

其中，block 是循环体。这种形式非常类似于简单的 if 语句，它的形式在上一章已经给出，在这里重复如下。

```
if conditional
    block
end
```

正如 if 语句，while 语句中的条件语句决定是否执行语句体中的语句。if 语句和 while 语句之间的关键区别是，在主体执行之后，if 语句结束，而在 while 语句中，条件语句被再次求值。只要条件为真（非零），主体就会反复被执行。

while 循环通常没有类似于循环索引的变量。下面是一个例子。

```
y = x
while abs(y^2 - x) > 0.001*x
    y = (x/y + y)/2
end
```

这里省略了分号，这样赋予 y 的值就会打印到命令窗口。通过设置 format long，这样可以看到小数点后更多位数字，并在 x 的值为 43 时运行代码。

```
y =
    43
y =
    22
y =
    11.977272727272727
y =
    7.783702777298602
y =
    6.654032912679918
```

```
y =
    6.558139638647883
```

为了理解这个循环，现在计算最后一个 y 的平方。

```
>> y^2
ans =
    43.009195520004582
```

因为 y 的平方近似等于 x，该循环设定的 y 等于 x 的平方根的近似值。近似值的精度由条件决定。循环条件需要计算 y²和 x 之差的绝对值，如果 y 接近 x 的平方根，那么这个绝对值应该接近于零，并将这个绝对值与 0.001*x 进行比较。如果差值的绝对值大于 0.001*x，这意味着 y 的平方与 x 的差超过 x 的千分之一，循环条件成立，然后继续到下一次迭代。如果循环条件不成立，循环程序就会停止运行。可以通过将可接受误差从 x 的千分之一减少到 x 的千万分之一，也就是从 0.001*x 减少到 0.0000001*x，来改善近似值。为此，将控制语句改为

```
while abs(y^2 - x) > 0.0000001*x
```

返回的结果如下。

```
y =
    43
y =
    22
y =
    11.977272727272727
y =
    7.783702777298602
y =
    6.654032912679918
y =
    6.558139638647883
y =
    6.557438561779193
```

再次计算最后一个 y 的平方可以得到

```
>> y^2
ans =
    43.000000491508771
```

比之前的 y^2 更接近 x，这个最终版本的 y 是 x 平方根的更好近似值。

5.4.1 无限循环和 Control-C

在前一节中，通过降低可接受的误差水平来获得更好的平方根近似。如果程序员希望通过将可接受水平设置为零来得到一个理想的平方根，那么可以通过改变控制语句来尝试。

while abs(y^2 - x) > 0

不幸的是，这个想法行不通，因为 abs(y^2 - x)的值永远不会为零。当 y 的值达到 6.557438524302000，然后永远重复。因为：当命令 y = (x/y + y) / 2 运行，计算的结果赋值语句的右边是(43/6.557438524302000 + 6.557438524302000)/ 2 = 6.557438524302000。结果，y 被赋值与它之前的值相同。这个值保持不变，而不是更接近准确的平方根，因为计算机中存储的数字的精度有限（大约16位小数），而且这种情况会一次又一次地发生。所以 y 永远不会变。一个不可能停止而继续迭代的循环称为无限循环。当 MATLAB 陷入无限循环，用户可以按住 Ctrl 键并按下 C 键，就会发出 Control C 命令，让循环停止运行（见图 5-6）。

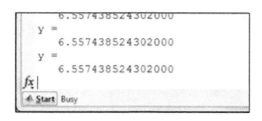

图 5-6　MATLAB 可能陷入无限循环

5.4.2 用 break 和 continue 改变循环流

有时在 for 循环或 while 循环的迭代中，应该跳过部分计算。例如，想将变量名为 readings 中的所有值设置为 0，直到到达第一个超过 100 的值为止。例如，假设向量有以下取值。

readings = [32 100 0 8 115 123 277 92 14 87 0 8];

第一个超过 100 的值是 115，因此在本例中，希望将 115 之前的值设置为 0。

readings = [0 0 0 0 115 123 277 92 14 87 0 8];

可以用一个 while 循环来这样做

```
    ii = 1;
    while ii < length(readings) && readings(ii) <= 100
        readings(ii) = 0;
        ii = ii + 1;
    end
```

但还有更好的方法。

break 语句

上面的 while 语句可以运行，但是看起来有点笨拙。下面是一种 for 循环方法，它使用了一个名为 break 语句的新结构。

```
    for ii = 1:length(readings)
        if readings(ii) > 100
            break;
        else
            readings(ii) = 0;
        end
    end
```

在这里，由于短语 ii = 1 : length(readings)似乎要处理向量中的每个元素，但这并不需要。只要 if 语句发现 reading (ii)的值小于或等于 100，else 子句就会将该元素设置为 0，但当到达第115个元素时，程序进入if条件子句，在那里有一个新的关键字：break。要注意的是，break 语句只能出现在循环中。事实上，如果 MATLAB 在任何不在循环内的地方遇到关键字 break，它将停止程序并打印一条错误消息。break 语句的含义是，循环结束，语句控制继续到该循环后面的下一条语句。在本例中，当 ii= 5 时循环结束，ii 在循环结束后保持该值。因此，如果只想知道第一个大于 100 的值出现在哪里，可以使用以下代码。

```
for ii = 1:length(readings)
    if readings(ii) > 100
        break;
    end
end
fprintf('First reading above 100 is at index %d.\n',ii);
```

break 语句也可以用于 while 语句中。下面是对上面 while 语句的修改，它合并了一个 break 语句来实现相同的目标。

```
ii = 1;
while ii <= length(readings)
    if readings(ii) <= 100
        readings(ii) = 0;
    else
        break;
    end
    ii = ii + 1;
end
```

这个 while 语句与前面的 while 语句的不同之处在于，break 语句处理读取大小的检查，而不是 while 语句第一行中的条件短语。break 后的分号是可选的。

在嵌套循环中使用 break 语句时，会出现一个常见的误解。break 只应用于最内层的循环，这意味着它将导致出现它的循环终止，但外部循环将继续。举个例子。假设有以下数组（矩阵）

A =

81	10	16	15	65	76	70	82
90	28	97	42	4	74	4	69
13	55	95	91	85	39	28	32
91	95	49	79	93	65	5	95
63	96	80	95	68	17	10	4

如果要按行顺序查看每个元素，并将它们设置为 0，直到找到第一个大于 90 的值。合意的结果如下

A =

0	0	0	0	0	0	0	0
0	0	97	42	4	74	4	69
13	55	95	91	85	39	28	32
91	95	49	79	93	65	5	95
63	96	80	95	68	17	10	4

可以看出，由于第一行没有大于 90 的数字，必须将其所有值设为 0。当到达第二行，可以把这一行的第一个和第二个元素设为 0，然后在 A(2, 3)处遇到 97。因为这个值大于 90，程序就完成了。让这一行剩下的和下面的行保持原样。

为了按行顺序查看每个元素，需要一个嵌套的 for 循环，并包含一个 break 语句，以便在值大于 90 时停止处理。

```
for ii = 1:size(A, 1)
    for jj = 1:size(A, 2)
        if A(ii, jj) <= 90
            A(ii, jj) = 0;
        else
            break;
        end
    end
end
```

外部循环从一行移动到下一行；内部循环遍历每一行，当到达大于 90 的值时，就跳出循环。问题是应该从哪个循环中跳出呢?只有内部循环。但是，以上代码并没有达到合意的效果，结果如下。

```
A =
    0    0    0    0    0    0    0    0
    0    0   97   42    4   74    4   69
    0    0   95   91   85   39   28   32
   91   95   49   79   93   65    5   95
    0   96   80   95   68   17   10    4
```

第三和第五行上那些错误的零是从何而来？以下剖析根源：外部循环以 ii = 1 开始，而内部循环将第一行的每个元素设置为 0。然后，外部循环设置 ii = 2，内部循环将第二行的每个元素设置为 0，直到遇到 97，从而执行 break 语句，终止内部循环。此时，本来应该停止对数组的更改，但不幸的是，控制继续到内部循环之后的下一条语句，即外部循环的 end 语句。然后，外部循环返回到它的控制语句，该语句将 ii 设置为 3。然后再次运行内部循环，将第三行的前两个元素设置为 0，之后在 95 处再次执行 break 语句。然后 ii 变成 4，当遇到值 91 时，执行 break 语句，同时保持第四行不变。最后 ii 被设为 5，第 5 行的第一个元素被设为 0，在此之后值 96 被设为 0，break 语句再次终止内部循环，外部循环完成。

要得到合意的结果，应该做的是当内部循环在第二行遇到 97 时终止两个循环。在遇到 break 语句时，MATLAB 没有指定终止多层循环的机制。使外部循环终止的唯一方法是在内部循环中包含第一行写入标记（以下程序中的 found）的语句，在外部循环中包含读取标记的语句，它是一个指示特殊条件的值。在这种情况下，特殊的条件是程序一直在寻找的值已经被找到。正确的代码应该如下编写。

```
found = false;
for ii = 1:size(A, 1)
    for jj = 1:size(A, 2)
        if A(ii, jj) <= 90
            A(ii, jj) = 0;
        else
            found = true;
            break;
        end
    end
    if found
        break;
    end
end
```

本部分已经介绍了内置函数 false 和 true。两者都不接受任何参数，错误时返回 0，正确时返回 1。它们经常被用来设置标记（如以上例子中的 found）。首先将它设置为 false，因为在开始查找之前还没有找到任何东西。然后，在找到内部循环中第一个大于 90 的值之后，但在退出内部循环之前，将该标志设置为 true。在程序内部循环之后添加了一个新的 if 语句，包括第二个 break 语句，用于终止外部循环，从而得到合意的结果。

如果要跳出多个循环，这个标记设置方案将始终适用。如果循环嵌套了三层，则需要另外两个 if 语句，其中包含 break 语句；更深的嵌套需要更多的 if 语句和 break 语句，但是不管嵌套有多深，只需要一个标记。

5.4.3　continue 语句

break 语句有一个补充结构，称为 continue 语句。continue 语句由单个关键字 continue 组成，它导致最内层循环继续进行下一次迭代，而不完成当前迭代。当在执行循环体中的语句时，确定应该跳过循环体中的所有后续语句时使用它。与 break 语句不同，continue 语句对所执行的迭代次数没有影响。与 break 语句一样，continue 后面的分号是可选的。

例如，如果要输出列表中每个数值的 5 个幂函数值。对于每个数值 x，希望输出 x、x^2、x^4、$x^{1/2}$ 和 $x^{1/4}$。但是，如果对复数不感兴趣，不必输出它们。下面是不使用 continue 语句的方法。

```
for ii = 1:1:length(numbers)
    x = numbers(ii);
    fprintf(' x = %d\n', x);
    fprintf('    x^2 = %d\n', x^2);
    fprintf('    x^4 = %d\n', x^4);
    if x >= 0
        fprintf('    x^(1/2) = %f\n', x^(1/2));
        fprintf('    x^(1/4) = %f\n', x^(1/4));
    end
end
```

在这个简单的示例中，将对列表中的每个数字执行前三个 fprintf 语句，但仅当 x 是非负时才执行后两个。下面是使用 continue 语句的方法。

```
for ii = 1:length(numbers)
    x = numbers(ii);
    fprintf('x = %d\n', x);
    fprintf('    x^2 = %d\n', x^2);
    fprintf('    x^4 = %d\n', x^4);
    if x < 0
        continue;
    end
    fprintf('    x^(1/2) = %f\n', x^(1/2));
    fprintf('    x^(1/4) = %f\n', x^(1/4));
end
```

不同之处在于，没有将最后两个 fprintf 语句放在检查 x 是否为负的 if 语句中，而是在检查 x 是否为负的 if 语句中使用了一个 continue 语句。如果为负数，则跳过 for 循环体中的其余语句（最后两个 fprintf 语句）。例如，假设有如下的向量：

numbers = [7 -2 0 -4 5];

下面是打印出来的内容（没有 continue 语句的版本给出了相同的输出）。

当 x=7 时，
>> x^2
ans =
    49
>> x^4
ans =
    2401
>> x^(1/2)
ans =
    2.645751311064591
>> x^(1/4)
ans =
    1.626576561697786
　当 x=-2 时，
>> x^2
ans =
    4
>> x^4

```
ans =
    16
```
当 x=0 时，
```
>> x^2
ans =
    0
>> x^4
ans =
    0
>> x^(1/2)
ans =
    0
>> x^(1/4)
ans =
    0
```
当 x=-4 时，
```
>> x^2
ans =
    16
>> x^4
ans =
    256
```
当 x=5 时，
```
>> x^2
ans =
    25
>> x^4
ans =
    625
>> x^(1/2)
ans =
    2.236067977499790
>> x^(1/4)
ans =
    1.495348781221221
```

对于非负元素（第 1、第 3 和第 5 个元素），输出 x 的所有 4 次幂。对于负元素（第

2和第4个元素），continue 语句导致循环体的剩余部分跳过 x^(1/2)和 x^(1/4)在窗口的输出。

5.4.4　return 语句

还可以使用 return 命令实现报告错误和中止脚本或函数。return 导致返回到调用程序或键盘。通常，函数在到达函数末尾时返回。返回命令可用于强制提前返回。下面是一个例子。

```
% Return_demo 是演示 return 命令的脚本
if (a==0) || (b^2-4*a*c < 0)
    disp('division by zero or complex quantity')
    return;
else
    x=(-b+sqrt(b^2-4*a*c))/(2*a)
end
 EDU>> a=1; b=2; c=3;
   EDU>> return_demo
 division by zero or complex quantity
   EDU>> a=1; b=5; c=1;
   EDU>> return_demo
   x =
    -0.208712152522080
```

以下是上述脚本的函数版本。

```
 return_demo_f.m  × +
1  function x=return_demo_f(a,b,c)
2  % return_demo_f是演示return命令的脚本
3 -  if (a==0) || (b^2-4*a*c < 0)
4 -      disp('division by zero or complex quantity')
5 -      return;
6 -  else
7 -      x=(-b+sqrt(b^2-4*a*c))/(2*a);
8 -  end
```

>> return_demo_f(1,2,3)
division by zero or complex quantity
>> return_demo_f(1,5,1)
ans =
     -0.208712152522080

例子：编写一个函数，计算整数 x 的阶乘。将该函数与 MATLAB 内置函数 factorial(x)进行比较。

```
factorial_mh.m  ×  +

1    □function y = factorial_mh(x)
2    □% factorial_mh (x)计算阶乘
3    % 整数x (x>0).
4 —   y=1;
5 —   if x==0, return, end
6    □for n=1:1:x
7 —      y=y*n;
8 —   └ end
```

>> factorial_mh(5)

ans =

    120

表 5-2 给出了一些用于控制循环活动的内置函数。

表 5-2   循环控制的内置函数

函数	描述
continue	当在循环中遇到 continue 时，将跳过剩余的循环语句，并在出现它的循环的下一个迭代中继续执行。在嵌套循环中，continue 导致包含它的循环的下一次迭代
break	当在循环中遇到 break 时，将终止循环的执行。在嵌套循环中，break 只会导致从包含它的循环中退出
return	当在用户定义的函数中遇到 return 时，它会导致在 return 语句未执行后退出函数中的语句

5.5 逻辑索引

许多循环应用程序涉及对数组的每个元素或数组中选定的元素执行相同的操作。for 循环和 while 循环为执行这些任务提供了高度通用的方法，但这些任务通常可以通过逻辑索引更简单、更有效地实现。有了逻辑索引，程序员可以指示 MATLAB 执行等效的 for 循环或 while 循环，而不显式地使用循环语法。如果使用更简单的语句集，程序编写将容易，也更容易阅读和更不容易出错，而且还跑得更快。这些简单的语句导致 MATLAB 执行一个等效的循环，但在这些语句中没有"for"或"while"关键字，没有循环索引，也没有循环体，甚至没有 end 语句。这种不使用显式 for 循环或 while 循环语法调用的循环称为隐式循环，本部分将展示如何通过一个称为逻辑索引的新概念和一种称为逻辑数组的新类型来实现隐式循环。

5.5.1 用向量进行逻辑索引

逻辑数组索引根据数组 A 中的元素在索引数组 B 中的位置而不是其值来指定数组 A 的元素。在这种掩蔽循环类型的操作中，索引数组中的每个 true 元素都被视为被访问数组中的位置索引。

在下面的示例中，B 是逻辑 1 和 0 的矩阵。这些元素在 B 中的位置决定了 A 的哪些元素由表达式 A(B)选定。

```
>> A = [1 2 3; 4 5 6; 7 8 9]
A =
    1    2    3
    4    5    6
    7    8    9
>> B = logical([0 1 0; 1 0 1; 0 0 1])
B =
  3×3 logical 数组
  0  1  0
  1  0  1
  0  0  1
>> A(B)
ans =
    4
    2
    6
    9
```

find 函数可用于逻辑数组，因为它返回 B 中非零元素的线性索引，因此有助于解释 A(B)。

```
>> find(B)
ans =
    2
    4
    8
    9
```

逻辑索引——示例 1

这个例子创建了满足条件 A>0.5 的逻辑数组 B，A 和 n 使用 B 中的 1 的位置索引到 A。

```
rand('twister', 5489);  % 初始化随机数发生器的状态。
>> A = rand(5);
>> B = A > 0.5;
>> A(B) = 0
A =
        0      0.0975    0.1576    0.1419       0
        0      0.2785       0       0.4218    0.0357
    0.1270       0          0          0          0
        0         0       0.4854       0          0
        0         0          0          0          0
```

更简单的表达方式是：A(A > 0.5) = 0。

逻辑索引——示例 2

下一个示例突出显示了素数在 magic 矩阵中的位置，使用逻辑索引将非素数设置为 0。

```
>> A = magic(4)
A =
    16     2     3    13
     5    11    10     8
     9     7     6    12
     4    14    15     1
>> B = isprime(A)
B =
  4×4 logical 数组
    0    1    1    1
    1    1    0    0
    0    1    0    0
    0    0    0    0
>> A(~B) = 0  % 逻辑索引
A =
     0    2    3   13
     5   11    0    0
     0    7    0    0
     0    0    0    0
>> find(B)
ans =
```

```
2
5
6
7
9
13
```

B 的元素是 1 和 0，能够有效识别质数。如果 B 的元素值为 1，那么在 A 位置对应的值为真值；如果 B 的元素值为 0，则 A 中相应位置的元素为 false，应舍弃。

用向量进行逻辑索引——示例 3

假设有两个相同长度的 speed 和 valid 向量。speed 包含了在繁忙的高速公路上随机选择的汽车的雷达测量的速度，valid 为包含 1 和 0 的向量。由于雷达探测器的限制，只有一些速度的读数是正确的，向量能够有效识别正确的读数。如果 valid 元素的值为 1，那么在 speed 位置对应的值为 true；如果 valid 元素的值为 0，则 speed 中相应位置的速度为 false。需要生成一个向量 valid_speed，只包含来自 speed 的正确读数。

首先为 speed 和 valid 赋值。

```
>> speed = [67, 13, 85];
>> valid = [1, 0, 1];
```

根据选择 valid 的含义，因为 valid 中只有前三分之一的元素值为 1，所以只有 speed 向量中的第一个和第三个值是正确的读数，希望只将这些值放入向量 valid_speed 中。对于这样一个元素不多的速度列表，可以显式地这样做，而不需要任何循环语句，如下所示。

```
 valid_speed = [67, 85];
```

需要注意的是，向量 valid_speed 可以比向量 speed 短，因为没有把无效速度设为 0，而是完全忽略了它们。因此，如果存在无效的速度(valid 中至少有一个值为零)，valid_speed 将比 speed 短。如果 valid 中的所有元素都为 0，那么将设置 valid_speed =[](空矩阵)，它的长度为 0。如果它们都是 1，就应该设置 valid_speed = speed，它的长度为 3。valid 中的任何其他 0 和 1 的组合都将导致 valid_speed 具有一个介于二者之间的长度。

下面是执行此任务的 for 循环的第一次尝试。

```
for ii = 1 : length(speed)
  if valid(ii)
    valid_speed(ii) = speed(ii);
  end
end
```

以上代码的结果为

```
>> valid_speed
valid_speed =
     67   0   85
```

这段代码没有得到合意的结果。第二个位置的无效速度没有被忽略，而是将其设为零。这是怎么发生的?在 for 循环中任何地方都没有 0，当然程序没有故意将 valid_speed 的第二个元素设置为 0。事实上，程序没有给第二个元素设置任何值。由于 valid(2)等于 0，if-语句在第二次迭代中没有执行任何操作，只给 valid_speed 的第一个和第三个值赋值。但是，由于给第三个元素赋了一个值，所以这个向量中必须有三个元素，每个元素都必须有一个值，所以 MATLAB 填充了缺失的值。下面是第二次尝试。

```
count = 0;
for ii = 1:length(speed)
   if valid(ii)
      count = count + 1;
      valid_speed(count) = speed(ii);
   end
end
```

这一次，程序添加了变量 count，以跟踪放入 valid_speed 中的元素的数量。当找到一个有效的条目时，递增 count 并将其用作 valid_speed 中的索引，以便将新值紧接在 valid_speed 中的最后一个元素之后。

为了检查结果，从内存中清除 valid_speed，这样就不会被前一次执行给它的值所迷惑(clear valid_speed)，然后运行新代码。检查结果如下。

```
>> valid_speed
valid_speed =
     67   85
```

现在得到了合意的结果。然而，代码中仍然有一个微妙的错误。如果没有正确的速度读数会发生什么? valid_speed 应该是一个空矩阵。如果保持速度不变的情况下，valid 向量所有元素都设置为 0 会得到什么结果?

```
>> speed = [67, 13, 85];
>>valid = [0, 0, 0];
```

再次从内存中清除 valid_speed，然后再次运行代码并检查获得的结果。

```
>> valid_speed
 未定义函数或变量 'valid_speed'.
```

问题是，由于 valid 中没有非零值，if 语句的主体永远不会执行，赋值语句也是如此，所以没有赋值给 valid_speed。

```
valid_speed(count) = speed(ii);
```

因为已经从内存中清除了 valid_speed，并且变量在赋值之前都是未定义的，所以在本例中，valid_speed 仍然是未定义的。解决这个问题的方法是在循环开始之前添加一行，将 valid_speed 设置为空矩阵，并包含一个注释来解释什么命令看起来是无效的。

valid_speed = [ ]; % 以防没有有效的速度的情况。
 count = 0;
for ii = 1:length(speed)
   if valid(ii)
       count = count + 1;
       valid_speed(count) = speed(ii);
   end
end

再次从内存中清除 valid_speed，运行代码，并检查没有有效速度的情况下的结果。

>> valid_speed
valid_speed =
       []

为了确保另一种情况有效，重新运行原始的 valid =[1, 0, 1]并再次检查。

>> valid_speed
valid_speed =
      67 85

最后有了一个正常工作的循环，它相对简单，但这里有一个更简单的，两个命令的解决方案，更容易编写，且更不容易出错。

valid_new = logical(valid);
valid_speed = speed(valid_new);

没有 for 循环，也没有有效速度时不存在特殊情况。运行这段代码并获得以下结果。

valid_speed =
      67 85

现在来检查一下没有有效速度的情况。首先，再次从内存中清除 valid_speed，并将 valid 的所有元素再次设置为 0。

>>valid = [0, 0, 0];

再次运行代码并获得以下结果。

```
>> valid_speed
 valid_speed =
        Empty matrix: 1-by-0
```

因为使用了隐式循环而不是显式循环，非常简单的代码就可以获得正确的结果。下面是它的工作原理。

valid_new = logical(valid);

该命令通过使用函数 logical 将 valid 转换为与 valid 具有相同大小和形状的逻辑数组，并将该逻辑数组赋值给 valid_new。这种转换做了两件事：将 valid 中的任何非零值替换为值 1，在数组中只留下 1 和 0（在本例中，两个非零值都等于 1，所以这一步什么也没有完成）。其作用在于将数组的"类型"更改为逻辑的。

```
>> valid_speed = speed(valid_new);
```

该命令的语法看起来像是将 valid_new 作为一组 speed 向量的索引使用，但是由于 valid_new 的类型是逻辑的，因此 MATLAB 将 valid_new 作为一组指示符来确定需要哪些速度值。valid_new 中的每一个 0 都会导致速度中对应的元素被忽略；valid_new 中的每一个 1 都会导致使用相应的 speed 元素。

如果使用逻辑索引与向量 valid，而不是 valid_new 与逻辑类型向量

```
>> valid_speed = speed(valid);
```
下标索引必须是实数正整数或逻辑整数。

MATLAB 给出一行错误提示。因为 valid 等于[1,0,1]，所以该行命令等价于

```
valid_speed = speed([1, 0, 1]);
```

正如我们在矩阵和算子一节中学到的，它等价于

```
valid_speed = [speed(1), speed(0), speed(1)].
```

问题不在于语法，而在于第二个索引的值为 0。在 MATLAB 中没有 speed(0)这样的

表示法，因为在MATLAB中所有数组的所有指标都必须是实数正整数，不能出现0。然而，如果使用一个数组的类型是逻辑，然后告诉 MATLAB 不要直接使用它的元素的值作为指标，而是使用逻辑索引，这意味着 speed 根据选择的子集的逻辑索引 0 和 1 来选择元素。

在大多数情况下，逻辑索引数组的元素数应与待索引的数组的元素数量相同，但这不是一个强制性要求。索引数组可以具有更小（但不是更大）的维度。

```
>> A = [1 2 3; 4 5 6; 7 8 9]
A =
    1    2    3
    4    5    6
    7    8    9
>> B = logical([0 1 0; 1 0 1])
B =
  2×3 logical 数组
  0  1  0
  1  0  1
>> isequal(numel(A), numel(B))
ans =
  logical
   0
>> A(B)
ans =
    4
    7
    8
```

MATLAB 将索引数组的缺失元素视为存在并设置为零，如下面的数组 C 所示

```
C = logical([B(:);0;0;0]); % 为了使 C 数组与 A 数组有相同的元素，对指标数
% 组 C 添加 0。
>> isequal(numel(A), numel(C))
 ans =
    1
>>A(C)
 ans =
    4
    7
    8
```

创建逻辑数组还有其他方法。最重要的方法是使用关系运算符<、>、==、<=、>=和逻辑运算符&&、&、|、||和~，这些运算符最常用于 if 语句。例如

```
>> c = [2>1, 2<1, ~(3>2 && 4>5)]
c =
     1   0   1
```

使 c 等于[1, 0, 1]，并且它的类型是逻辑的。c 的类型是逻辑的，因为每个关系和逻辑运算符在其表达式为真时产生逻辑值 1，在其表达式为假时产生逻辑值 0。对于逻辑索引而言，这些运算符产生的类型与值同样重要。关系运算符和逻辑运算符生成的值的类型始终是逻辑的。

变量的类型决定了使用方式，正如以上使用非逻辑类型的变量值进行逻辑索引时所看到的。到目前为止，所处理的所有变量都是 double 类型的。"double"这个名字的历史渊源将在后面的数据类型一章中解释，并提供了所有标准 MATLAB 类型的详细定义。通过使用名为 class 的函数很容易确定变量的类型，例如

```
>> class(c)
ans =
    'logical'
>> class(speed)
ans =
    'double'
```

逻辑索引以及逻辑与关系运算符

运算符&和&&表示"与"运算；运算符|和| |表示"或"运算，但是存在一个明显差异：不像&&和||，运算符&和|没有快捷方式，这个上文已经介绍过。现在将了解另一个区别：&和|都可以对数组进行运算，而&&和||只能对标量进行运算。

```
>> [1  0  1] & [0  0  1]
ans =
     0   0   1
>> [1  0  1] && [0  0  1]
```
|| 和 && 运算符的操作数必须能够转换为逻辑标量值。
```
>> [1  0  1] | [0  0  1]
ans =
     1   0   1
>> [1  0  1] || [0  0  1]
```
|| 和 && 运算符的操作数必须能够转换为逻辑标量值。

事实上&和|都是数组运算符，这意味着它们遵守"点运算符"的规则，如.*、./、.^等。在矩阵运算中，&和|在操作数所需形状、逐元素求值方法和输出形状的规则都与数组点运算符相同。例如，上面的[1 0 1]&[0 0 1]返回[0 0 1]，因为根据数组操作的规则，这等价于逐个元素的操作，[1&0, 0&0, 1&1]，并且1和0被视为等价于true和false。类似地，[1 0 1]|[0 0 1]返回[1 0 1]，因为根据数组操作的规则，这相当于逐个元素的操作，[1|0, 0|0, 1|1]。

下一个示例说明了逻辑索引的常见用法。假设有一个向量 a =[12, 3, 45]。目标是形成一个新的向量，由a中大于10的元素组成。可能的做法如下

```
>> b = b(a > 10)
b =
   12    45
```

所产生的一个新向量是通过关系运算 a > 10 形成的。这个向量为[1, 0, 1]，它是一个逻辑向量(也就是说，它的类型是逻辑的)。向量然后提供逻辑索引到一个新的向量，比如speed(valid_new)组成的两个元素出现在这些指数的非零值逻辑向量（位置1和3）。运算结果b并不是一个逻辑向量，它与a的类型相同，在本例中是双精度数值型向量。

从这个例子可以看出逻辑索引是如何简化代码的。下面是 b = a(a>10)的循环程序版本。

```
b = [ ]; % 如果没有值大于10。
jj = 0;
for ii = 1:length(x)
    if a(ii) > 10
        jj = jj + 1;
        b(jj) = a(ii);
    end
end
```

逻辑索引也可以用于等号的左侧。通过一个简单的例子引入了左侧逻辑索引。同样，设 a = [12, 3, 45]，再执行以下命令。

```
>> a (a>10) = 99
a =
 99  3  99
```

这里的意思是，a中所有大于10的元素都被设为99。其余部分没有变化。这里需要注意右逻辑索引（在等号的右边）和左逻辑索引之间的区别。使用右逻辑索引，可以减少元素的数量；使用左索引，元素的数量保持不变。

逻辑索引比显式循环简单得多，可以通过比较 a(a>10) = 99 和以下等价的循环看出

```
    for ii = 1 : length(a)
      if a(ii) > 10
        a(ii) = 99;
      end
    end
```

在最后两个例子中，一个的逻辑索引在等号右边；另一个的逻辑索引在等号的左边，这种显式循环展示了形式更加简洁的逻辑索引。也就是说，向量的每个元素都必须访问，并对其进行运算。使用逻辑索引的语法，似乎是同时运算整个向量。这在传统计算机上是不可能的，比如 MATLAB 通常运行的计算机。MATLAB 命令可能看起来是对整个向量进行运算，但实际上是 MATLAB 解释器在幕后激活隐式循环，这些循环逐个运算数组中的每个元素。

5.5.2 使用数组进行逻辑索引

到目前为止，仅对向量使用了逻辑索引。现在看一个使用数组进行逻辑索引的例子。目标是找出矩阵 M 中大于 0.1 的元素并用它的平方根替换原来的元素。首先，给出一段使用显式循环的代码。

```
    [m, n] = size(M);
  for ii = 1 : m
    for jj = 1 : n
      if M(ii, jj) > 0.1
        M(ii, jj) = sqrt(M(ii, jj));
      end
    end
  end
```

下面一行代码使用逻辑索引。

```
    M(M > 0.1) = sqrt(M(M > 0.1));
```

这个示例展示了逻辑索引可以用于数组，并且可以在同一个命令的等号两边使用逻辑索引。但是值得注意的是，左侧选择的元素数量必须与右侧选择的元素数量相等。当逻辑表达式两边完全相同时，就保证相等，就像在这个例子中一样，表达式是 M > 0.1。

到目前为止，已经使用逻辑索引来针对单个标量值比较数组中的每个元素，例如上面的 0.1。还可以将元素数组与相同大小的数组进行比较，如下所示。

```
    >> A
    A =
```

```
         89  82  11  53
         33   5  59  42
>> B
B =
         34  44  52  64
         62  73  58  99
>> A((A>B)) = A(A>B) – B(A>B)
 A =
         55  38  11  53
         33   5   1  42
```

A 中比 B 中相应位置的元素大的元素，用两个元素的差值替换。在这一点上，向量数组和非向量数组(一维等于 1 的非二维数组)在执行逻辑索引时似乎没有什么区别。不幸的是，事实并非如此。使用逻辑索引时，数组的情况更加复杂，如下例所示。

```
>> A = [1  2  3; 4  5  6]
A =
     1    2    3
     4    5    6
>> B = A(A>2)
B =
     4
     5
     3
     6
```

正如预期的那样，只有 A 中大于 2 的元素才能变成 B，但令人惊讶的是，B 竟然是一个列向量。这种形状变化的原因是什么？MATLAB 是如何选择 B 中元素的顺序的？答案与数组必须是矩形的要求有关。换句话说，每一行必须有相同的长度。如果这不是必需的，那么可能会看到这样的结果

```
>> B = A(A>2)
B =
                    3
     4    5    6
```
→ 无效的 MATLAB!

在这个虚构的输出中，B 的第一行只有一个元素，并且它"位于"最右边，而 B 的第二行有三个元素。这种情况不起作用，因为以后使用 B 的运算将是糟糕的定义，所以 MATLAB 不会这样做。相反，当对等号右侧的数组应用逻辑索引时，如果该数组不是向量，则该数组将被视为列向量，其中数组的元素以列为主顺序出现。正如在《矩阵和运

算符》中所学到的变换矩阵的函数，列主顺序意味着数组中一列中的所有元素在处理下一列的元素之前被处理。由于线性索引可用于按列主顺序访问数组中的元素，可以按该顺序枚举所有元素，例如

```
>> A(:)
ans =
    1
    4
    2
    5
    3
    6
```

当命令 B = A(A > 2)时，A 就被当作这样一个列向量，并且 B 的元素就是从这个列向量中选择的，只有那些大于 2 的元素才会被选择。因此除 1 以外，其他元素都被选中，得到如下结果

```
B =
    2
    4
    5
    3
    6
```

当使用逻辑索引将数组中的元素与数组中的其他元素进行比较时，就会出现困难。当然，可以很容易地将某个矩阵 x 中小于第三行的第二个元素的所有元素设为零，就像下面这个例子。

```
  x =
    35    35    34    23    17
    18     3    31     6    10
    37    31    30    41    31
>> x(x < x(2, 3)) = 0
x =
   35   35   34    0    0
    0    0   31    0    0
   37   31    0   41   31
```

但是，如果希望使用逻辑索引将数组 A 中的每个元素设置为 0，并且小于它自己行的第二个元素，那么将需要一个内置函数的帮助。下面是一种方法，使用第 1 章的矩阵

5   循环语句和逻辑索引

和运算符一节中介绍的 repmat 函数。

```
function A = zero_small(A)
A2ii =repmat(A(:, 2), size(A,2));
A(A < A2ii) = 0;
end
```

变量 A2ii 是一个数组，是 A 第二列的元素复制。函数 repmat 通过复制向量和数组（复制矩阵）来扩大数值。当需要将矩阵中的每一个元素与同一矩阵或另一个矩阵的一列中的元素、一行中的元素或某个矩形块中的元素进行比较时，这是很有帮助的。这段代码比使用嵌套 for 循环解决问题所需的代码简单得多，也更短，但还可以比这更短，只需要一行代码。

```
A(A < repmat(A(:, 2), 1, size(A, 2))) = 0;
```

为了进行比较，这里有一个使用显式循环的代码。

```
function A = zero_small_explicit(A)
for ii = 1 : size(A, 1)
    for jj = size(A, 2)
      if A(ii, jj) < A(ii, 2)
        A(ii, jj) = 0;
      end
    end
end
end
```

对于这个问题，使用隐式循环并没有明显的节省执行时间，但是隐式版本程序可以节省编程时间和调试时间，在很多情况下，这对程序员来说更重要。当然，正如这个例子所示，为了避免显式循环，有时需要经验和向量化操作的能力。

练习题

1. 在 MATLAB 命令窗口输入以下表达式，并计算 b1 到 b6 的取值：

```
>>a = [0 1 2; 2 1 0];
>>b1 = a(1,1) > a(2,1);
>>b2 = a(2,2) && a(2,3);
>>b3 = a(1,1) + a(2,3) || a(2,2) - a(2,1);
```

169

```
>>b4 = a(:,2) > a(:,1);
>>b5 = b3 && a(1,1) < a(2,2);
>>b6 = find(a(1,:) == a(2,:));
```

2. 查找并显示在 1～10000 能够被 37 整除的所有整数。提出至少两种不同的方法来解决这个问题。

3. 斐波那契数列（Fibonacci sequence），又称黄金分割数列，因数学家莱昂纳多·斐波那契（Leonardo Fibonacci）以兔子繁殖为例子而引入，故又称"兔子数列"，其数值为：1，1，2，3，5，8，13，21，34，…。在数学上，这一数列以如下递推的方法定义：F(0)=1，F(1)=1, F(n)=F(n - 1)+F(n - 2)（n≥2，n∈N*）。

斐波那契数组成一个以 0 开头，跟着 1 的序列。每个后续的数字都是前两个数字的和。因此，序列从 0，1，1，2，3，5，8，13，…开始。计算并显示前 10 个偶数项的斐波那契数。

4. 图 5-7 显示了二维空间中的 8 个散点图。对于每个散点图，写一个单一的逻辑表达式，如果点在黑色区域，则产生 TRUE，否则为 FALSE。

5. 要求用户输入一个范围为 10 到 500 的整数（查找并使用 input 命令）。如果输入数字不是整数或超出限制，请继续要求一个新的数字。将该数字存储在变量 N 中。

6. 为"猜猜我的数字"游戏编写 MATLAB 代码。首先，计算机使用 randi 命令在 1 到 10 之间选择一个随机整数。接下来，用户被要求输入它们的猜测。如果猜测与所选的数字相匹配，则显示一条祝贺信息。否则，请显示"下次运气更好"的信息。

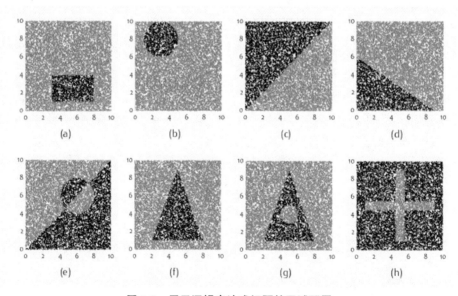

图 5-7 用于逻辑表达式问题的区域配置

7. 考虑一个大小为 n×m 的具有虚拟错误的网格。每个虫子都生活在一个网格单元格中。图 5-8 显示了 n = 20 和 m = 30 的网格例子。网格以大小为 m×n 的矩阵 A 的形式提供给空单元格中为 0，被错误占据的单元格中为 1。

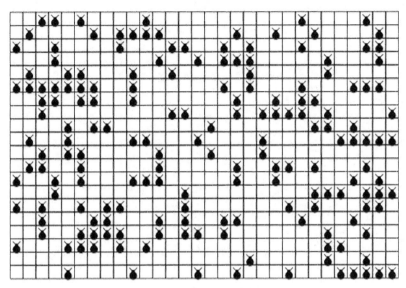

图 5-8　虚拟虫子网格

（a）找出每条虫子的平均邻居数量。邻居被认为是周围 8 个网格中的虫子数量。要显示你的编程，请使用以下方法创建不同密度的网格。

A = rand(m,n) < 0.1; % 稀疏
A = rand(m,n) < 0.5; % 中等
A = rand(m,n) < 0.7; % 稠密

（b）MATLAB 包括一个版本的"Conway 寿命游戏"。它可以通过在命令窗口中输入 life 来启动。相关规则如下。

- 任何少于两个邻居的虫子都会由于隔绝而死亡。
- 任何有两个或三个邻居的虫子都会存活到下一代。
- 任何有三个以上邻居的虫子都会死于过度拥挤。
- 任何只有三个相邻虫子的空细胞都会变成一个虫子，仿佛在茂盛繁殖的种群。
- 这些规则以同样的方式适用于边缘和角落的细胞，即使人们认为它们有更少的实际相邻细胞。

使用这些规则，计算随机填充网格的下一代虫子数量。

（c）使用 spy 命令来查看网格。将它包含在一个循环中，在这个循环中，通过每个演化步骤来进化种群，并用 spy 来显示它，并通过命令 pause(0.2)来暂停程序执行。

6

MATLAB 函数

本章介绍脚本和用户自定义函数。首先学习如何编写脚本，脚本是存储在 MATLAB 代码文件中的语句序列，依次执行。其次学习如何编写用户定义函数。函数能够把复杂的问题分解成更小、更易于管理的部分。这些函数存储在 MATLAB 代码文件中，计算并返回单个值。本章还将学习如何将脚本和用户定义函数的组合组成比较复杂的 MATLAB 程序。具体而言，本章的学习目标如下：

（1）将学习如何编写脚本文件，脚本如何作为命令的集合来执行，就像它们被输入到命令窗口一样。

（2）将学习如何定义一个函数，在它开始执行时允许输入，在执行完成时允许输出。

（3）将学习如何使用函数创建可反复使用的程序构件，并可以应用于许多不同的程序中。

（4）将学习函数内部的环境如何通过定义良好的接口与外部世界交流而与外部分离。将探讨代码文件和命令窗口中变量的交互机制。

6.1　基本函数

6.1.1　基本函数和实用工具

MATLAB 提供了大量标准的初等数学函数来创建和处理矩阵，还有大量专业的函数。MATLAB 函数的通用语法是[outputs] = function_name(inputs)。在这里，输入和输出可能有多个参数，但通常任何函数都允许使用简单直接的语法 x = function_name(y)，其中输入和输出由单个最重要的参数表示。对于本节中介绍的绝大多数基本函数，这种简单格式是唯一的，例如

```
>> x = sin(pi/2)
x =
1
```

172

注意，函数的输入参数应该用一对圆括号括起来；如果有多个输出参数，必须使用一对方括号括起来。如果要探索关于任何特定函数更详细的使用方法，可以使用 MATLAB 帮助系统。有些函数，比如 sqrt 和 sin，是内置的。大多数函数(如 dec2hex)都为 m 文件，允许查看源代码，甚至在需要时修改它。

6.1.2 初等函数

MATLAB 允许通过发出以下指令来概述整个可用的基本数学函数列表。

>> help elfun

这个命令重新排序后的结果如表 6-1 所示。

表 6-1 三角函数

函数	返回
acos(x)	以余弦值等于 x 的弧度为单位的角度
acot(x)	以余切值等于 x 的弧度为单位的角度
asin(x)	以正弦值等于 x 的弧度为单位的角度
atan(x)	以切线值等于 x 的弧度为单位的角度
atan2(y,x)	以切线值等于 y/x 的四象限弧度角
cos(x)	x 的余弦（x 以弧度表示）
cot(x)	x 的余切（x 以弧度表示）
sin(x)	x 的正弦（x 以弧度表示）
tan(x)	x 的切线（x 以弧度表示）

已经在本书和表 6-1 中看到了其中的一些基本函数。表 6-2、表 6-3、表 6-4 列出更多这方面函数。要更多地了解这些函数，并了解更多函数的名称，使用 MATLAB 的帮助系统。

表 6-2 指数函数

函数	返回
exp(x)	e 的 x 次方
log(x)	自然对数 x
log2(x)	以 2 为底的 x 对数
log10(x)	以 10 为底的 x 对数
sqrt(x)	x 的平方根

表 6-3　处理复数的函数

函数	返回
abs(z)	z 的绝对值
angle(z)	z 的相位角
conj(z)	z 的复共轭
imag(z)	z 的虚部
real(z)	z 的实部

例如，要计算 9 的平方根，输入 sqrt(9)。请注意，对负数取平方根或对数并不会产生错误，MATLAB 自动生成计算得到的复数结果。前面提到的大多数函数也接受复数作为参数。MATLAB 比较新的版本有三个特殊的函数，即 hypot、expm1 和 log1p，允许更准确地计算某些量，以避免取值的下溢和上溢，并补偿四舍五误差（在第 2 章已讨论）。

如果查看工具箱\MATLAB 目录的子目录，便可以找到除"elfun"之外 MATLAB 提供的许多函数的 m-文件的源文件。可以通过输入

>> dir([MATLABroot '\toolbox\MATLAB\'])找到工具箱\MATLAB 目录。

这行命令返回

```
.                                elmat                    plottools
..                               embeddedoutputs          polyfun
addon_enable_disable_management  external                 preferences
addon_updates                    filebrowser              profileviewer
addons                           filebrowser_actions      project
addons_common                    filebrowser_utils        randfun
addons_core_reg_point_api_impl   filechooser              registration_framework
addons_product                   findfiles                reports
addons_registry                  funfun                   resources_folder
```

表 6-4、表 6-5 和表 6-6 列出了其他有用函数。

表 6-4　四舍五入和余数函数

函数	返回
fix(x)	向零舍入 x
floor(x)	向负无穷大舍入 x
ceil(x)	向正无穷方向四舍五入 x
round(x)	将 x 四舍五入为最接近的整数
rem(x,n)	x/n 的余数（关于非整数 n 的情况，请参阅帮助）
sign(x)	若 x>0 则为 1；若 x=0 则为 0；若 x<0 则为-1

表 6-5　应用于向量的描述函数

函数	返回
length(v)	v 的元素数
max(v)	v 的最大元素
min(v)	v 的最小元素
mean(v)	v 的平均值
median(v)	v 的中间元素
sort(v)	v 的升序排序版本
std(v)	v 的标准偏差
sum(v)	v 的元素之和

表 6-6　适用于二维矩阵的描述函数

函数	返回包含的行向量
max(M)	每列中最大的元素
min(M)	每列中最小的元素
mean(M)	每列平均值
median(M)	每列中位数
size(M)	行数、列数
sort(M)	每列的升序排序版本
std(M)	各列标准偏差
sum(M)	每列元素的总和

当调用这些 m 文件函数时，MATLAB 解析并执行 m 文件中的每一行代码，并将函数的解析代码保存在内存中，省去了对该函数的任何进一步调用的解析时间。

6.1.3　矩阵运算和专用函数

如果需要了解创建初等矩阵和矩阵运算的函数，可以键入

>>help elmat

要查看可用的专用数学函数列表，可使用以下命令

>> help specfun

表 6-7　产生初等矩阵（向量）和获取数组信息的函数

初等矩阵			
zeros	产生 0 数组	linspace	构建线性等分间距向量
ones	产生 1 数组	logspace	构建对数线性间距向量
eye	产生单位矩阵	freqspace	构建频率响应的频率间距向量
repmat	复制和平铺数组	meshgrid	在三维绘图中产生 X 和 Y 的数组
accumarray	通过累积构造一个数组		
:	产生规则间距向量和产生指标矩阵		
获得基本的数组信息			
size	数组的维度大小	numel	元素数目
length	向量长度	disp	显示矩阵和文本
ndims	数组维度	isempty	对于空数组取值为 1
isequal		如果数组在数值上相等取值为真	
isequaln		如果数组在数值上相等取值为真，并且把 NaN==NaN 视为相等	

表 6-8　改变矩阵维度和获取子矩阵的函数

矩阵操作			
cat	拼接数组	flip	翻转元素顺序
reshape	重新排列数组	rot90	把矩阵旋转 90 度
diag	对角化矩阵和获得矩阵的对角元素	find	找到非零元素的指标
blkdiag	块对角矩阵和获取块对角矩阵的对角元素	end	最后一个元素
tril	获取下三角部分元素	sub2ind	从多维指标索引转换为一维线性索引
triu	获取上三角部分元素	ind2sub	从线性指标索引转换为多维指标索引
fliplr	在左/右方向翻转矩阵	bsxfun	对数组 A 和 B 应用函数句柄 fun 指定的按元素二元运算
flipud		按上/下方向翻转矩阵	
多维数组函数			
ndgrid		对 N 维函数产生数组并插值	
permute		重新排列数组维度	
ipermute		逆置换数组维度	
shiftdim		维度转换	
circshift		循环平移数组	
squeeze		删除长度为 1 的维度	

其中一些函数将在本节的后面讨论，一些将在适当的时候在下面的章节中讨论。剩下的部分在这里仅供参考。其他一些处理数值型数据在不同类型之间转换的有用函数。

表 6-9　处理数值型数据在不同类型之间转换的有用函数

dec2bin	将十进制数转换为以二进制数表示的字符数组
dec2hex	十进制数字转换为表示十六进制数字的字符数组
hex2dec	将十六进制数字的文本表示形式转换为十进制数字
num2hex	将单精度数和双精度数转换为 IEEE 十六进制格式
hex2num	将 IEEE 十六进制格式转换为双精度数
base2dec	以 N 为基数表示数字的文本转换为十进制数字
dec2base	十进制数转换为表示 N 进制数的字符数组
rand	生成均匀分布的随机数
randn	生成正态分布的随机数
randi	生成均匀分布的伪随机整数
int2str	将整数类型数据转换为字符串类型数据
num2str	将数值型数据转换为字符串数据
str2num	将字符串数据转换为数值型数据

6.2　用户定义的函数

要编写自己的函数，需要使用 MATLAB 编辑器。编辑器能够构建、编辑和保存函数。可以通过单击 MATLAB 环境左上角的"new m-file"按钮来打开编辑器。图 6-1 显示了 MATLAB 编辑器。为了说明函数编写方法，首先从构造一个非常简单的函数开始。该函数由[out] = myAdder(a, b, c)定义，其中 out 是 a、b 和 c 的和。函数的第一行应该总是单词"function"，后面是它的函数头，函数声明如图 6-1 所示。

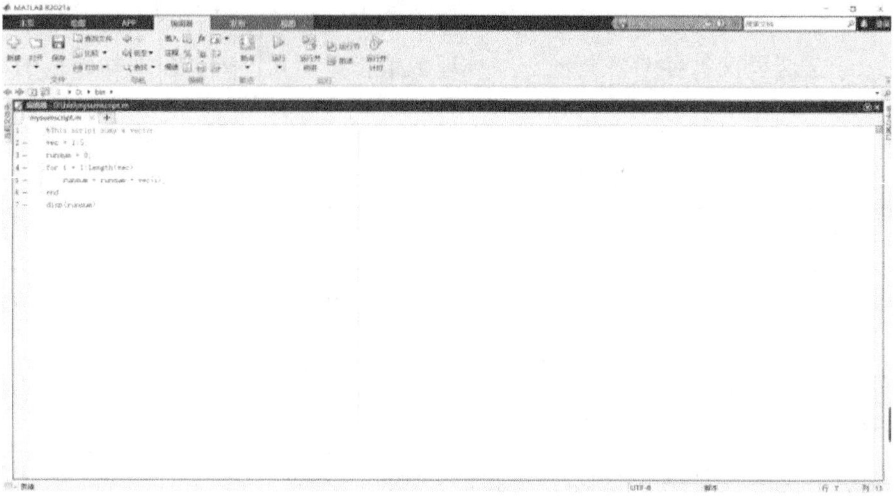

图 6-1　MATLAB 程序编辑器

6.2.1　基本规则

function_name 的形式必须满足与变量名相同的限制。注意，和变量名一样，函数名也是区分大小写的。如果只有一个输出参数，方括号是可选的。如果没有输出参数，则输出参数列表包括方括号和赋值操作符(=)都可以省略。类似地，如果没有输入参数，可以省略括号。下列每一行都是一个有效的函数声明。

```
function func
function func(in1)
function func(in1, in2)
function out1 = func
function out1 = func(in1)
function [out1, out2] = func
function [out1, out2] = func(in1, in2)
```

一个值的函数有一个输出参数。相反，返回多个值的函数必须在函数头的方括号中的有多个输出参数。这意味着在函数体中，值必须放在函数头中列出的所有输出参数列中。计算并返回多个值的函数定义的一般形式如下。

```
function [outarg1, outarg2, ...] = name(inarg1, inarg2,···)
  % 显示帮助文档的注释。
  ...
  outarg1 = ...;
  outarg2 = ...;
  ...
end
```

178

以下是更一般的示例，可返回向量 x 的平均值(avg)和标准偏差(stdev)。这可以将两个 MATLAB 内置函数组合成函数文件 stats.m 来实现。

```
function [avg, stdev] = stats(x) % 函数定义行。
    % STATS  均值和标准差。  % H1 行
    % 使用 MATLAB 内置函数返回给定数据向量 x 的均值（avg）和标准差。
    % 显示帮助文档。
    avg = mean(x);
    stdev = std(x);
end
```

现在用一些随机数字在命令窗口中测试编写的函数，例如：

```
r = rand(100, 1);
[a, s] = stats(r);
```

函数头(函数的第一行)。

```
function [outputs] = function_name(inputs)
```

myAdder 的第一行是

```
function [out] = myAdder(a, b, c)
```

你可能注意到函数这个词在电脑里变成了蓝色。这个词变成蓝色是因为"function"是一个关键字。关键字是 MATLAB 为了承载特定编程功能而保留的词语。在这种情况下，预留关键字 function 表示函数的开始。其他关键字将在后面的章节中定义。

函数必须遵循类似于变量的命名方案。只能包含字母、数字和下划线，且首字符必须为字母。函数名长度不超过 255 个字符。一旦将函数保存到当前工作目录中，它的行为与 MATLAB 的一个内置函数完全相同，可以从命令提示符或由其他函数调用。

接下来，必须编写函数体。这是一个指令序列，将根据给定的输入产生所需的输出。如果函数中有多行，MATLAB 将按顺序依次执行。因为函数非常简单，所以主体只需要一行代码。

在输出参数向量中，输出参数名称按约定用逗号分隔。选择 New，然后选择 Function，在 Editor 中弹出一个模板，然后可以填充内容。

```
function [output_args] = untitled(input_args)
    % UNTITLED  在此描述函数概况。
    % 详细解释放在这里。
end
```

如果不希望这样做，那么从 New Script 开始可能会更容易一些。例如，这是一个计算两个值的函数，即一个圆的面积和周长；它存储在一个名为 areacirc.m 的文件中。

```
function [area, circum] = areacirc(rad)
% areacirc 返回圆的面积和周长
% 格式： areacirc（半径）
area = pi * rad .* rad;
circum = 2 * pi * rad;
end
```

现在根据给定的语法格式完成了函数。要保存函数，单击编辑器左上角的 save 按钮。另外，也可以按 Alt→f→s 或 ctrl+s 保存编写的函数。当提示选择文件命名时，文件名必须与函数名相同。文件类型应该是.m，这是 MATLAB 函数的标准文件类型。将此函数保存为 areacirc.m。

在命令提示符处使用 myAdder 函数计算几个数字的和，证明结果是正确的。首先请注意 area = pi*rad.*rad 和 circm = 2*pi*rad 两行代码行尾的分号。这是非常重要的，因为 MATLAB 将任何未抑制的代码行打印到屏幕上，可能会使计算机屏幕变得非常混乱，必须在函数中抑制所有指令的输出到命令窗口。当你想要将一个函数打印到屏幕上时，使用"dsip"函数或类似的函数。

其次，注意单词"end"被放在函数的末尾。单词"end"会变成蓝色，就像关键字"function"一样。在本例中，"end"表示函数的结束。如果 end 没有放置在那里，这个函数仍然可以工作，但是在复杂程序中（比如在嵌套函数中）会出现问题。因此，应该总是使用关键字 end 结束函数。

6.2.2 注释

在函数的编码实践中，注释是函数中不作为代码读取的一行，可以通过在行首放置%符号来表示注释。这一行中的所有字符都变成了绿色，在运行函数时，MATLAB 将跳过。当代码变得更长、更复杂时，注释可以帮助程序员和那些阅读代码的人在复杂代码中快速找到需要的内容并理解编程者的意图。养成经常注释的习惯有助于避免代码错误，在编写代码时了解代码的用途，并在出错时发现错误。还有一种习惯是将函数的描述及其类型定义、作者和创建日期放在函数头下面的注释中。在 myAdder 函数中添加注释后，尝试调用 myAdder 上的 help 函数。

```
>> d = myAdder(1, 2, 3)
d =
6
>> d = myAdder(4, 5, 6)
 d =
```

```
    15
>> help  myAdder
[out] = myAdder(a, b, c)
 out is the sum of a, b,  and c .
 Author:
 Date:
```

当输入 help function_name 时，MATLAB 会显示出现在函数定义行和第一个非注释
（可执行或空白）行之间的注释行。第一个注释行称为H1行。查找函数只搜索并显示H1
行。在"桌面当前目录"浏览器的"描述"列下显示一个目录下所有 m 文件的 H1 行。

```
function [area, circum] = areacirc(rad)
% areacirc 返回圆的面积和周长
% 格式：areacirc（半径）
area = pi * rad .* rad;
circum = 2 * pi * rad;
 end
function [out] = myAdder(a,b,c)
% out 是 a、b 和 c 的总和
% 作者
% 日期
% 分配输出
out = a + b + c;
end
```

6.2.3　参数

输入和输出参数（inarg1 和 outarg1 等）是"虚拟"变量，仅用于定义函数与工作空
间的交流方式。因此，在调用（引用）函数时，可以使用其他变量名代替它们。

可以想象，在调用函数时，实际输入参数被复制到虚拟输入参数中。因此，当在上
面的示例中调用 stats(r)时，实际的输入参数 r 被复制到函数文件中的输入参数 x 中。当
函数返回时（函数执行完成），函数文件中的虚拟输出参数 avg 和 std 被复制到实际输出
参数 a 和 s 中。

MATLAB 函数可以有多个输出参数。该示例演示了如何编写和调用具有多个输出参
数的函数，以及如何对其所有输出进行赋值。当调用带有多个输出参数的函数时，可以
将输出变量列表放在用逗号分隔的方括号中，考虑下面的函数（注意它有多个输出参
数）。

（1）向量参数

输入和输出参数可能是向量并不奇怪，例如，下面的函数生成了一个包含 n 次随机

掷骰子的向量:

```
function d = dice( n )
d = floor( 6 * rand(1, n) + 1 );
```

当输出参数是向量时,每次调用函数时都会初始化它,清除之前的所有元素。因此,函数在任何时刻的大小都是由最近一次调用函数决定的。例如,假设函数 test.m 定义为

```
function a = test
a(3) = 92;
end
```

那么,如果 b 在基本工作空间中定义为 b = 1, 2, 3, 4, 5, 6,调用该函数的形式为如下语句:

```
b = test
```

返回结果为

b = 0 0 92

如果有多个输出参数,则输出参数必须用逗号分隔,并在函数定义行中用方括号括起来,如下所示。但是,当函数调用时带有多个输出参数时,实际的输出参数可以用逗号或空格分隔。如果只有一个输出参数,则不需要方括号。

```
>> [a, c] = areacirc(4)
a =
    50.2655
c =
    25.1327
```

MATLAB 为用户分配变量给不同的数据类型提供了极大的自由。例如,可以给变量 x 一个结构数组类型值或一个双精度类型值。在其他编程语言中并不总是这样,程序员必须在会话开始时声明 x 是 struct 还是 double,然后就只能使用定义的数据类型。这可能是一个优点,也可能是一个缺点。例如,myAdder 构建时假设输入参数是双精度的。然而,用户可能会意外地在 myAdder 中输入一个结构体数组或元胞数组,这是不正确的。如果尝试向 myAdder 输入非双精度型输入参数,MATLAB 将继续执行该函数,直到出现错误或函数运行完成。

使用字符串'1'作为 myAdder 的输入参数之一。还可以使用一个结构体作为 myAdder 的输入参数之一。

```
>> d = myAdder('1', 2, 3)
d =
    54
>> x .y = 2;
>> d = myAdder(1, 2, x)
 ??? "struct"类型的输入参数的函数或方法"plus"未定义。
 Error in ==> myAdder  at  3
 out = a + b + c;
```

此时，无法控制用户将哪些参数赋给函数作为输入参数，以及它们是否与那些输入参数相对应。通过注释代码，有助于自己和其他用户正确地使用函数。

另一个例子是，考虑一个计算并返回三个输出参数的函数。该函数将接收一个表示总秒数的输入参数，并返回它表示的小时数、分钟数和剩余秒数。例如，7515 总秒是 2 小时 5 分 15 秒。算法如下

将总秒数除以 3600，即一小时内的秒数（7515/3600 = 2.0875）。整数部分是小时数。总秒数的余数除以 3600 是剩余的秒数；分钟数是剩余的秒数除以 60(同样是整数部分)；秒数是前一个除法的余数。

```
function [hours, minutes, secs] = breaktime(totseconds)
 % breaktime.m 函数将 totseconds 分为小时、分钟和剩余秒
 % 格式：breaktime（totseconds）
hours = floor(totseconds/3600);
remsecs = rem(totseconds, 3600);
minutes = floor(remsecs/60);
secs = rem(remsecs, 60);
end
```

调用这个函数的一个例子是

```
>> [h,  m,  s] = breaktime(7515)
h =
    2
m =
    5
s =
    15
```

和前面一样，通过使用三个单独的变量来存储函数返回的所有值是很重要的。

定义变量 x 和 y，并将它们作为输入参数传递给函数 myRand。实际情况是，变量 x

的值被赋给 myRand 的输入参数(也是局部变量)，称为 low。同样，将 y 的值赋值为 high。函数 myRand 在输出参数(和局部变量)a中计算结果，a的值被 rem 转换为函数的结果，并在命令窗口工作空间中赋值给变量 z。在函数内部，变量 x、y 和 z 是不可见或不可访问的。同样，一旦函数返回，函数所有局部变量都不再存在。

（2）多个输出

可以修改 myRand.m 函数，使其不仅提供随机矩阵，还提供其元素的和。

```
function [a, s] = myRand(low, high)
a = (high-low) * rand(3,4) + low;
s = sum(a(:));
```

语法规则调用了用方括号括起来的逗号分隔的输出参数列表。在函数内部，新的输出参数 s 只是另一个局部变量，只不过它的值将由函数返回。

```
>> myRand(1, 2)
ans =
    1.8147    1.9134    1.2785    1.9649
    1.9058    1.6324    1.5469    1.1576
    1.1270    1.0975    1.9575    1.9706
```

运行结果似乎没有什么差异，原因是并没有提供一个变量来储存第二个输出，即内置函数 sum 的输出。事实上，甚至没有提供任何参数来储存随机矩阵。然而，当输出没有被用户显式地赋值给一个变量时，MATLAB 总是将第一个返回的输出赋值给 ans 变量。因此，看到的是矩阵，而不是元素的和。试试这个例子。

```
>> x = myRand(-1, 1)
x =
    0.9143   -0.7162    0.5844   -0.9286
   -0.0292   -0.1565    0.9190    0.6983
    0.6006    0.8315    0.3115    0.8680
```

这次仍然没有得到总数，原因是例子只提供了一个变量来接收函数的输出。如果想同时获得两种结果，就必须用如下方式。

```
>> [x y] = myRand(0, 1)
x =
    0.6787    0.3922    0.7060    0.0462
    0.7577    0.6555    0.0318    0.0971
    0.7431    0.1712    0.2769    0.8235
y =
```

5.3801

所需的语法是将需要赋值结果的变量放在用空格和/或逗号分隔的方括号中。这样得到两个结果,矩阵和矩阵元素的和同时得到。

在使用多个输出时必须小心。如果函数返回多个输出参数,但只对最后一个感兴趣,该怎么办?例如,假设只需要由 myRand 函数生成的随机数的和,而不需要输出数组。如果使用一个参数,调用函数 MATLAB 将返回输出列表中的第一个,也就是说,该数组(a)。看来调用该函数需要两个参数(如上我们做 x 和 y),即使不需要 x。在这种情况下,这不是一个大问题,但如果函数返回一个不需要的巨大数组,这将花费很多时间和浪费内存来返回数组并将其赋值给一个变量。当调用带有多个输出参数的函数时,可以简单地在输出列表中写入一个~符号(波浪号)来代替那不需要的参数。例如,可以这样调用 myRand。

```
>> [~, y] = myRand(10, 20)
y =
    181.4615
```

最后,应该注意的是,在调用一个函数时,输入参数的数量少于或多于所需的数量是错误的。例如

```
>> myRand(2)
 输入参数的数目不足。
>> myRand(2, 3, 4)
 错误使用 myRand
输入参数太多。
```

6.3 更多用户定义函数的类型

已经学习了如何编写并返回一个或者多个值的用户定义函数。这只是一种类型的函数,函数也可能不返回任何值,也可能没有任何输入参数。现总结函数分类如下。

6.3.1 没有输入参数,但具有返回参数的函数

在某些情况下,没有必要向函数传递任何参数,下面是调用该函数的示例。例如,考虑一个函数,只输出一个具有两位小数的随机实数。

```
function printrand()
% printrand 打印一个随机数
```

```
% 格式:printrand 或 printrand()
fprintf('The random # is % . 2f\n',rand)
end
    >> printrand()
    The random # is 0.94.
```

由于没有传递任何参数给函数，函数调用中的圆括号中没有参数，函数头中也没有输出参数。在函数内部或函数调用中都不需要圆括号。事实上，无论函数头中是否有空括号，函数都可以使用或不使用空括号。这是一个函数不接收任何输入参数，也不返回任何输出参数的例子；这种函数只是完成了一项任务。

下面是另一个不接收任何输入参数的函数示例，但是，在这种情况下，它确实返回一个值。该函数提示用户输入一个字符串（实际上是一个字符向量），并返回输入的值。

```
function outstr = stringprompt
 % stringprompt 提示输入字符串并返回
% 格式化字符串提示符或 stringprompt()
disp('When prompted, enter a string of any length .')
outstr = input('Enter the string here:','s');
end
>> mystring = stringprompt
When prompted, enter a string of any length .
Enter the string here: Hi there
mystring =
        'Hi there'
```

比如下列函数

```
function myRand
a = 9*rand(3, 4) + 1
end
```

执行该函数后得到

```
>> myRand
a =
    7.7922   6.8959   5.4853   6.2674
    3.4842   2.4635   9.6377   3.0143
    7.1173   2.0710   4.0635   7.7614
```

>> a
函数或变量 'a' 无法识别。

注意，由于缺少分号，在函数内部打印 a 的值。当然，a 是局部变量，程序运行后便消失，在命令窗口的工作空间中未定义，因此在命令窗口输入 a 后，MATLAB 无法识别。现在在函数内部添加分号。

```
function myRand
a = 9*rand(3, 4) + 1;
end
```

然后重试

```
>> b = myRand
b =
    3.1917    2.7694    5.2596    6.2674
    9.3634    3.2598    4.1649    5.9475
    4.1499    6.5444    8.4775    9.2547
>> b
b =
    3.1917    2.7694    5.2596    6.2674
    9.3634    3.2598    4.1649    5.9475
    4.1499    6.5444    8.4775    9.2547
>> a
```
函数或变量 'a' 无法识别。

注意，由于有分号，函数运行过程中不再打印 a 的值。同样，将函数的输出赋给了在命令窗口的工作空间中创建的变量 b。命令窗口中的 a 仍然是未定义的。如果想让变量 a 包含函数的输出，必须这样把输出值赋给 a。

```
>> a = myRand
a =
    3.5726    4.4240    1.4856    9.4061
    7.8148    6.1104    5.7772    2.1692
    7.7836    1.6827    8.0125    6.1194
>> a
a =
    3.5726    4.4240    1.4856    9.4061
    7.8148    6.1104    5.7772    2.1692
    7.7836    1.6827    8.0125    6.1194
```

6.3.2 完成任务不返回值的函数

许多函数不计算并输出值，而是完成一项任务，例如打印格式化的输出。由于这些函数不返回任何值，因此在函数头中没有输出参数。在这种情况下，只需在函数定义行中省略输出参数和等号。例如，下面的函数将显示 n 个星号。

```
function stars(n)
asteriks = char(abs('*')*ones(1,n));
disp( asteriks )
```

这是没有输出参数和赋值运算符的函数。例如，下面的函数输入两个参数（数值），以格式化打印函数 fprintf 的语句输出到命令窗口。

```
function printem(a,b)
 % printem 以句子格式打印两个数字
% 格式：printem(num1,num2)
fprintf('The first number is % . 1f and the second is % . 1f\n',a,b)
end
```

由于该函数不执行计算，因此在函数头中没有输出参数，也没有赋值操作符(=)。以下是调用 printem 函数的一个例子。

```
>> printem(3.3, 2)
The first number is 3.3 and the second is 2.0
```

注意，由于函数不返回值，不能从赋值语句调用它。任何赋值给输出参数的尝试都会导致错误，例如。

```
>> x = printem(3, 5)   % 错误!!
 错误使用 printem
输出参数太多。
```

因此，可以把对不返回值的函数的调用看作是一个单独的语句，因为函数调用不能嵌入另一个语句中，比如赋值语句或输出语句。

6.4　向函数传递参数

如果一个函数更改了它的任何输入参数的值，那么在返回到工作空间时，更改不会反映在实际的输入参数中（除非函数是用相同的输入和输出参数调用的）。输入参数是按值传递的。但是，只有当函数修改输入参数时，输入参数才会通过值传递（尽管修改不会在返回时反映出来)。如果函数不修改输入参数,则通过引用的形式传递。

在目前给出的所有函数示例中,至少有一个参数在函数调用中传递,作为函数头中相应输入参数的值。按值调用方法是指将参数值传递给函数中的输入参数的方法。赋值操作符是从右到左工作的,这意味着 myAdder(1, 2, 3)在赋值给 d 之前被解析。myAdder 函数在 MATLAB 工作过程如下。

1. MATLAB 查找 myAdder 函数。

2. myAdder 接受第一个输入参数值 1,并将其分配给名称为 a 的变量(输入参数列表中的第一个变量名)。

3. myAdder 接受第二个输入参数值 2,并将它分配给名称为 b 的变量(输入参数列表中的第二个变量名称)。

4. myAdder 接受第三个输入参数值 3,并将它赋值给名为 c 的变量(输入参数列表中的第三个变量名)。

5. myAdder 计算 a、b 和 c 的和,即 1 + 2 + 3 = 6。

6. myAdder 将值 6 赋给 out 变量。

7. myAdder 到达函数的末尾,由关键字 end 识别。

8. myAdder 验证是否创建了一个名为 out(输出参数列表中的第一个变量名)的变量。

9. myAdder 将输出变量 out 中的值输出为 6。

10. myAdder(1, 2, 3)等于值 6,这个值被赋给了名为 d 的变量。

6.5 模块化的程序

通常,MATLAB 程序由调用函数来完成实际工作的脚本组成。模块化程序是将解决方案分解为多个模块,每个模块作为一个函数来实现的程序。调用这些函数的脚本通常称为主程序。

为了演示这个概念,我们将用一个非常简单的例子来计算圆的面积。对于这个例子,算法中有三个步骤来计算一个圆的面积。

1. 得到输入(半径);

2. 计算面积;

3. 显示结果。

在模块化程序中,会有一个主脚本(也可能是一个函数)调用三个独立的函数来完成以下任务

1. 提示用户并读取半径的函数;

2. 计算并返回圆的面积的函数;

3. 显示结果的函数。

假设每个代码都存储在一个单独的代码文件中,那么这个程序总共有四个单独的代

码文件；1 个脚本文件和 3 个函数代码文件，如下。

当程序执行时，将发生以下步骤

（1）脚本 calcandprintarea 开始执行；

（2）calcandprintarea 调用 readradius 函数；

（3）readradius 执行并返回半径；

（4）calcandprintarea 恢复执行并调用 calcarea 函数，将半径传递给它；

（5）calcarea 执行并返回该面积；

（6）恢复执行并调用 printarea 函数，把半径和面积都传递给它；

（7）printarea 执行和打印；

（8）脚本完成执行。

脚本文件 calcandprintarea.m 可以编写为如下代码

```
% 这是计算圆面积的主要脚本。
% 它调用 3 个函数来实现这一点。
radius = readradius;
area = calcarea(radius);
printarea(radius,area)
```

函数文件 readradius.m 如下

```
function radius = readradius
% readradius 提示用户并读取半径。
% 为简便起见，暂时忽略错误检查。
% 格式：readradius 或 readradies()
disp('When prompted, please enter the radius in inches .')
radius = input('Enter the radius: ');
end
```

函数文件 calcarea.m 如下

```
function area = calcarea(rad)
% calcarea 返回圆的面积
% 格式：calcarea(rad)
area = pi * rad .* rad;
end
```

函数文件 printarea.m 如下

```
function printarea(rad,area)
% printarea.m 打印半径和面积。
```

```
% 格式：printarea(rad,area)
fprintf('For a circle with a radius of % .2f inches,\n',rad)
fprintf('the area is % .2f inches squared .\n',area)
end
```

输入脚本的名称即可完成程序的运行，脚本文件将调用其他函数

```
>> calcandprintarea
When prompted, please enter the radius in inches .
Enter the radius: 5.3
For a circle with a radius of  5.30 inches,
the area is  88.25  inches squared .
```

在 printarea 函数调用中，传递了两个参数，因此在函数头中有两个输入参数。该函数不返回任何输出结果，因此对该函数的调用本身就是一条语句；它不在赋值或输出语句中。

6.6 函数的工作空间

第 1 章介绍了存储在命令提示符下创建的变量的工作空间。函数也有一个工作空间。函数工作空间是计算机内存中为该函数创建的变量保留的空间。此工作空间与命令窗口的工作空间不共享。因此，可以在函数内赋值具有给定名称的变量，而无须在函数外更改具有相同名称的变量。每次使用函数时都会打开函数工作空间。

执行以下几行代码后，out 的值是多少?注意，它不是 6，它是在 myAdder 中赋值的。

```
>> out = 1;
>> d = myAdder(1, 2, 3);
>> out
out =
    1
```

在 myAdder 中，out 变量是一个局部变量。也就是说，只在 myAdder 的函数工作空间中定义的变量。因此，它不能影响函数以外工作空间中的变量，在函数以外工作空间中采取的操作也不能影响它，即使它们有相同的名称。因此，在前面的示例中，在命令窗口工作空间中定义了一个变量 out。当在下一行调用 myAdder 时，MATLAB 为该函数的变量打开一个新的工作空间。在这个工作空间中创建的一个变量是另一个变量 out。然而，由于它们有不同的工作空间，在 myAdder 内部分配给 out 的值不会改变在命令窗口工作空间中分配给 out 的值。

这就是在函数中不抑制代码行是危险的原因之一。现在修改 myAdder 函数，使其在 out = a + b + c 这一行之后不再有分号，并使用额外的命令将值 2 赋给变量 y（同样不受抑制）。

```
function [out] = myAdder(a,b,c)
% [out] = myAdder(a,b,c)
% 修改的 myAdder
% out 是 a、b 和 c 的总和
% 作者:
% 日期:
out = a + b + c
y = 2
 end
```

使用修改后的 myAdder，执行以下代码后，out 的值是多少？

```
>> out = 1;
>> d = myAdder(1, 2, 3);
out =
    6
y =
    2
>> out
out =
    1
>> y
```
函数或变量 'y' 无法识别。

在前面的示例中，当在 myAdder 中执行 out = a + b + c 行时，会显示 out 的值。这意味着显示的 out 变量是 myAdder 的工作空间中的 out，而不是命令窗口工作空间中的 out 变量（其值为 1）。因此，对函数内部的 out 赋值不会影响外部的 out 变量。同样，变量 y 是在函数工作空间中创建的，不是输出变量。因此，它不存在于命令当前工作空间中。

为什么要有单独的函数工作空间而不是单一工作空间？尽管 MATLAB 分离工作空间看起来很麻烦，但对于由许多函数共同工作的大型程序来说，它是非常有效的。如果一个程序员负责编写 MATLAB 的 sin 函数，而另一个程序员负责编写 MATLAB 的 cos 函数，不希望每个程序员都需要担心对方使用了什么变量名。最方便的是，程序员能够独立工作，并确信自己的工作不会干扰到其他人，反之亦然。因此，独立的工作空间可以保护函数不受外部影响。函数工作空间之外唯一能影响函数内部发生的事情是输入参数，当函数终止时，唯一能够从函数工作空间进入外部世界的是输出参数。

下面的例子是函数工作空间的练习。如果能理解函数工作空间原理，就能够按照 MATLAB 程序运行的顺序，专注于 MATLAB 正在做什么，考虑以下函数。

```
function [x,y] = myWorkspaceTest(a,b)
% [x,y] = myWorkspaceTest(a,b)
 % 对 a 和 b 进行各种算术运算。
% 作者:
% 日期:
x = a + b;
y = x * b;
z = a + b;
end
```

当运行以下代码后，a、b、x、y 和 z 的值是多少？

```
>> clear all
>> a = 2;
>> b = 3;
>> z = 1;
>> [y,x] = myWorkspaceTest(b, a)
y =
     5
x =
    10
>> z
z =
    1
```

当运行以下代码后，a、b、x、y 和 z 的值又是多少？

```
>> x = 5;
>> y = 3;
>> [b, a] = myWorkspaceTest(x, y)
b =
     8
a =
    24
>> z
```

函数或变量 'z' 无法识别。

原因是，函数中产生的变量留在函数中。函数内部的代码与外部世界是分离的。函数有自己的工作空间，不能访问命令窗口的工作空间（MATLAB工作空间窗口显示了所有已定义和可访问的变量）。此外，函数内部的变量从外部是不可见的，因此不会出现在命令窗口工作空间中。

这是一个非常重要和有用的概念。在函数中编写的代码存在于它自己的黑箱中。它不能破坏命令窗口的工作空间，而且，如果从另一个函数调用它，也不能对该函数的工作空间做任何更改。例如，如果在命令窗口中定义了一个变量 x，并且有一个函数也使用了一个变量 x，这是两个不同的变量。因此，调用该函数不会改变命令窗口工作空间中的 x 的值。想象一下，它可以改变 x 或任何其他命令窗口变量。在函数调用之后，可能不知道命令窗口中的哪些变量被它更改了（这将是一场灾难）。

那么，为什么变量 a 在工作空间中没有定义呢？因为 a 只在 myRand 函数中定义，对命令窗口工作空间没有影响。但是，当调用 myRand 时，应该如何在命令窗口中看到函数中 a 的值？在行尾不加分号可以输出变量的值。这个函数只是简单地输出了函数内部 a 的值，虽然 a 隐藏在 myRand 中，但允许打印输出。

6.7　局部变量

已经讨论的在函数中定义输入和输出参数以及所有其他在函数内部定义的变量都是局部变量。换句话说，这些变量有局部作用域。变量的作用域指的是可以访问该变量的语句集。到目前为止，变量的作用域要么是单个函数中的语句，要么是命令窗口中的语句。当函数被调用时，计算机给该函数分配一部分内存，用于存储参数和其他变量。命令窗口和任何其他函数都不能访问这个内存。在函数内部定义的任何变量在函数外部都是不可访问的。这样的变量称为局部变量——它们只存在于函数中，它有自己的工作空间，与命令窗口中定义的变量的基本工作空间分开。比如以下命名为mysum.m的函数。

```
function runsum = mysum(vec)
% mysum 返回向量的和
% 格式：mysum(vec)
runsum = 0;
for i = 1:length(vec)
    runsum = runsum + vec(i);
end
end
```

运行此函数不会向基本工作空间添加任何变量，如下所示。

```
>> clear
>> who
>> disp(mysum([5 9 1]))
15
>> who
>>
```

函数中的变量称为"局部变量"。局部变量只能由函数内部的语句访问，并且只在
函数调用期间存在。一旦函数执行完毕，所有局部变量都不复存在。任何变量的作用域
都仅其所在的工作空间内有效。在命令窗口中创建的工作空间称为基本工作空间。正
如前面看到的，如果在任何函数中定义了一个变量，那么它就是该函数的局部变量，这
意味着它只在该函数内部可见和使用。局部变量只在函数执行时存在，在函数运行完成
后，它们将不再存在。

当函数返回时，输出参数的值返回给调用者，然后分配给函数的局部内存不复存在，
所有的局部变量消失。能够存留这些变量的方式是输出到命令窗口或者输入给其他函数。

如何能从一个函数得到所需要的输出，并在命令窗口打印一个变量？如果函数不能
将其结果传播回调用者，那么函数的用处并不大。函数可以通过输出参数提供结果，该
输出参数是局部变量，用于保存函数传递给调用者的值。现在看看这是如何做到的。

```
function a = myRand
a = 9* rand(3,4) + 1
```

在 function 关键字之后，加入了一个变量名（本例中是 a），并用等号将变量名和函
数名连接起来。这个变量 a 是刚刚创建的一个全新的变量。在创建之后，被分配给函数
myRand 的返回值。myRand 函数中的局部变量 a 只为该函数提供返回值，它是一个与输
出参数完全不同的变量，函数运行完毕就不再存在。

另外，在命令窗口中定义的变量不能用于函数中（除非作为参数传递给函数）。然
而，脚本（与函数相反）确实与命令窗口中定义的变量交互。例如，将前面的函数修改
为脚本 mysumscript.m。

```
% 此脚本对向量求和。
vec = 1:5;
runsum = 0;
for i = 1:length(vec)
    runsum = runsum + vec(i);
end
disp(runsum)
```

脚本中定义的变量确实成为基本工作空间的一部分。

```
>> clear
>> who
>> mysumscript
15
>> who
```

显示的变量名为

i runsum vec

命令窗口中定义的变量可以在脚本中使用，但不能在函数中使用。例如，向量 vec 可以在命令窗口中定义（而不是在脚本中），但随后在脚本中使用，如以下 mysumscriptii.m 脚本文件：

```
%  此脚本对命令窗口中的向量求和。
runsum = 0;
for i = 1:length(vec)
    runsum = runsum + vec(i);
end
disp(runsum)
>> clear
>> vec = 1 : 7;
>> who
```

显示的变量名为

```
vec
>> mysumscriptii
    28
>> who
```

显示变量名为

i runsum vec

然而，这是一种非常糟糕的编程风格，将向量 vec 传递给函数要好得多。因为在脚本和命令窗口中创建的变量都使用基本工作空间，所以许多程序员在开始编写脚本前都使用 clear vars 命令来消除可能已经在命令窗口或另一个脚本中创建的变量。

在某些情况下，程序员将编写一个主函数来调用其他函数，而不是编写调用其他函数的脚本组成的程序。程序由所有函数组成，而不是一个脚本调用另一个脚本文件。这是因为脚本和命令窗口都使用基本工作空间。只在程序中使用函数，就不会向基本工作空间添加变量。

6.8 持久变量

函数中可以声明持久变量。当函数返回时，局部变量通常不再存在。然而，持久变量能够在函数相互之间调用时长久存在。在第一次出现时，持久变量必须初始化为空数组。

在下面的例子中，持久变量 count 被用来计算函数 test 被调用的次数。

```
function test
persistent count
if isempty(count)
    count = 1
else
    count = count + 1
end
```

持久变量会一直保存在内存中，直到 m 文件被清除或更改。

```
clear test
```

通常，当函数停止执行时，该函数的局部变量将被清除。这意味着每次调用函数时，在函数执行时分配和使用内存，在函数结束时释放内存。但是，对于声明为持久变量的变量，该值不会被清除。因此下一次调用函数时，该变量仍然存在，并保留原来的值。

下面的程序演示了这一点。该脚本调用一个函数 func1，该函数将一个变量 count 初始化为 0，使其递增，然后输出该值。每次调用此函数时，都会创建变量，初始化为 0，并马上更改为 1，然后在函数退出时清除该变量。然后脚本调用函数 func2，该函数首先声明一个持久变量 count。如果变量还没有初始化，就像函数第一次被调用时那样，它被初始化为 0。然后，像第一个函数一样，变量递增并输出函数得到的值。然而，对于第二个函数，当函数退出时，变量保持其值不变，下一次调用函数时，变量再次增加。如下脚本文件 persistex.m 所示。

```
%  此脚本演示持久变量
%  第一个函数有一个变量"count"
fprintf('This is what happens with a "normal" variable:\n')
func1
func1
%  第二个函数有一个持久变量"count"
```

```
fprintf('\nThis is what happens with a persistent variable:\n')
func2
func2
```

其中使用的函数可定义如下。

```
function func1
% func1 递增普通变量"count"（非持久变量）。
% 设置 func1 或 func1 格式()
count = 0;
count = count + 1;
fprintf('The value of count is %d\n',count)
end
function func2
% func2 递增一个持久变量"count"。
% 设置 func2 或 func2 格式()
persistent count % 声明持久变量。
if isempty(count)
    count = 0;
end
count = count + 1;
fprintf('The value of count is %d\n',count)
end
```

其中的一行 persistent count 声明变量 count，为它分配空间，但不初始化。然后 if 语句初始化 count（函数第一次被调用）。在许多语言中，变量必须在使用之前声明；在 MATLAB 中，这只适用于持久变量。

可以从脚本或命令窗口调用函数。例如，首先从脚本调用函数。对于持久变量，count 的值是递增的。然后，从命令窗口调用 func1，也从命令窗口调用 func2。因为持久变量的值是 2，所以这次它增加到 3。

```
>> persistex
This is what happens with a "normal" variable:
The value of count is 1
The value of count is 1
This is what happens with a persistent variable:
The value of count is 1
The value of count is 2
>> func1
```

The value of count is 1
>> func2
The value of count is 3

从这里可以看出，每次调用函数 func1，无论是从脚本 persistex 还是从命令窗口中，都会打印值 1。但是，使用 func2 时，变量 count 在每次调用时都增加。在本例中，它首先从 persistex 调用两次，因此 count 是 1，然后是 2。然后，从命令窗口调用，它会增加到 3（所以它会计算函数被调用的次数）。

重启持久变量的方法是使用 clear function_name。命令如下

>> clear func2

6.9　全局变量

由于某些特殊情况，一些函数可能需要共享一个变量。像大多数语言一样，MATLAB 提供了一种实现这一任务的方法。它通过向用户提供将变量声明为 "global" 来实现这一点。MATLAB 建议使用大写字母输入全局变量，以提醒它们是全局的。例如

global PLINK PLONK

与 C++、Java 和其他一些语言不同，MATLAB 不允许在同一行中包含赋值，如下所示，试图声明 x 为全局值，同时赋值为 4。

>> global x = 4
 global x = 4
'=' 运算符的使用不正确。'=' 用于为变量赋值，'==' 用于比较值的相等性。

在任何需要使用变量的地方（包括每个函数和/或命令窗口）都必须声明这个变量。如果在一个函数中使用一个变量，但还没有宣布它是全局的，MATLAB 要么提示，这是一个未定义的变量，或者创建一个新的局部变量具有相同名称。

如果 A 是全局的，函数 isglobal(A) 返回 1，否则返回 0。命令 who global 给出一个全局变量列表。使用 clear global 将所有变量设置为非全局变量，或者使用 clear PLINK 将 PLINK 设置为非全局变量。

使用全局变量最大的好处是，可以避免使用参数向函数内外传递变量的值。全局变量可以在多个位置可见，可以从命令窗口和多个函数中访问它。全局变量具有所谓的全局作用域，全局作用域是在多个函数中或在命令窗口和一个或多个函数中都可见。如果几个函数（可能还有基本工作空间）都将特定变量声明为全局变量，那么它们都共享这些变量。如果有一个许多函数都需要修改的变量，只要在某个函数中修改一次。

然而，使用全局变量从来都不是一个好编程习惯。一旦一个函数依赖于一个全局变

量，它的正确运算就依赖于函数之外的某些运算和赋值，而这种依赖使函数的可反复使用的价值降低。一旦允许使用全局变量，只知道函数的接口是什么（即它的输入和输出参数列表）就不够了。还需要记住，它使用一个或多个全局变量。

此外，依赖全局变量容易出错。在程序的一部分中，可能意外地覆盖了一个全局变量的值，从而可能导致另一部分出现错误。这类编程错误很难发现。因此，在本书的其余部分，将完全不使用全局变量，建议读者也避免使用它们，直到成为一个有经验的程序员。

练习题

1. 编写一个 MATLAB 函数来计算 n 维空间中两点之间的欧几里得距离。这些点作为输入参数 a 和 b 给出，它们都应该是包含 n 个元素的数组。对于所编写的函数来说，输入是行还是列并不重要。通过一个示例来演示编写的函数程序。

2. 编写一个 MATLAB 函数来计算两个二维数组 A 和 B 之间的欧几里得距离作为输入参数。A 的大小是 N×n，B 的大小是 M×n。该函数应该返回一个大小为 N×M 的矩阵 D，其中元素 $d(i,j)$ 是 a 的第 i 行和 B 的第 j 行之间的欧几里得距离。

3. 编写一个内联函数，它将计算 $6x - 4y + xy + \cos^2(x - k)$ 的值。假设 x 和 y 可以是标量、向量或矩阵，并且所有的运算都应该按元素的顺序执行。

4. 编写一个 MATLAB 函数来检查一个给定的点 (x, y) 是否在一个正方形内。正方形的左下角在 (p, q) 点和边长为 s。输入参数为 x、y、p、q 和 s，输出参数为真（点在正方形中）或假（点不在正方形中）。

5. 编写一个非递归的 MATLAB 函数来计算斐波那契序列，并返回带有指定索引的数字，例如，序列中的第 4 个数字（这个数字为 5）。

6. 编写一个递归的 MATLAB 函数来计算斐波那契序列，并返回具有指定索引的数字。

7. 写一个简短的 MATLAB 函数来找出一个给定的数是否是一个质数，一直找到 1000000 为止。该函数应该返回真或假。请记住，1 并不被认为是质数。（提示：使用蛮力方法，并将数(K)除以从 2 到 K-1 的所有整数。检查余数的部分是否为 0。）

随后，应用此函数列出介于 1 到 100 之间的所有素数。

8. 生成一个包含 10 行和 7 列的数组，其随机数在取值为 1 和 5 之间。这些数字不能是整数。

9. 编写 MATLAB 代码以执行以下操作：

（a）生成一个在-30.4 和 12.6 之间的随机数 k。

（b）在区间内生成一个大小为 20 乘 20 的随机整数的数组 A[-40,10]。然后，将 A 中小于 k 的所有元素替换为 0。

（c）求出 A 的所有非零元素的平均值。

（d）从 A 中随机选取一个元素。

（e）使用一个随机的颜色地图来可视化 A，其中包含与 A 的元素一样多的颜色种类。

（f）从 A 中提取 4 个不同的随机行，并将它们保存在一个新的数组 B 中。

（g）求出 B 的非零元素的比例。

（h）在命令窗口中显示(a)、(c)、(d)和(g)的答案，并对每个答案进行适当的描述。

10. 威尔士的村庄。

假设在威尔士存在一个有 1 万名居民的村庄，其中 50%是男性，50%是女性。20%的男性居民是秃顶的。30%的女性居民是金发碧眼的。全村有 37%的居民戴着眼镜。10%的居民姓琼斯。5%的女性被称为卡里斯，7%的男性被称为达菲德。（请记住，这些百分比是准确的，而不是近似的数字。）

（a）创建一个随机矩阵 V，它将包含村里所有 10000 名居民的信息。V 的每一行代表一个人，这些列表示上面描述中关于那个人的信息。

（b）从威尔士的村民中随机抽取 200 个不同的村民作为样本。在该示例中，在命令窗口中（精度为小数点后 2 位）查找并显示以下内容的百分比：

（i）叫卡里斯·琼斯或达菲德·琼斯的人。

（ii）戴眼镜的金发女士。

（iii）不叫达菲德的秃头绅士们。

11. 相交面积估算。

（a）以二维空间的形式随机选取一个圆的中心和半径。同时也选择一个矩形的左下角的坐标，以及它的宽度和高度。所有的值都应该在 1～10 随机抽取一个整数。

（b）绘制圆圈和正方形。

（c）运行蒙特卡罗模拟来估计圆和矩形之间的相交面积。如果圆完全包含在矩形内，或者矩形完全包含在圆内，则应该计算其面积（不进行估算）。

（d）如图 6-2 中的示例，可视化结果。

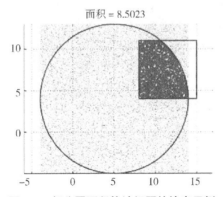

图 6-2　部分圆面积估计问题的输出示例

7

高级函数

本章介绍用户定义函数的高级特性。函数的函数是 MATLAB 函数，其输入参数包括其他函数的名称。将其名称传递给函数的函数通常在该函数的执行过程中使用。局部函数是放置在单个文件中的附加函数，只能从同一文件中的其他函数访问。私有函数是放置在一个名为 Private 的特殊子目录中的函数，只能由父目录中的函数访问。函数句柄是一种特殊的数据类型，包含调用函数所需的所有信息。函数句柄是用@运算符或 str2func 函数创建的，通过用括号和所需的调用参数命名句柄来使用。匿名函数是没有名称的简单函数，在一行中创建，并由其函数句柄调用。MATLAB 允许定义递归函数。递归函数是对自身进行调用的函数。递归函数需要一个停止条件来防止它们无限地调用自己。M 文件中的子函数只能由主函数和同一 M 文件中其他子函数访问。本章要达到的学习目标：

（1）学会使用函数 nargin 和 nargout 汇报在特定函数调用中使用了多少输入和输出参数。使用 varargin 和 varargout 编写输入参数与输出参数数量可变的 MATLAB 函数。

（2）学会创建函数的句柄，用于表示一个函数。特别是用句柄可以作为参数传递给另一个函数。使用 feval 计算一个函数，该函数的句柄作为参数传递给它。

（3）理解嵌套函数，嵌套函数是包含在其他函数中的函数。

（4）学会使用匿名函数和内联函数。匿名函数是使用其函数句柄调用的简单单行函数。内联函数的功能与匿名函数类似。

（5）学会使用递归函数编程。递归函数是调用自己的函数，学会使用递归函数返回一个值，或者简单地完成打印等任务。

（6）学会使用私有函数编程。私有函数是位于名为 Private 的子目录中的函数，并且只能由父目录中的功能访问。

（7）学会使用在同一个主函数中编写许多子函数，并且理解主函数和子函数之间，子函数之间的相互调用。

7.1 数量可变的参数输入与输出

截至目前，本书所列举的函数都包含固定数量的输入参数和固定数量的输出参数。

然而,情况并非总是如此。可以有数量可变的参数,包括输入参数和输出参数。内置的元胞数组(本书第 8 章介绍)可用于存储可变数量的输入参数和输出参数。元胞数组可以在不同的元素中存储不同类型的值。

7.1.1 获取输入和输出参数的数目

函数 nargin 返回传递给函数的输入参数的数量,函数 nargout 确定函数期望返回多少输出参数。然后,可以根据参数的数量使用条件语句执行不同的任务。可以将相同的函数用于不同数量的输入参数,使代码编写非常灵活。考虑函数 testarg.m 可以接受一个或两个输入参数的情形,在两种情况下采用不同的计算方法。

```
function[maxc]=testarg(a,pow)
if(nargin==1)
    c=a.^2;
elseif (nargin==2)
    c=a.^pow;
end
plot(a,c)
if nargout==1
    maxc=max(c);
end
```

综上所述,if-else-end 结构可以完成两种不同的任务,按照输入参数个数决定。这段代码还提供了另一个与 nargin 相对应的函数 nargout。与 nargin 类似,在用户定义函数体中调用的 nargout 函数能够返回被用于调用该函数的输出参数的数量。在本例中,可以不带输出参数调用函数 testarg.m,从而生成 y=x^2 或 y=x^{pow} 的图形,或者允许一个输出参数,根据输入参数的数量计算 max(x^2)或 max(x^{pow})的最大值。

下面是一个更复杂的例子,可以根据提供的输入数量来控制函数的执行。

```
function [res] = myVector(a,b,c)
%大致模拟冒号操作符
    switch nargin
        case 1
            res = [0:a];
        case 2
            res = [a:b];
        case 3
            res = [a:b:c];
        otherwise
            error('参数错误');
    end
end
```

函数执行如下

```
>> myVector(10)
    ans =
        0  1  2  3  4  5  6  7  8  9  10
```

```
>> myVector(10, 20)
  ans =
        10   11   12   13   14   15   16   17   18   19   20
>> myVector(10,2,20)
  ans =
     10   12   14   16   18   20
```

以类似的方式，可以根据输出参数的数量控制函数的执行。

```
function [qt, rm] = myIntegerDivision(a, b)
    qt = floor(a / b);

    if nargout == 2
        rm = rem(a, b);
    end
end
```

函数执行如下

```
>> q = myIntegerDivision(10, 7)
  q =
      1
>> [q, r] = myIntegerDivision(10, 7)
  q =
      1
  r =
      3
```

return 命令使正常运行的程序返回到被调用的函数或键盘。例如，假设要编写一个函数，输入平方函数并计算行列式 A。如果矩阵 A 是空，让函数能够输出固定的值并退出，而不执行其余的代码。下面的代码展示了如何使用 return 语句进行编程的例子。

```
function d = det(A)
% DET det(A)是A的行列式。
if isempty(A)
    d = 1;
return
else
    ...
end
```

考虑另一个例子：函数同时使用 nargin 函数、isempty 函数和 return 命令，注意在这个函数头和注释之后的 MATLAB 函数 median，该函数有两种使用方法：median(A)和median(A,dim)。

```
function y = median(x,dim)
% MEDIAN 中位数
if nargin == 1
    dim = min(find(size(x)~=1, 1 ));
    if isempty(dim), dim = 1;end
end
if  isempty(x), y = []; return, end
```

如果只提供一个变量(没有定义 dim)，程序将自行确定 dim 的默认值。如果这个函数检测到一个空的输入数组，它会立即返回到调用程序，并返回一个空的数组 y。

7.1.2　数量可变的参数输入与输出

有时，希望编写一个可以接受任意数量输入参数或输出参数的函数。MATLAB 通过两个特殊的参数为任意数量的参数输入和输出提供了一个工具：varargin（用于"可变数量的参数输入"）和 varargout（用于"可变数量的参数输出"）。

以下通过例子来解释它们的用法。假设要编写一个函数，能将一个或多个数字作为输入参数，并将它们分别打印在单独的一行上。可以用 varargin 来编写这个函数，如下所示。

```
function print_all_args(first, varargin)
fprintf('%d\n', first);
for ii = 1:nargin-1
    fprintf('%d\n', varargin{ii});
end
```

特殊参数 varargin 必须位于列表中的最后一个参数，也可以是唯一的参数。当函数调用时，输入参数比函数头中的"普通"参数更多时，varargin 会接收多余的参数。它是一个元胞向量，每个元素指向一个参数。在函数内部，它被视为一个普通的元胞数组。此外，函数 nargin 会返回函数定义行（称为函数头）出现的普通参数和 varargin 捕获的参数数量。

```
>> print_all_args(14)
    14
>> print_all_args(14, 15, 16, 17, 18)
    14
    15
```

16
17
18

现在，假设想要编写一个函数，它接受一个输入向量，并将其每个元素的值复制到单独的输出参数中。可以用 varargout 来完成。下面是一个实现此功能的函数。

```
function [first,varargout] = distribute(v)
first = v(1);
for ii = 1:length(v)-1
    varargout{ii} = v(ii+1);
end
```

与 varargin 规则一样，varargout 必须是列表中的最后一个输出参数。此外，与 varargin 类似，它在"普通"参数之后保存任何多余的输出参数。下面是以上函数的一个应用，输入向量的长度等于输出参数的数量。

```
>> [a, b, c] = distribute([14, 15, 16])
  a =
        14
  b =
        15
  c =
        16
```

如果给出的输出参数更少，放置在 varargout 中的额外元素会被忽略，程序不会出现错误提示。

```
>> [a, b] = distribute([14, 15, 16])
  a =
        14
  b =
        15
```

另外，如果 varargout 中没有足够的元素来处理所有剩余的输出参数，MATLAB 会发出错误警告并停止执行。

```
>> [a, b, c, d] = distribute_to_args([14, 15, 16])
 ??? Error using ==> distribute_to_args
Too many output arguments.
```

以下再通过一个例子进一步理解可变数量的输出参数的函数。例如，考虑以下函数

typesize()，它接受一个输入参数 inputval。函数将始终返回一个字符，指定输入参数是否为标量（'s'）、向量（'v'）或矩阵（'m'）。此字符通过输出参数 arrtype 返回。此外，如果输入参数是向量，则函数还返回向量的长度；如果输入参数为矩阵，则函数返回矩阵的行数和列数。使用 MATLAB 的内置输出参数 varargout，这是一个元胞数组。因此，向量长度通过 varargout 返回，而矩阵行数和列数通过 varargut 返回。

```
function [arrtype, varargout] = typesize(inputval)
%typesize为输入参数scalar返回一个字符'标量'，为vector返回'向量'，
%为matrix返回'矩阵'，也返回一个向量的长度或矩阵的维度
%格式：typesize(inputargs)
[nrow,ncol] = size(inputval);
if nrow == 1 && ncol == 1
arrtype = '标量';
elseif nrow == 1 || ncol == 1
arrtype = '向量';
varargout{1} = length(inputval);
else
arrtype = '矩阵';
varargout{1} = nrow;
varargout{2} = ncol;
end
end
```

```
>> typesize(10)
   ans =
           '标量'
>> typesize(10:12)
   ans =
           '向量'
>> [inputType, inputLength] = typesize(10:12)
   inputType =
     '向量'
   inputLength =
     3
>> [inputType, nrow, ncol] = typesize([10 : 12; 13 : 15])
   inputType =
     '矩阵'
   nrow =
     2
   ncol =
     3
```

还可以指定数量可变的输出参数。例如，一个输入参数被传递给下面的函数类型。该函数将始终返回一个字符，用于指定输入参数是标量('s')、向量('v')还是矩阵('m')。

该字符通过输出参数 artype 返回。

此外，如果输入参数是一个向量，函数返回向量的长度，如果输入参数是一个矩阵，函数返回矩阵的行数和列数。使用了输出参数 varargout，它是一个元胞数组。因此，对于一个向量，它的长度是通过 varargout 返回的，对于一个矩阵，它的行数和列数都是通过 varargout 返回的。

在本例中，用户必须知道参数的类型，以便确定在赋值语句的左边应该有多少个变量。如果变量太多，就会导致错误。

```
>> [arrtype, r, c] = typesize(4 : 6)
```

MATLAB 汇报的错误信息如下：

调用 "typesize" 时，未对输出参数 "varargout{2}" (可能还包括其他参数)赋值。

7.2　MATLAB 中的函数句柄

函数句柄是一种 MATLAB 工具，它提供了一种间接调用函数的方法。可以在调用其他函数（通常称为函数的函数）时传递函数句柄，还可以将函数句柄存储在数据结构中以供以后使用。

7.2.1　构造函数句柄

创建函数句柄的一般方法是在函数名前加一个@符号。例如，如果已经有一个名为 myfunc 的函数，可以按如下方式为其创建名为 f 的句柄。

```
>> f = @myfunc
  f =
包含以下值的 function_handle:
  @myfunc
```

例如：

```
function out = getSq(x)
    out = x.^2;
end
```

然后，可以在 MATLAB 命令行上创建如下所示的函数句柄：

```
>> f = @getSq;
>>a =4;
>> b = f(a)
  b =
```

16

如果函数不需要任何输入，则可以使用空括号调用函数。例如：

```
>> h = @ones;
>>a=h()
   a =
       1
```

如果在调用时不添加()，则将创建另一个函数句柄，现在将其分配给 a。

```
>> h = @ones;
>>a=h
   a =
   包含以下值的 function_handle:
   @ones
>> class(a)
   ans =
   'function_handle'
```

函数句柄可以作为变量传递给其他函数。例如，为了计算在[0, 1]定义的范围上的 $f(x) = x^2$ 的积分，如上面在 getSq()中实现的。

```
>> f = @getSq;
>>q=integral(f, 0, 1)
   q =
     0.3333
```

7.2.2 函数句柄数组

还可以通过将函数句柄收集到元胞或结构数组（本书第 8 章详述）中来创建函数句柄数组。例如：

```
>> fset = {@sin, @cos, @tan, @cot};
>> fset{1}(pi)
   ans =
   1.2246e-16
>> fset{2}(pi)
   ans =
       -1
>> fset{3}(pi)
```

```
  ans =
   -1.2246e-16
>> fset{4}(pi)
  ans =
   -8.1656e+15
```

要在 MATLAB 命令行中获取函数句柄的一般信息，可以使用如下语句。

```
>> functions(fset{4})
  ans =
```

包含以下字段的 struct:

```
function: 'cot'
   type: 'simple'
   file: ' '
```

要在数组中存储函数句柄，可以使用元胞数组。

```
>> trigFun={@sin, @cos, @tan}
>> plot(trigFun{2}(-pi : 0.01 : pi))
```

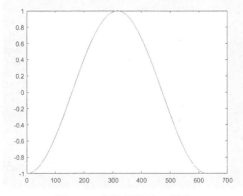

图 7-1　余弦函数的一部分

7.2.3　使用函数句柄调用函数

要执行与函数句柄关联的函数，可以将函数句柄 fhandle 视为函数名：fhandle (arg1, arg2, …, argn)。如果被调用的函数不带输入参数，则在函数句柄名称后面使用空括号：fhandle()。

下面的示例调用函数 plotFHandle，向其传递 MATLAB 的 sin 函数的句柄。然后，plotFHandle 调用 plot 函数，将一些数据和函数句柄传递给 sin。plot 函数调用与句柄关联的函数来计算其 y 轴的值：

```
function x = plotFHandle(fhandle,data)
plot(data,fhandle(data));
end
```

使用 sin 函数的句柄和如下所示的值调用 plotFhandle。

>> plotFHandle(@sin, -pi : 0.01 : pi);

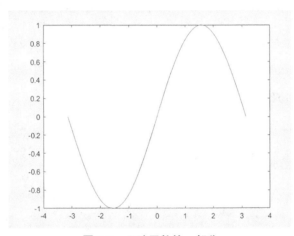

图 7-2　正弦函数的一部分

　　函数句柄是存储函数关联的数据类型，在函数传递和调用中起着重要作用。例如，可以使用函数句柄构造匿名函数或定义回调函数。此外，也可以使用函数句柄将函数传递给另一个函数（通常称为函数的函数），或者从主函数外部调用子函数（请参见下文）。例如，将函数传递给积分或求最优值的函数，如 int 和 fzero。

　　可以使用 isa(h, 'function_handle')查看变量（例如 h）是否是函数句柄。有几个 MATLAB 函数专门用于处理函数句柄，包括：

- functions 返回描述函数句柄的信息；
- func2str 从函数句柄构造函数名字符串；
- str2func 从函数名称字符串构造函数句柄；
- save 将函数句柄从当前工作空间保存到.mat 文件中；
- load 从 m 确定变量是否包含函数句柄；
- at 文件加载函数句柄到当前工作空间；
- isequal 确定两个函数句柄是否是同一个函数的句柄。

可以使用帮助系统来了解更多关于这些函数的信息，并在程序中使用它们。

7.3 匿名函数

编写在函数文件中的用户定义函数可用于简单的数学函数，需要大量编程的大型复杂数学函数，以及大型计算机程序中的子程序。在程序中必须多次确定相对简单的数学表达式的值时，MATLAB 提供了使用匿名函数的选择。匿名函数是用户定义的函数，在计算机代码中定义和写入（而不是在单独的函数文件中），然后在代码中使用。可以在MATLAB 的任何部分（在命令窗口、脚本文件和常规用户定义函数中）定义匿名函数。

MATLAB -7 版本中引入了匿名函数。匿名函数取代了以前版本的 MATLAB 中用于执行相同任务的内联函数。然而，匿名函数与内联函数相比有几个优势，预计内联函数将逐渐被淘汰。内联函数也将在后面详细介绍。

7.3.1 匿名函数

匿名函数是一个简单（一行）的用户定义函数，在不创建单独的函数文件（m 文件）的情况下定义。匿名函数可以在命令窗口、脚本文件或常规用户定义函数中构造。通过键入以下命令创建匿名函数。

图 7-3　匿名函数的使用示意

函数句柄提供了使用该函数并将其传递给其他函数的方法。一个简单的例子是：cube=@(x)x^3，它计算输入参数的三次方。

● 该命令创建匿名函数，并将该函数的句柄分配给=符号左侧的变量名。

● expr 为 MATLAB 能够识别的数学表达式，可以有一个或多个自变量。自变量输入到参数列表中，多个独立自变量用逗号分隔。具有两个独立变量的匿名函数的一个示例是：circle=@(x, y)16*x^2+9*y^2。数学表达式可以包括任何内置或用户定义的函数，必须根据参数的维度（逐元素或线性代数计算）编写表达式，也可以使用在定义匿名函数时已定义的变量。例如，如果定义了三个变量 a、b 和 c，则可以在匿名函数 parabola=@(x)a*x^2+b*x+c 的表达式中使用它们。

定义匿名函数时，MATLAB捕获预定义变量的值。这意味着，如果随后将新值分配给预定义变量，则匿名函数不会更改。必须重新定义匿名函数，以便在表达式中使用预定义变量的新值。

匿名函数是 MATLAB 语言中一个强大的工具，是局部存在的函数，即储存在当前工作空间中。然而，尽管可以在工作空间中有一个像变量一样的名称，但不像常规函数那样存在于 MATLAB 工作路径中。这就是为什么被称为匿名函数的原因。

7.3.2 @算子

使用@运算符创建匿名函数和函数句柄。例如，可以创建 sin 函数的句柄并用 f 表示。

```
>> f=@sin
f =
  包含以下值的 function_handle:
   @sin
```

函数句柄是使用函数的一种方式。f 是 sin 函数的句柄，参数被传递给 f，就像它是 sin 函数一样：

```
>> f(pi/2)
ans =
      1
```

如果 sin 是一个接受零输入参数的函数，那么将使用 f()来调用它。

7.3.3 使用匿名函数

定义匿名函数后，可以通过在括号中键入其名称和参数值（见以下示例）来使用匿名函数，也可以用作其他函数中作为参数。

以下是具有一个独立变量的匿名函数示例。该函数可以（在命令窗口中）定义为 x 的匿名函数，作为标量。

```
>> FA=@ (x) exp(x^2) / sqrt(x^2+5)
FA =
包含以下值的 function_handle:
  @(x)exp(x^2)/sqrt(x^2+5)
```

如果分号没有在末尾键入，MATLAB 会在命令窗口显示函数。该函数可以用于 x 的不同值，如下所示。

```
>> FA(2)
ans =
  18.1994
>> z=FA(3)
z =
  2.1656e+03
```

如果期望 x 是一个数组，函数为每个元素计算，则必须修改函数以进行逐个元素的计算。

```
>> FA = @ (x) exp(x.^2)./sqrt(x.^2+5)

FA =

  包含以下值的 function_handle:

    @(x)exp(x.^2)./sqrt(x.^2+5)

>> FA([1 0.5 2])          使用一个向量作为输入参数

ans =

    1.1097    0.5604    18.1994
```

再看带有几个自变量的匿名函数的例子。函数 $f(x,y) = 2x^2 - 4xy + y^2$ 可以通过以下方式定义为匿名函数。

```
>> HA = @ (x,y) 2*x^2 - 4*x*y +y^2
HA =
包含以下值的 function_handle:
  @(x,y)2*x^2-4*x*y+y^2
```

然后，匿名函数可以用于 x 和 y 的不同值。例如，键入 HA(2, 3)

```
>> HA(2, 3)
ans =
  -7
```

7.3.4　自定义匿名函数

（1）一个变量的匿名函数

为现有函数创建句柄显然不是很有用，比如上面例子中的sin。在这个例子中有点多余。但是，创建匿名函数是有用的，这些匿名函数执行自定义运算，否则需要重复多次，或者为其创建单独的函数。假定有一个自定义匿名函数，它接受一个变量作为输入，求信号的正弦和余弦和的平方。

```
>> f = @(x) sin(x) + cos(x).^2
f =
包含以下值的 function_handle:
    @(x)sin(x)+cos(x).^2
```

现在 f 接受一个名为 x 的输入参数。它是直接在@运算符之后使用圆括号(...)设定的。f 现在是 x 的匿名函数：f(x)。它通过将 x 的值传递给 f 来使用。

```
>> f(pi)
ans =
  1.0000
```

值向量或变量也可以传递给 f，只要它们在 f 中以有效的方式使用：

```
>> f(1 : 3) %传递一个向量给 f
ans =
  1.1334   1.0825   1.1212
>> n = 5 : 7;
>> f(n) %把 n 传递给 f
ans =
  -0.8785   0.6425   1.2254
```

（2）包含多个变量的匿名函数

以同样的方式，可以创建匿名函数来接受多个变量，接受三个变量的匿名函数示例。

```
>> f = @(x, y, z) x.^2+y.^2-z.^2
f =
 包含以下值的 function_handle:
  @(x, y, z)x.^2+y.^2-z.^2
>> f(2, 3, 4)
ans =
  -3
```

（3）参数化匿名函数

工作空间中的变量可以在匿名函数的定义中使用。这叫作参数化。例如，在匿名函数中使用常量 c = 2。

```
>> c = 2;
>> f = @(x) c*x
f =
 包含以下值的 function_handle:
  @(x)c*x
>> f(3)
ans =
  6
```

f(3)使用变量 c 作为参数，与提供的 x 相乘。注意，如果此时 c 的值被设置为不同的值，那么调用 f(3)，结果是相同的。c 的值是匿名函数创建时的值。

```
>> c = 2;
>> f = @(x) c*x;
>> f(3)
ans =
    6
>> c = 3;
>> f(3)
ans =
    6
```

（4）匿名函数的输入参数不引用工作空间变量

在工作空间中使用变量名作为匿名函数的输入参数之一［例如，使用@(...)］不会使用这些变量的值。相反，它们被视为匿名函数范围内的不同变量，也就是说：匿名函数有其私有工作空间，其中输入变量从不引用主工作空间中的变量。主工作空间和匿名函数的工作空间不知道彼此的内容。一个例子来说明这一点。

```
>> x = 3 % x 在主工作空间
x =
    3
>> f = @(x) x +1 %这里 x 指的是一个私有 x 变量
  f =
  包含以下值的 function_handle:
  @(x)x+1
>> f(5)
  ans =
    6
>> x
  x =
    3
```

对于不接受任何输入参数的函数，可以使用空参数列表构造匿名函数，如下所示。

```
>> t = @() datestr(now)
```

在调用这样的函数时，还应该使用空括号。

```
>> t()
```

```
ans =
    '23-Oct-2022 20:17:49'
```

基本工作空间中的 x 值没有在 f 中使用。此外，在基本工作空间中 x 也没有被修改。在 f 的作用域内，@操作符后圆括号内的变量名独立于基本工作空间变量。

一个匿名函数和当前工作空间中的任何其他值一样。可以存储在一个变量中，或者一个元胞数组中（{@(x)x.^2, @(x)x+1}）。这意味着可以像对待其他值一样对待匿名函数。如果存储在一个变量中时，它在当前工作空间中有一个名称，并且可以像保存数字变量一样更改和清除它。换句话说，函数句柄（无论是@sin 形式还是匿名函数）只是一个可以存储在变量中的值，就像数值矩阵一样。

（5）匿名函数数组

正如在上面为 MATLAB 函数句柄所做的那样，也可以在单元格数组或结构数组中存储多个匿名函数。最常见的方法是使用元胞数组，如下所示。

```
>> f = {@(x)x^2; @(y)y+10; @(x,y)x.^2+y+10};
```

当创建元胞数组时，要注意 MATLAB 将空格解释为元胞数组的列分隔符。要么省略表达式中的空格，如前面的代码所示，要么将表达式括在圆括号中，例如

```
>> f = {@(x)(x^2); @(y)(y+10); @(x,y)(x.^2+y+10)};
```

使用花括号访问元胞的内容。例如，f{1}返回第一个函数句柄。要执行该函数，将输入值放在括号中，并置于花括号后面。

```
>> x = 1;  y = 10;
>> f{1}(x)
ans =
    1
>> f{2}(y)
ans =
    20
>> f{3}(x, y)
ans =
    21
```

7.4 内联函数

与匿名函数类似，内联函数是一个简单的用户定义函数，在不创建单独的函数文件的情况下定义。如 7.3 部分所述，匿名函数取代了 MATLAB 早期版本中使用的内联函

数。内联函数是根据以下格式使用 inline 命令创建的。

```
>> name = inline('数学表达式被表达为字符串')
name =
     内联函数:
     name('数学表达式被表达为字符串') = 数学表达式被表达为字符串
>> cube = inline('x^3')
cube =
     内联函数:
     cube(x) = x^3
```

一个简单的例子是 cube=inline('x^3')，它计算输入参数的三次方数学表达式，可以有一个或多个自变量，表达式中的自变量可以使用除 i 和 j 以外的任何字母，数学表达式可以包括任何内置或用户定义的函数表达式，但是必须根据参数的维度（逐元素或线性代数计算）编写。表达式不能包含预先分配的变量定义函数后，可以通过在括号中键入其名称和参数值（见下面的示例）来使用该函数，内联函数也可以用作其他函数中的参数。例如，可以通过以下方式定义为 x 的内联函数。

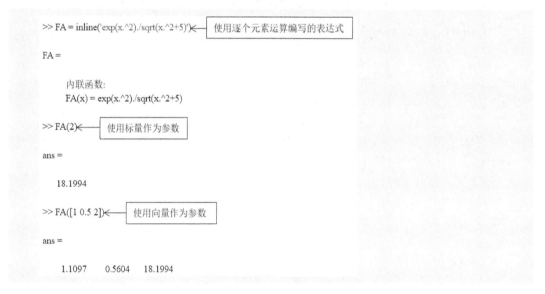

具有两个或多个独立变量的内联函数可以使用以下格式编写。

```
>> name = inline('数学表达式','参数 1','参数 2','参数 3')
name =
     内联函数:
     name(参数 1,参数 2,参数 3) = 数学表达式
```

在此处显示的格式中，定义了调用函数时使用的参数顺序。如果命令中未列出自变

量，MATLAB 将按字母顺序排列参数。例如，可以通过以下方式将函数定义为内联函数：

```
>> HA = inline('2*x^2-4*x*y+y^2')
   HA =
     内联函数:
     HA(x, y) = 2*x^2-4*x*y+y^2
```

一旦定义了，函数就可以与 x 和 y 的任意值一起使用。例如，HA(2,3)给出

```
>> HA(2, 3)
   ans =
    -7
```

有三个与内联函数相关的命令用于检查内联函数对象并确定它是如何创建的。

char(fun)	将内联函数转换为字符数组(这与 formula (fun)相同)
argnames(fun)	以字符串元胞数组的形式返回内联对象 fun 的输入参数的名称
formula(fun)	返回内联对象 fun 的公式

第四个相关命令 vectorize(fun)，在函数公式中添加^、*或/之前插入一个"."。如果应用于前一个函数 myfun，这四个命令分别返回。

- 3*sin(2*t^2)
- 't'
- 3*sin(2*t^2)
- 3*sin(2.*t.^2)

注意，为了更安全，向量化函数插入了一个"."运算符。函数的向量化可以让你使用矩阵输入，例如：

```
>> myfun([2 : 5])
```

得到:

```
ans =
     2.9681  −2.2530  1.6543  −0.7871
```

考虑另一个例子。下面的内联调用隐式地定义了依赖于三个变量 C、alpha 和 x 的函数 f。

```
>> f = inline('alpha*cos(C*x)')
   f =
     内联函数:
```

f(C,alpha,x) = alpha*cos(C*x)

命令如下

```
inline(expr,arg1,arg2,...)
```

允许你构造一个内联函数，其输入参数显式地由字符串 arg1，arg2，…设定。对于前面的例子，内联函数也可以如下设定。

```
>> f = inline('alpha*cos(C*x)', 'x', 'alpha', 'C')
  f =
  内联函数:
  f(x, alpha, C) = alpha*cos(C*x)
```

请注意，进入 expr 的所有变量都应该声明为参数，这意味着不能声明类似的内容。

```
>> f = inline('alpha*cos(C*x)', 'x')
```

这个函数将无法使用，因为无法指定 C 和 alpha。

7.5　函数的函数

在许多情况下，一个函数（函数 A）作用于（使用）另一个函数（函数 B）。这意味着当执行函数 A 时，必须将函数 B 作为参数输入。接受另一个函数作为参数的函数在 MATLAB 中称为函数的函数。例如，MATLAB 有一个名为 fzero（函数 A）的内置函数，用于求解某个数学函数（函数 B）的零点位置，即 x 的值。函数 fzero 中的程序被编写为可以求解任何函数的零点。当调用 fzero 时，要求解的特定函数被传递到 fzero，以便于求解零点位置。

接受另一个函数（导入函数）的函数在其输入参数中包含一个表示导入函数的名称。导入的函数名用于函数的函数的程序（代码）中的操作。使用（调用）函数 function 时，导入的特定函数将在其输入参数中列出。通过这种方式，可以将不同的函数导入（传递）到函数中。在函数的参数列表中列出被输入函数的名称有两种方法。一种是使用函数句柄（见第 7.5.1 部分），另一种是输入作为字符串表达式传入的函数名称（见第 7.5.2 部分）。使用的哪种方法会影响函数的函数程序编写的方式。使用函数句柄更简单、更有效，应该是首选方法。

7.5.1　使用函数句柄将函数传递到函数的函数中

函数句柄用于将用户定义函数、内置函数和匿名函数传递（导入）到可以接受它们的函数的函数中。本节将说明如何编写接受函数句柄的用户定义函数的函数，最后说明如何使用函数句柄将函数传递到函数的函数中。

（1）编写接受函数句柄作为输入参数的函数的函数

如前所述，函数的函数（接受另一个函数）的输入参数包括一个表示导入函数的名称（伪函数名）。实际导入的函数的形式必须与程序中使用虚拟函数的方式一致。这意味着两者必须具有相同数量和类型的输入和输出参数。

下面是一个名为 funplot 的用户定义函数的函数的示例，该函数在 a 和 b 之间绘制函数（导入其中的任意函数）的图。输入参数为（Fun, a, b），其中 Fun 是表示导入函数的虚拟名称，a 和 b 是定义域的端点。函数 funplot 也有一个数值输出 xyout，它是一个矩阵，在三个点上的值为 x 的端点和中点值。

```
function xyout = funplot(Fun,a,b)    传入的函数的名称
% funplot绘制Fun函数的图形，
% 当funplot在域[a,b]中被调用时传入Fun函数。
% 输入参数为:
% Fun: 要绘制的函数的函数句柄
% a: 定义域的第一个点
% b: 定义域的最后一个点
% 输出参数为:
% xyout: x和y在x=a, x=(a+b)/2, x=b处的值列在3×2矩阵中
x = linspace(a,b,100);
y = Fun(x);    使用导入的函数计算100点处的f(x)
xyout(1,1)=a;xyout(2,1)=(a+b)/2; xyout(3,1)=b;
xyout(1,2)=y(1);
xyout(2,2)=Fun((a+b)/2)    使用导入的函数计算中点处的f(x)
xyout(3,2)=y(100);
plot(x,y)
xlabel('x'), ylabel('y')
```

首先，为 funplot 函数编写一个用户定义的函数。该函数名为 Fdemo，计算给定的 x 值，并使用逐元素运算方式编写。

```
function y = Fdemo(x)
y=exp(-0.17*x).*x.^3-2*x.^2+0.8*x-3;
end
```

接下来，函数 Fdemo 被传递到用户定义的函数 funplot 中，在命令窗口中调用。为用户定义函数 funplot 中的输入参数 Fun 输入了用户定义函数 Fdemo 的句柄（句柄为 @Fdemo）。

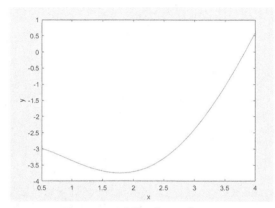

除了显示数值输出外，当执行命令时，如图 7-4 所示的曲线图也显示在图形窗口中。

图 7-4　函数 $f(x) = e^{-0.17x}x^3 - 2x^2 + 0.8x - 3$ 的图

（2）将匿名函数传递到函数的函数中

要使用匿名函数，首先必须将该函数编写为匿名函数，然后将其传递到用户定义的函数 funplot 中。下面显示了如何在命令窗口中完成这两个步骤。请注意，在用户定义函数 funplot 中，输入参数 Fun 的匿名函数 fdemanony 的名称没有@符号（因为该名称已经是匿名函数的句柄）。

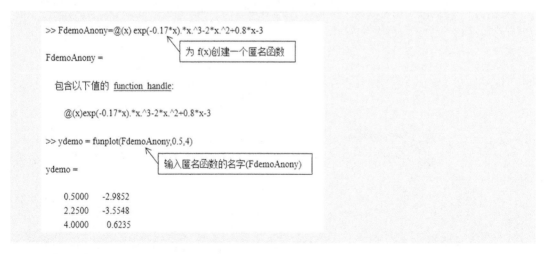

除了在命令窗口中显示数值输出外，图窗口中还显示了如图 7-4 所示的曲线图。

7.5.2　使用函数名将函数传递到函数的函数中

将函数传递到函数的函数中的第二种方法是在函数的函数的输入参数中键入作为字符串导入的函数的名称。在引入函数句柄之前使用的方法可以用于导入用户定义的函数。如上所述，函数句柄更易于使用，效率更高，应该是首选方法。为了帮助需要理解 MATLAB-7 版本之前编写的程序的读者，本书的当前版本介绍通过使用其名称导入用户定义函数。

当使用名称导入用户定义函数时，必须使用 feval 命令计算函数的函数中导入函数的值。这与使用函数句柄的情况不同，这意味着函数的函数中的代码编写方式不同，这取决于导入函数的传入方式。

（1）feval 命令

feval 命令为函数的参数的给定值计算函数的值。命令的格式为

```
>> variable = feval('function name', argument value)
```

函数名以字符串形式键入该函数可以是内置或用户定义的函数。如果有多个输入参数，这些参数用逗号分隔；如果有多个输出参数，赋值运算符左侧的变量将在括号内键入，并用逗号分隔。

下面是使用带有内置函数的 feval 命令的两个示例。

```
>> feval('sqrt', 64)
ans =
   8
>> x=feval('sin', pi/6)
ans =
   0.5000
```

下面显示了 feval 命令与本章前面创建的用户定义函数 myRand 的使用。此函数有两个输入参数和两个输出参数。

```
>> [M,T] = feval( 'myRand' , 4, 5)
 M =
  4.8147    4.9134    4.2785    4.9649
  4.9058    4.6324    4.5469    4.1576
  4.1270    4.0975    4.9575    4.9706
 T =
 55.3668
```

（2）编写函数通过键入函数名作为输入参数来接受函数的函数

如前所述，当通过使用其名称导入用户定义函数时，必须使用 feval 命令计算函数中的函数值。这在以下用户定义的函数中进行了演示，该函数称为 funplotS。该函数与函

数 funplot 相同，只是命令 feval 用于使用导入函数进行计算。

（3）通过使用字符串表达式将用户定义的函数传递到另一个函数中

下面演示如何通过在输入参数中以字符串形式键入函数的名称，将用户定义函数传递到函数的函数中。名为 Fdemo 的用户定义函数创建后，传递到用户定义函数 funplotS 中，输入参数 Fun 的字符串中键入了名称 Fdemo。

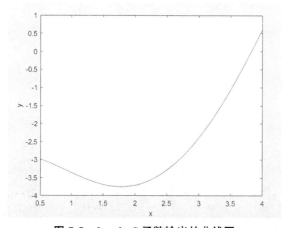

除了在命令窗口中显示数值输出外，图窗口中还显示了如图 7-5 所示的曲线图。

图 7-5　funplotS 函数输出的曲线图

7.6 子函数

如果函数相当复杂和冗长，可以将其分解为更小的部分。如果除了在这个复杂函数的上下文中，这些部分本身没有什么用处，那么应该将它们创建为"子函数"。一个 m 文件可以包含多个函数。第一个叫做主函数，其他的每一个称为子函数。一个文件可以包含无限个子函数。保存的函数文件的名称应与主函数的名称相对应。文件中的每个函数都可以调用文件中的任何其他函数。外部函数或程序（脚本文件）只能调用主函数。文件中的每个函数都有自己的工作空间，这意味着每个函数中的变量都是局部的。每个子函数都以自己的函数定义行开始。这些函数立即相互跟进。各种子函数可以以任何顺序出现，只要主函数先出现。这里举一个说明性的例子。

```
function [avg, med] = newstats(u)   % 主函数
% NEWSTATS使用内部函数查找平均值和中位数
n = length(u);
avg = mean(u, n);
med = median(u, n);
function a = mean(v, n)   %子函数
%计算平均值
a = sum(v)/n;
function m = median(v, n)   %子函数
%计算中位数
w = sort(v);
if rem(n, 2) == 1
    m = w((n +1) / 2);
else
    m = (w(n/2) + w(n/2+1)) / 2;
end
```

子函数 mean 和 median 计算输入列表的平均值和中位数。主函数 newstats 确定列表的长度，并调用子函数，将列表长度 n 传递给它们。子函数不能访问其他子函数使用的变量，即使在同一个 m 文件中，也不能访问 m 文件中主函数使用的变量，除非在相关函数中声明它们为全局变量，或将它们作为参数传递。

7.7 嵌套函数

嵌套函数是在另一个用户定义函数中编写的用户定义函数。与嵌套函数相对应的代码部分以函数定义行开始，以 end 语句结束。还必须在包含嵌套函数的函数末尾输入 end 语句。通常，用户定义函数不需要终止 end 语句。但是，如果函数包含一个或多个嵌套函数，则需要 end 语句。嵌套函数也可以包含嵌套函数。嵌套函数完全包含在主函数

中。程序文件中的任何函数都可以包含嵌套函数。

例如，考虑在其主函数 parent()中的以下简单函数 nestedfunc()：

```
function parent
disp('这是父函数')
nestedfunc
    function nestedfunc
        disp('也是嵌套函数')
    end
end
```

>> parent，这是父函数，也是嵌套函数。

7.7.1　调用嵌套函数

嵌套函数是完全在另一个称为宿主函数的函数体中定义的函数。它们仅对嵌入它们的宿主函数可见，对嵌入同一宿主函数中同一级别的其他嵌套函数可见。

嵌套函数可以访问与其一起定义的任何变量，以及宿主函数中定义的所有变量（见图 7-6）。换句话说，宿主函数中声明的变量的范围包括宿主函数及其内的任何嵌套函数。唯一例外发生在嵌套函数中的变量与宿主函数中的变量同名时。在这种情况下，宿主函数中的变量是不可访问的。如果文件包含一个或多个嵌套函数，则文件中的每个函数都必须以结束语句终止。这是函数末尾唯一需要 end 语句的时候——在其他所有时候，它都是可选的。

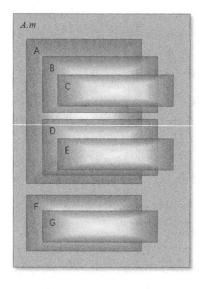

函数 A 可以调用子函数 F、嵌套函数 B 和 D，但不能调用下一级嵌套函数 C 和 E 以及嵌套函数 G。

函数 B 可以调用主函数 A、同级嵌套函数 D、嵌套函数 C 和子函数 F。

函数 C 可以调用主函数 B、下一级主函数 A 和子函数 F。

在主函数 A 中定义的变量在嵌套函数 B、C、D、E 和 F 中是可见的。

图 7-6　嵌套函数可获得性

考虑图 7-6 中的图形解释(它也包含子函数 F)。在这个示例中，函数 A 可以调用子函数 F，嵌套函数 B 和 D，但不能调用下一级嵌套函数 C 和 E，以及嵌套函数 G。函数 B 可以调用主函数 A、同级嵌套函数 D、嵌套函数 C 和子函数 F。函数 C 可以调用宿主函数 B、下一级宿主函数 A 和子函数 F。在宿主函数 A 中定义的变量在嵌套函数 B、C、D、E 和 F 中是可见的。

7.7.2 嵌套函数中的变量作用域

变量的作用域是指可以直接访问变量以设置、修改或获取其值的函数的范围。与其他函数一样，嵌套函数有自己的工作空间。但是也可以访问所嵌套的所有函数的工作空间。例如，宿主函数赋值的变量可以被嵌套在宿主函数内任意级别的函数读取或覆盖。类似地，在嵌套函数中赋值的变量也可以被包含该函数的任何函数读取或覆盖。

嵌套函数和其他类型函数之间的主要区别在于，它们可以访问和修改父函数中定义的变量。因此，嵌套函数可以使用未显式传递为输入参数的变量。在父函数中，可以创建包含运行嵌套函数所需数据的嵌套函数的句柄。

通常，一个函数工作空间中的变量对其他函数不可用。但是，嵌套函数可以访问和修改包含它们的函数的工作空间中的变量。这意味着嵌套函数和包含它的宿主函数都可以修改相同的变量，而无须将该变量作为参数传递。例如，在这些函数 main1()和 main2()中，宿主函数和嵌套函数都可以访问变量 x。

```
function main1
    x = 5;
    nestfun1
    function nestfun1
        x = x + 1;
    end
disp(['x = ',num2str(x)])
end

function main2
    nestfun2
    function nestfun2
        x = 5;
    end
x = x + 1;
disp(['x = ',num2str(x)])
end

>> main1
   x = 6
>> main1()
   x = 6
>> main2()
   x = 6
```

当宿主函数不使用给定变量时，该变量保持嵌套函数的局部性。这是相当微妙和复杂的。例如，在这个名为 main 的函数中，两个嵌套函数都有自己的 externFunc 版本，不能相互交互，调用 main 会在 nestedfun2 中出现语法错误，因为 myvar 未定义。

```
function main
nestedfun1
nestedfun2
   function nestedfun1
      myvar = 10;
      xyz = 5;
   end
   function nestedfun2
      myvar = myvar + 2;
   end
end
>> main
 未定义函数或变量'myvar'。
出错 main/nestedfun2 (line 9)
         myvar = myvar + 2;
出错 main (line 3)
   nestedfun2
```

然而，只要变量 myvar 在程序某一处出现，如下面所示，也可以在宿主函数和嵌套函数的范围内访问它。

```
function main
nestedfun1
nestedfun2
   function nestedfun1
      myvar = 10;
   end
   function nestedfun2
      myvar = myvar + 2;
   end
disp(['myvar = ',num2str( myvar)]);
disp(['class(myvar) = ',class( myvar)]);
end
>> main
```

```
myvar = 12
class(myvar) = double
```

7.8 递归函数

在编程中，递归函数是调用自身的函数。在编程中经常需要递归，尽管可能有更好、更有效的方法来实现许多简单解释性递归示例。

7.8.1 递归的原理

迭代方法是递归编程的一个突出的、有时更有效的替代方法。在编程中，递归函数是一个调用自己的函数。说明递归最常用的函数是阶乘。阶乘被定义如下：fact(n) = n! = 1×2×3 × ⋯ ×（n–2)×(n–1)×n。下面是定义阶乘函数的递归方法。

$$fact(n) = \begin{cases} 1, & if\ n = 1 \\ n \times fact(n-1), & if\ n > 1 \end{cases}$$

$$n! = 1 \times 2 \times 3 \times \cdots \times n$$

例如，4! = 1 × 2 × 3 × 4，或者等于 24。

另一个递归的定义是

$$\begin{cases} n! = n \times (n-1), & 一般情况 \\ 1! = 1, & 基本情况 \end{cases}$$

这个定义是递归的，因为一个阶乘是用另一个阶乘定义的。任何递归定义都有两个部分：一般情况和基本情况。一般情况，n 的阶乘定义为 n 乘以(n×1)的阶乘，但基本情况是 1 的阶乘就是 1。这可以用作停止递归的基本条件。

比如

```
3! = 3 × 2!
      2! = 2 × 1!
            1! = 1
      =2
=6
```

这个原理是 3!定义为另一个阶乘，即 3×2!这个表达式还不能求值，因为，必须先找出 2!的值。根据定义，2!是 2×1!。同样，表达式 2×1!还不能求值，因为，要先找到 1!的值。根据定义，1!是 1。正如现在所知道的 1!等于 1。现在知道 2×1!是 2×1 仍然是 2。因此，现在可以完成前面计算的表达式。现在知道 3×2!是 3×2，或者说等于 6。

对于递归，表达式在递归定义的一般情况下被暂停。这种情况会一直发生，直到应用递归定义的基本情况。这最终会停止递归，然后按相反的顺序计算被暂停的表达式。在本例中，先求 2×1!完成了，然后 3×2!。递归必须总是有一个基本条件来结束，并且必须在某个点到达基本条件。否则，就会出现无限递归。

7.8.2 递归函数编程

尽管 MATLAB 中存在用于计算阶乘的内置函数 factorial，为了展示递归编程的原理，现在写一个递归函数 fact。函数将接收一个整数 n，为了简单起见，假设 n 为正整数，并根据前面给出的递归定义计算n!。相应的 MATLAB 代码也非常简单。

```
function f = fact(n)
if ( ~isscalar(n) || n < 1 || n ~= fix(n) )
    error('n 必须是正整数！');
end
if n == 1
    f = 1;
else
    f = n * fact(n-1);
end
```

这可以确保越来越接近基本情况，并最终停止递归。只需将 fact 递归调用的返回值乘以 n，即可得到正确的结果。第一个 if 语句确保 n 是一个正整数。第二个 if 语句检查基本情况（当 n 等于 1 时），如果为真，则返回 1。否则，将再次调用该函数，但使用 (n-1) 作为输入参数。

该函数使用 if-else 语句在基本情况和一般情况之间进行选择。如果传递给函数的值是 1，则该函数返回 1 为 1!等于 1。否则，一般情况适用。根据定义，n 的阶乘，也就是这个函数正在计算的，被定义为 n 乘以(n-1)的阶乘。因此，函数将 n * fact(n-1)赋值给输出参数。这是怎么回事？与之前为 3!所绘制的示例完全相同。现在跟踪一下，如果将整数 3 传递给函数会发生什么：

```
fact(3) 尝试赋值 3 * fact(2)
                fact(2) 尝试赋值 2 * fact(1)
                                fact(1) 赋值 1
                fact(2) 赋值 2
fact(3)赋值 6
```

当函数第一次被调用时，3 不等于 1，因此下列语句被执行。

```
>> facn = n * fact(n-1);
```

这将尝试将 3 * fact(2)的值赋给 facn，但该表达式还不能计算，还不能赋值，首先应该找到 fact(2)的值。

这样对 fact 函数的递归调用中断了赋值语句。调用函数 fact(2)的结果是尝试赋值 2 * fact(1)，同样，这个表达式还不能求值。接下来，调用函数 fact(1)会导致一个赋值语句的完整执行，因为达到了基本条件，程序可以按相反的顺序求值被中断的赋值语句。调用此函数会产生与内置阶乘函数相同的结果，如下所示。

```
>> fact (5)
ans =
    120
>> factorial(5)
ans =
    120
```

另一个更好的递归函数例子不返回任何结果，只是打印字符串。下面的 prtwords 函数接收一个句子，并按相反的顺序打印句子中的单词。prtwords 函数的算法如下：

- 接收一个句子作为输入参数；
- 用 strtok 函数把句子分成第一个单词和句子的其余部分；
- 如果句子的其余部分不是空的(换句话说，如果还有更多内容)，递归调用 prtwords 函数并将句子的其余部分传递给它；
- 打印单词。

函数定义如下

```
function prtwords(sent)
% prtwords递归地打印一个句子中的单词，顺序相反。
% 格式：prtwords(sent)
[word, rest] = strtok(sent);
if ~isempty(rest)
    prtwords(rest);
end
disp(word)
end
```

下面是一个调用函数的例子，传递句子"what does this do"。

```
>> prtwords('what does this do')
do
this
does
what
```

当函数被调用时发生的情况概述如下

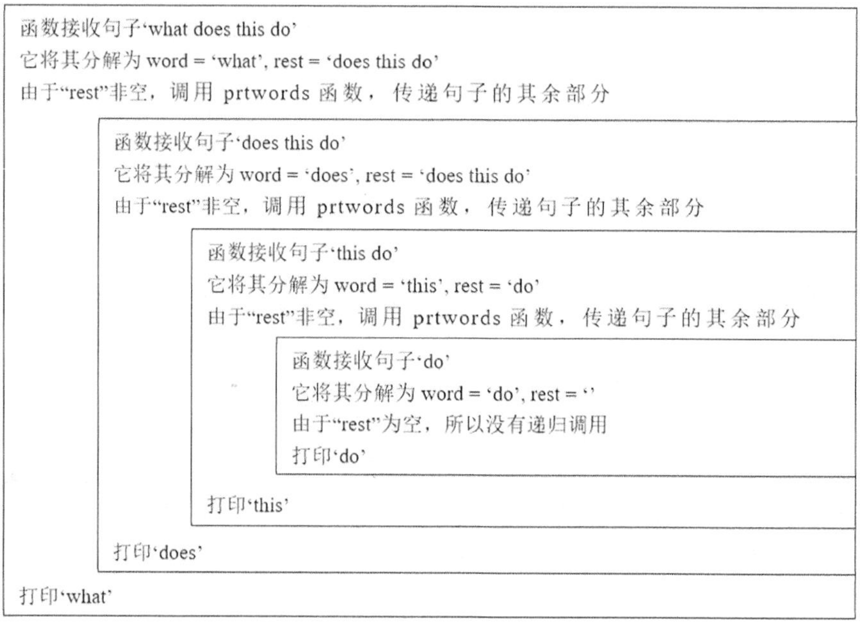

函数接收句子'what does this do'
它将其分解为 word = 'what', rest = 'does this do'
由于"rest"非空, 调用 prtwords 函数, 传递句子的其余部分

> 函数接收句子'does this do'
> 它将其分解为 word = 'does', rest = 'does this do'
> 由于"rest"非空, 调用 prtwords 函数, 传递句子的其余部分
>
> > 函数接收句子'this do'
> > 它将其分解为 word = 'this', rest = 'do'
> > 由于"rest"非空, 调用 prtwords 函数, 传递句子的其余部分
> >
> > > 函数接收句子'do'
> > > 它将其分解为 word = 'do', rest = ''
> > > 由于"rest"为空, 所以没有递归调用
> > > 打印'do'
> >
> > 打印'this'
>
> 打印'does'

打印'what'

图 7-7   调用 prtwords 函数时发生的概要

在这个例子中, 基本情况是句子的其余部分为空。换句话说, 原来的句子已经结束了。每次调用函数时, 函数的执行都会被递归调用中断, 并把 word 存储在函数工作空间中, 直到达到基本条件为止。当到达基本情况时, 就可以执行整个函数, 包括打印单词(在基本情况下, 打印单词"do")。函数的输入和输出参数及其所有其他变量都具有局部作用域, 也就是说, 它们只存在于函数内部, 不能从外部访问。这使得在多个函数的工作空间中使用相同的变量名而不会发生冲突成为可能。一旦函数执行完成, 程序返回到函数的前一次调用, 其中单词是"this", 并通过打印单词"this"来结束执行。这仍在继续, 函数以相反的顺序完成, 因此程序最终以相反的顺序打印句子中的单词。

7.9   私有函数

如果想要限制对某一函数的访问, 或者不希望透露使用它的情况, 可以将该函数设置为私有函数。通过将函数的 m 文件保存在特定的文件夹中, 函数就变成了私有函数。特定的文件夹必须是父文件夹的子文件夹, 该子文件夹具有特殊的名称 private。父文件夹可以包含 m 文件和其他子文件夹。私有函数只能从父文件夹中的函数 m 文件调用。不能从父文件夹内的 m 文件调用私有函数, 也不能从父文件夹外的 m 文件调用私有函数。任何函数都可以成为私有函数。

考虑 m 文件和文件夹的目录结构如下所示。

```
folder_1
    ...
    program_1.m
    function_1.m
    folder_2
        program_1.m
        function_2.m
        function_3.m
        private
            function_p.m
            exp.m
            function_1.m
folder_3
...
```

这里，folder_2 是 folder_1 的子文件夹，是子文件夹 private 的父文件夹，包含三个 private 函数。如果 folder_2 在 MATLAB 搜索路径中，函数 function_1 或 folder_1 中的程序 program_1 可以调用 function_2。但是，这个 function_1 不能调用 function_p。函数 function_2 和 function_3 可以调用一个私有函数。由于私有函数在父文件夹外部是不可见的，私有函数可以使用与 folder_2 外部函数相同的名称，例如私有子文件夹中的 function_1。私有函数 exp 与 MATLAB 内置函数具有相同的名称。MATLAB 在寻找非私有函数之前自动搜索私有文件夹。如果 function_2 调用函数 exp，那么 MATLAB 将使用子文件夹 private 中的 exp 函数，如果你想创建一些其他函数（如本例中的 exp）的自己版本，这是很有用的。类似地，如果 function_3 调用 function_1，那么 MATLAB 将使用私有子文件夹中的 function_1。

练习题

1. 编写一个函数，使用函数random0生成一个范围为[low，high)的随机数，其中low 和 high 作为调用参数传递。使 random0 成为由新函数调用的私有函数。

2. 编写一个程序，创建表示以下三个函数的匿名函数 $f(x) = 10\cos x, g(x) = 5\sin x$ 和 $h(a,b) = \sqrt{a^2 + b^2}$。在 $-10 \leqslant x \leqslant 10$ 范围内，绘制 $h(f(x), g(x))$ 的图形。

3. 使用函数 fplot 绘制函数 $f(x) = 1/\sqrt{x}$，范围 $0.1 \leqslant x \leqslant 10.0$。请务必正确标记所绘制的图。

4. 最小化一个可变函数 fminbnd 的函数可用于在用户定义的区间内找到函数的最小值。在 MATLAB 帮助中查找该函数的详细信息，并找到该函数的最小值 $y(x) = x^4 - 3x^2 + 2x$，在（0.5,1.5）的范围内，对 $y(x)$ 使用匿名函数。

5. 编写一个函数，试图找出任意函数 $f(x)$ 在一定范围内的最大值和最小值。被求值的函数的函数句柄应该作为调用参数传递给函数。该函数应该具有以下输入参数。

first_value——要搜索的 x 的第一个值。

last_value——要搜索的 x 的最后一个值。

num_steps——搜索中包含的步骤数。

func——要搜索的函数的名称。

该函数应该具有以下输出参数:

xmin——找到最小值的 x 的值。

min_value——找到 $f(x)$ 的最小值。

xmax——找到最大值的 x 的值。

max_value——找到的最大值 $f(x)$。

6. 写一个程序,找出函数 $f(x) = \cos^2 x - 0.25$ 在 0 到 2π 之间的零点,使用函数 fzero 来实际定位这个函数的零点。绘制该范围内的函数,并显示 fzero 报告正确的值。

7. 写一个取值函数的程序,对 $f(x) = \tan^2 x + x - 2$,在 -2π 到 2π 之间以 $\pi/10$ 为步长计算并绘制最终结果。为该函数创建一个函数句柄,并使用函数 feval 在指定点对函数求值。

8. 创建一个匿名函数来计算表达式 $y(x) = 2e^{-0.5x} \cos x - 0.2$,找到 fzero 在 0 到 7 之间的函数的根。

9. 斐波那契数列。 如果一个函数调用它自己,就说这个函数是递归的。MATLAB 函数被设计成允许递归操作。为了测试这个特性,编写一个 MATLAB 函数来导出斐波那契数列。第 n 个斐波那契数由以下等式定义:

$$F_n = \begin{cases} F_{n-1} + F_{n-2} & n > 1 \\ 1 & n = 1 \\ 0 & n = 0 \end{cases}$$

其中,n 是一个非负整数。该函数应该检查以确保只有一个参数 n,并且 n 是一个非负整数。如果不是,使用 error 函数生成一个错误。如果输入参数是一个非负整数,函数应该使用以上等式计算 F_n。通过计算 $n=1$、$n=5$ 和 $n=10$ 的斐波纳契数来检验所编写的函数。

10. 编写一个嵌套函数,计算以下形式的多项式 $y = ax^2 + bx + c$。宿主函数 gen_func 应该有三个调用参数 a、b 和 c 来初始化多项式的系数。它还应该为嵌套函数 eval_func 创建并返回一个函数句柄。嵌套函数 eval_func(x)应该使用存储在宿主函数中的 a、b 和 c 的值,为给定的 x 值计算 y 值。这实际上是一个函数生成器,因为 a、b 和 c 值的每个组合都会产生一个函数句柄,该句柄计算一个唯一的多项式。然后执行以下步骤:

(a)调用 gen_func(1,2,1)并得到的函数句柄保存在变量 h1 中。这个句柄现在计算函数 $y = x^2 + 2x + 1$。

(b)调用 gen_func(1,4,3)并将得到的函数句柄保存在变量 h2 中。这个句柄现在计算函数 $y = x^2 + 4x + 3$。

(c)编写一个接受函数句柄的函数,并在两个指定的界限之间绘制指定的函数。

(d)使用此函数绘制上述(a)和(b)部分生成的两个多项式。

8

数据结构

数据结构是存储多个值的变量。为了使在变量中存储的多个值有意义，这些值应该在某种程度上具有逻辑关联。有许多不同类型的数据结构。目前涉及最多的数据结构是数组（如向量和矩阵）。数组是一种数据结构，其中所有的值在逻辑上是相关的，都具有相同的类型，并且在某种意义上表示"相同的东西"。

MATLAB 元胞是一个可以保存任何类型数据的容器。元胞数组不同于"常规"数组，因为它们可以保存不同类型的数据（数组和向量保存相同数据类型的数据，通常是数值）。元胞数组可以被视为容器的集合：元胞数组的每个元素都是一个容器，用于保存数据，每个容器中的数据不必具有相同的数据类型或大小。

结构数组提供了一种比元胞数组更好的组织不同类型数据集合的方法。结构数组是将逻辑上相关的值组合在一起的数据结构，但可能不是相同的东西，也不一定是相同的类型。不同的值存储在结构数组的不同字段中。

本章还将介绍其他更高级的数据结构。其中包括分类数组和表。分类数组是一种数组类型，允许存储有限的、可数的不同可能数值。表是一种数据结构，它以表的格式存储信息，包括行和列，每个行都可以用助记标记。表的一个优点是，可以使用数字索引或使用行名和变量名提取信息。具体来说，本章学习目的如下：

（1）学会创建元胞数组和嵌套单元数组，从元胞数组获取数据；

（2）学会重塑元胞数组，用元胞数组替换变量列表，删除元胞；

（3）学会应用函数和操作符组织元胞数组中的数据，实现在元胞数组和数字数组之间的转换；

（4）理解普通数组和结构数组的区别；

（5）能够创建一个结构数组；

（6）能够访问和更改结构数组中的字段；

（7）学会使用 MATLAB 分类和表的数据类型存储数据。

8.1 同构数组与异构数组

在 MATLAB、C++、Java、Fortran 和大多数其他语言中，数组由一组元素组成，每个元素具有相同的基本数据类型。就其元素的类型而言，数组被称为同构数组。因此，不可能有第一个元素是 int16 类型而第二个元素是 char 类型的矩阵。这样的数组，如果它是合法的，就其元素的类型而言，将是异构的。MATLAB 会阻止建立任何异构数组的操作。以下是一个例子。

```
>> A=[int8(1), int16(2); int32(3), uint32(4)]
A =
2×2 int8 矩阵
1  2
3  4
>> class(A)
ans =
 'int8'
>> class(A(1, 1)), class(A(1, 2))
ans =
 'int8'
ans =
 'int8'
>> class(A(2, 1)), class(A(2, 2))
ans =
   'int8'
ans =
   'int8'
```

MATLAB 通过将列表中除第一个元素外的所有元素都转换为与第一个元素相同的类型，在本例中是 int8，从而施加了同质性限制。同质性限制实际上是非常合理的，因为数组有一个重要的特性，允许同时为数组中的所有元素执行某种运算，例如 x = int8(2)*A。这个运算对于上面的 A 是合法的，因为 A 的元素都是 int8 类型，但是如果 MATLAB 允许异构数组，它只对 A(1, 1)是合法的。

从效率的角度来看，同质性是非常重要的。如果数组元素的类型都相同，那么访问数组中的单个元素可以由 MATLAB 或任何其他语言在内部以一种特别有效的方式处理。然而，MATLAB 内部工作的效率超出了本书的范围，当数组范围内的运算不重要时，同质性的限制就变得多余。例如，如果希望将一个人的信息存储在数组中，可能希望将他的身份证号码和他的名字放在同一个数据结构中。在这种情况下，第一行为 int16 类型，第二行为 char 类型将会工作得很好——如果它不是非法的！对于不需要数组的运算而需要异构元素的应用程序，MATLAB 支持一种完美的数据类型。被称为结构体。与数组一样，结构数组由一组元素组成，但与数组不同的是，这些元素可以是不同的数据类型。还有一个重要的区别。每个元素都由用户定义的名称而不是数字索引进行访问。

8.2　元胞数组

MATLAB 有一种数据结构在许多编程语言中没有，就是元胞数组。MATLAB 中的元胞数组是一个数组，但是，与目前使用的向量和矩阵不同，元胞数组中的元素是可以存储不同数据类型的元胞。

8.2.1　创建元胞数组

在使用字符变量和文本字符串存储数据时会遇到一个问题，如果不使用 char 函数填充每个字符串以形成一个有效的矩阵，就无法在单个数组中存储多个不同长度的字符串。在这里，可以使用元胞数组来完成这种任务。并且，执行以下命令。

>> vehicle={'spacecraft'; 'aircraft'; 'ship'; 'submarine'}

创建一个包含四个不同长度文本字符串的有效数组。

vehicle =
 4×1 cell 数组
  {'spacecraft'}
  {'aircraft' }
  {'ship'   }
  {'submarine' }

正如所看到的，唯一的区别是元胞的值是使用大括号{}而不是圆括号赋值的。执行此命令后，工作空间将被替换为 4 × 1 元胞数组。每个元胞本身占用 60 字节，因此存储这个数组所需的总字节数是 302（60×4 字节用于存储一个元胞，另外每个 2 字节用于 31 个子符）。

有时候也会使用嵌套元胞数组，其中元胞包含于元胞数组中，元胞也可能包含元胞数组，等等。元胞数组也可以嵌套，即元胞数组中包含元胞数组。要创建嵌套元胞数组，请使用嵌套大括号{{}}。以下 MATLAB 程序和生成的元胞数组的显示说明了元胞数组可实现的数据组织灵活性。相同的数据存储在两个元胞数组中，但组织方式不同。

%创建杂货和数量的元胞数组
 groceryData1={'apple',4,'orange',3,'banana',2,'pear',8};
    groceryData2={{'apple',4},{'orange',3},{'banana',2},{'pear',8}};
>> disp(groceryData1)
'apple' [4] 'orange' [3] 'banana' [2] 'pear' [8]
>> disp(groceryData2)

{1×2 cell}   {1×2 cell}   {1×2 cell}   {1×2 cell}

如果预先知道数组的大小，那么预分配数组的效率要高得多。对于元胞数组，这是通过 cell 函数完成的。例如，将变量 mycellmat 预分配为 2 × 2 元胞数组，构建元胞数组的 cell 函数调用如下。

```
>>mycellmat=cell(2 ,2)
mycellmat =
  2×2 cell 数组
    {0×0 double}    {0×0 double}
    {0×0 double}    {0×0 double}
```

注意：这是一个函数调用，所以函数的参数在圆括号内；创建一个矩阵，其中所有元素都是空向量。然后，每个元素都可以替换为所需的值。

以上两个元胞数组也可以按照如下逐行输入的方式构建。在第二个元胞数组 groceryData2 中，每个容器（元胞）是两个条目的另一个元胞数组。要提取第二个元胞数组中的数据，首先必须提取 1 乘 2 容器，然后才能提取 1 乘 1 容器中的数据。以下的 MATLAB 程序显示了如何从用户读取的数据中创建与以上程序中创建的元胞数组相似的元胞数组。

```
%创建杂货和数量的元胞数组
numberItems=input('Enter number of items:');
%初始化元胞数组
groceryData1=cell(1,2*numberItems);
groceryData2=cell(1,numberItems);
%读入项目和数量并存储在元胞数组中
for k=1:numberItems
    item=input('Enter item:','s');
    message=sprintf('Enter quantity of %s:',item);
    quantity=input(message);

    groceryData1{2*k-1}=item;
    groceryData1{2*k}=quantity;

    container={item,quantity};
    groceryData2{k}=container;
end
Enter number of items:3
Enter item:apple
Enter quantity of apple:4
Enter item:tuna
Enter quantity of tuna:2
Enter item:pear
```

Enter quantity of pear:8

>> disp(groceryData1)

  'apple'   [4]   'tuna'   [2]   'pear'   [8]

>>disp(groceryData2)

   {1×2 cell}   {1×2 cell}   {1×2 cell}

8.2.2 元胞数组元素和属性的查看及显示

1. 从元胞数组访问/提取数据

为了从元胞数组中提取数据以便对其进行操作，元胞数组与矩阵数组类似地被索引（切片）。索引可以使用括号（）返回容器，也可以使用大括号｛｝返回容器的内容（容器保存的数据）。以下程序显示了提取容器和容器内容的索引示例。由于涉及元胞数组的大多数操作涉及处理元胞数组中的数据，而不是保存数据的容器，因此通常应使用大括号进行索引。

```
>>ca = {1, 'a',' abcde', [1 2 3]};
ca(1)
ans =
  1×1 cell 数组
    {[1]}
>>ca(2)
  1×1 cell 数组
    {'a'}
>>ca(3)
  1×1 cell 数组
    {'abcde'}
>>ca(4)
  1×1 cell 数组
    {1×3 double}
>>ca{1}
ans =
    1
>>ca{2}
ans =
    'a'
>>ca{3}
ans =
    'abcde'
```

```
>>ca{4}
ans =
    1    2    3
```

将元胞数组分配给变量时，无论是在创建还是访问变量时，分配左侧的变量数必须等于右侧的元胞数目。使用括号进行索引是常规索引，它返回单个条目（标量或数组），而使用大括号进行索引就像函数调用一样，可以返回多个结果（多个容器）。

以下命令的索引操作返回分配给变量 v1 的一个三元胞的数组（v1 变为三元胞数组）。

```
>>ca={1, 'a', 'abcde', [1 2 3]};
 v1=ca(1 : 1 : 3)
v1 =
 1×3 cell 数组
   {[1]}    {'a'}    {'abcde'}
```

索引操作返回一个大小为 1 乘 3 的单个元胞数组。将单个元胞数组分配给三个变量会导致语法错误。

```
>> [v1, v2, v3]=ca(1 : 1 : 3)
 等号右侧的输出数目不足，无法满足赋值要求。
```

以下索引操作返回三个结果（一个数字、一个字符和一个字符串），它们被分配给左侧三个变量列表中的相应变量。

```
>> [v1, v2, v3]=ca{1 : 1 : 3}
v1 =
    1
v2 =
    'a'
v3 =
    'abcde'
```

如前一个示例，索引操作返回三个结果，但赋值左侧只有一个变量。这不是语法错误，但只有第一个提取的元素保存在变量中，其他两个元素将被丢弃，因为没有变量可以存储它们。

```
>>v4=ca{1 : 1 : 3}
v4 =
    1
```

编制元胞数组索引的一般规则是：

● 编制索引以提取元胞数组的内容（使用大括号）时，赋值左侧的变量数量与提取的元素数量相同。

● 当索引提取元胞数组的容器时（使用括号），在赋值的左侧有一个变量，因为索引结果是单个元胞数组，而不是多个单独的容器。

2. 对元胞数组中的数据进行操作

由于元胞数组中的数据类型可能不同，因此大多数 MATLAB 操作无法在元胞数组中进行。要操作元胞数组中的数据必须提取出来再进行相关运算。运算后再根据需要将其移回元胞数组。但是索引、拆分和迭代等操作可以在元胞数组上完成。

可以处理元胞数组的单个元胞（称为元胞索引）或其内容（内容索引）。例如：

> > vehicle(3)

返回，

a = 'ship'

a 为具有一个1×1的元胞，并且，

> > b = vehicle{3}

得到：

b = ship

也就是说，得到第三个元素的内容，这意味着可以把它应用于各种适用于字符类型的运算。比如：

>>sort(b)

ans = hips

还可以混合使用两种类型的索引。例如：

>>vehicle{2}(4 : end)

这里使用大括号访问特定元胞的内容，使用圆括号访问某些元素，返回。

ans = craft

注意，在后一种情况下，只能处理单个元胞的内容，也就是说

>> vehicle{2 : 3}(1 : 3)

返回一个错误。

??? bad cell return error operation

以下 MATLAB 程序说明了从元胞数组中提取数据并对其进行运算的过程。对于第

二个元胞数组 groceryData2,首先提取 1 乘 2 容器,然后提取 1 乘 1 容器的第二个元素,以获得该类商品的数量。这可以在一个步骤中完成,尽管语法有点复杂。groceryData2 元胞数组包含四个 1 乘 2 元胞数组,可以通过使用大括号、groceryData2{1}索引来提取内部元胞数组,并返回 1 乘 2 元胞数组容器。然后可以再次使用大括号对该容器进行索引,以提取容器中的一个数据元素 groceryData2{1}{2}。第一索引提取元胞数组之一,第二索引从该元胞数组提取数据元素。

```
%创建杂货和数量的元胞数组
groceryData1={'apple',4,'orange',3,'banana',2,'pear',8};
groceryData2={{'apple',4},{'orange',3},{'banana',2},{'pear',8}};
%将杂货数据1的数量提取到单独的数组中
numberItems1=length(groceryData1)/2;
quantities1=zeros(1,numberItems1);
for k=1:numberItems1
    quantities1(k)=groceryData1{2*k};
end
%将杂货数据2的数量提取到单独的数组中
numberItems2=length(groceryData2);
quantities2=zeros(1,numberItems2);
for k=1:numberItems2
    container=groceryData2{k};
    quantities1(k)=container{2};
end
```

```
>>disp(groceryData2)
  {1×2 cell}    {1×2 cell}    {1×2 cell}    {1×2 cell}
>>disp(groceryData2{1})
  'apple'    [4]
>>disp(groceryData2{1}{2})
  4
```

3. 内容显示

元胞数组不仅可以保存文本字符串,还可以保存任何数据类型:标量、数值数组、文本字符串、另一个元胞等。因此,元胞数组能够有效地处理异构数据类型。例如,考虑一个包含矩阵、向量和两个文本字符串的 2 × 2 元胞数组 c(其图形解释见图 8-1)。

```
c{1, 1} = '2-by-2';
c{1, 2} = 'eigenvalues of eye(2)';
c{2, 1} = eye(2);
c{2, 2} = eig(eye(2));
```

MATLAB 有一个内置函数 cellplot,可以可视化元胞数组的结构和存储的内容。例如，为前面所述的两个示例输入 cellplot(vehicle)和 cellplot(c)将分别产生图 8-1 和图 8-2
所示的元胞数组内容的图形显示。再来看一个例子，下面的一组命令创建了一个包含五
代战斗机数据的元胞数组。

```
Gen{1,1,1} = 'Ramjet';  %发动机类型
Gen{2,1,1}=[0.3 1; 0.8 6];  %推力-重力比,
%CL_max, M_max, nz_max
Gen{1,2,1}=[12000 900];  %cell(m)，range（km）
Gen{2,2,1}=[0.1; 4000];  %价格（百万美元）,
%生产的数量
Gen(1,1,2)={'Turbojet'};
Gen(2,1,2)={[0.4 0.6; 0.9 7]};
Gen(1,2,2)={[14000 1100]};
Gen(2,2,2)={[0.2; 34000]};
Gen(1,1,3:5)={'Turbojet w/AB' 'Turbojet w/AB' 'LBRTurbofan'};
Gen(2,1,3:5)={[0.6 0.8; 2.2 8] [0.73 1.6; 2 9] [0.6 1.1; 1.6 7]};
Gen(1,2,3:5)={[16000 1700]; [17000 2200]; [16000 2000]};
Gen(2,2,3:5)={[1.4; 43000], [30; 1000], [150; 1000]};
```

在给元胞赋值时，需要根据数据不同类型利用不同的方法。前四行输入第一代战斗
机数据（见图 8-2 中的第一页或层）。接下来的四行输入第二代战斗机数据。在这里使用
了在右侧使用大括号{}的另一种输入数据方法，即在右侧执行操作时将不同的对象转换
为元胞元素，而不是像前面那样在将该操作的结果分配给左侧的元胞元素时的方法。最
后，后四行使用批量赋值(在本例中，大括号只能用于表达式的右侧)。在这里，可以像
使用普通数组一样使用空格、逗号和分号分隔列表的元胞数组。

Cell 1,1	Cell 1,2
'2 by 2'	'eigenvalues of eye(2)'
Cell 2,1	Cell 2,2
$\begin{bmatrix} 1 & 0 \\ 0 & 1 \end{bmatrix}$	$\begin{bmatrix} 1 \\ 1 \end{bmatrix}$

图 8-1　元胞数组的图形解释

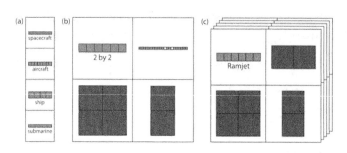

图 8-2　元胞数组内容

关于 cellplot(Gen)命令（用于生成图 8-2（c））应该做进一步的评论：它只显示所呈现的内容，也就是说，无法看到第一层(页面)后面的内容。在一般情况下，如果要显示一些多维元胞数组的内容，必须一层一层地做。例如，如果要看到第三页，就应该输入cellplot［Gen(:, :, 3)］。

如前所述，可以通过混合两种类型的索引［如 Gen{2, 1, 2}(1, 2)］来处理单个元胞内容的某些元素。但是，不能混索引来同时访问多个元胞。有什么办法可以克服这种不便吗?下面的例子展示了实现途径。

```
>> format bank
>> Data=[Gen{2, 1, :}]
>> [a,b]=max([Data(3 : 4 : end)])
>> format
```

应该做的是将多个元胞的内容分配给某个变量，在本例中是 Data，然后以通常的方式处理这个新变量。上面的命令会产生如下输出。

```
Data = Columns 1 through 5
 0.30 1.00 0.40 0.60 0.60
 0.80 6.00 0.90 7.00 2.20
 Columns 6 through 10
 0.80 0.73 1.60 0.60 1.10
 8.00 2.00 9.00 1.60 7.00
a = 1.60
b = 4.00
```

这意味着四代飞机的最大升力系数 C_{Lmax} (CL_max)为 1.6。注意，使用第一个 format命令使输出数据显示更紧凑，然后通过发出另一个 format 命令将其返回到默认显示格式。在结束这一小节之前，介绍三个在创建元胞数组中非常有用 MATLAB 函数。

- cell(n, m,…)　创造一个 $n×n×…$ 的元胞数组空数组。
- num2cell(b)　通过把数组型数组 b 的每一个元素放入单独的元胞创建一个元胞

数组。

• cellstr(a)　从一个字符数组创建一个字符串元胞数组。

8.2.3　在元胞数组中存储字符串

元胞数组的一个有用应用是存储不同长度的字符向量。由于元胞数组可以存储不同类型的数据，因此可以在元素中存储不同长度的字符向量。在 R2016b 之前，这是存储不同长度字符串的首选方法。然而，从 R2016b 开始，字符串数组是首选。

```
>> cvnames = {'Sue', 'Cathy', 'Xavier'}
cvnames =
  1×3 cell 数组
   {'Sue'}    {'Cathy'}    {'Xavier'}
```

如果元胞数组只存储字符向量，则可以使用 strlength 函数查找字符向量的长度。

```
>> strlength(cvnames)
ans =
   3    5    6
```

可以将字符向量的元胞数组转换为字符串数组，反之亦然。MATLAB 有几个函数可以帮助实现这一点。string 函数可以将元胞数组转换为字符串数组。

```
>> sanames = string(cvnames)
sanames =
  1×3 string 数组
   "Sue"    "Cathy"    "Xavier"
```

cellstr 函数将字符串数组转换为字符向量的元胞数组。

```
>> cellstr(sanames)
ans =
  1×3 cell 数组
   {'Sue'}    {'Cathy'}    {'Xavier'}
```

函数 strjoin 默认情况下将元胞数组中的所有字符串连接到一个字符向量，每个字符向量用一个空格分隔(但也可以指定其他分隔符)。

```
>> strjoin(cvnames)
ans =
   'Sue Cathy Xavier'
>> thisday = strjoin({'January','5','2018'},'-')
thisday =
```

'January-5-2018'

函数 strsplit 的作用与此相反,默认情况下,它使用指定的分隔符或空格将字符串拆分为元胞数组中的元素。

```
>> ca = strsplit(thisday,'-')
ca =
 1×3 cell 数组
   {'January'}    {'5'}    {'2018'}
```

如果元胞数组所有元素都是字符串,函数 iscellstr 将返回逻辑 true,否则返回逻辑 false。

```
>>iscellstr(cvnames)
ans =
 logical
  1
>> cellcolvec = {23, 'a', 1 : 2 : 9, "hello"}
iscellstr(cellcolvec)
cellcolvec =
1×4 cell 数组
 {[23]}    {'a'}    {1×5 double}    {["hello"]}
ans =
 logical
  0
```

在后面的章节中,将介绍几个使用包含不同长度字符向量的元胞数组的例子,包括高级文件输入函数和自定义绘图。

8.3 结构数组

结构是将逻辑上相关的数值组合在一起的数据结构,这些数值被称为结构字段。结构数组的一个优点是对字段进行命名,这有助于明确在结构中存储哪些数值。然而,结构变量不是数组,它们没有索引的元素,因此不可能用循环语句遍历结构中的数值或使用向量化编程。

结构数组的一个用途是建立一个信息数据库。例如,教授可能希望存储一个班级中的每个学生信息:学生的姓名、大学标识号、所有作业和测验的成绩,等等。元胞数组和结构数组都可用于在单个变量中存储不同类型的值。它们之间的主要区别是元胞数组是索引的，因此可以与循环或向量化代码一起使用。但是，结构数组没有索引，使用字段名引用值比索引更容易记忆。

8.3.1 创建和修改结构变量

与元胞数组一样，结构数组也可以由不同的普通数组组成。两者的主要区别是，结构数组是由命名字段，而不是通过标准索引访问元素的。在某种意义上，这种索引类似于 Microsoft Excel 电子表格中的电子表格/列/行索引。可以通过以下方式创建结构数组。

- 直接为结构的每个字段赋值；
- 使用 MATLAB 的 struct 函数；
- 使用 construtor 函数（在本教程后面讨论）。

可以使用下面的语法直接给结构数组赋值：

variable.field_name = value。

以下是创建包含字符串和数值型数据的结构数组示例。

```
>> grocery.item = 'apple';
   grocery.quantity = 4;
>> grocery = struct('item' ,'apple' ,'quantity', 4);
```

所创建的 1×2 结构，如下所示。

```
grocery =
   包含以下字段的 struct:
       item: 'apple'
       quantity: 4
```

创建结构数组的第一个元素需要 124 个字节（即使没有内容），每增加一个元素需要 60 个字节，每个符号也需要同样的 2 个字节。因此，grocery 结构数组占用了 366 字节的内存。

struct 函数获取与要创建的结构的字段名和字段数据值对应的字符串元胞数组参数对，并返回结构数组。创建的结构数量等于包含字段数据值的元胞数组的大小，如果只给出标量数据值，则等于 1。如果给定一个空集来代替参数，则会创建一个空结构数组。它创建一个具有指定字段和值的结构数组。其余元素使用相同的函数结构创建，但使用元胞数组将多个值分配给不同元素的同一个字段。注意，在后两种情况下，字段名后面应该总是跟着它的值，否则将不起作用。如果出于某种原因，不希望立即赋值，而是希望跳过它，那么必须使用占位符，即空矩阵[]。

8.3.2 修改结构数组

函数 rmfield 从结构中删除一个字段。它返回一个删除了字段的新结构数组，但不修改原始结构（除非将返回的结构赋值给该变量）。例如，下面将删除 newpack 结构的代码，但将结果存储在默认变量 ans 中，而 newpack 的值保持不变。

```
>> package = struct('item_no', 123, 'cost', 19.99,' price', 39.95, 'code', 'g')
 newpack = package;
 newpack.item_no = 111;
 newpack.price = 34.95;
 rmfield(newpack, 'code')
 newpack
package =
 包含以下字段的 struct:
   item_no: 123
     cost: 19.9900
    price: 39.9500
     code: 'g'
ans =
 包含以下字段的 struct:
   item_no: 111
     cost: 19.9900
    price: 34.9500
newpack =
 包含以下字段的 struct:
   item_no: 111
     cost: 19.9900
    price: 34.9500
     code: 'g'
```

要更改 newpack 的值，调用 rmfield 所产生的结构必须分配给 newpack。

```
>> newpack= rmfield(newpack, 'code')
newpack =
 包含以下字段的 struct:
   item_no: 111
     cost: 19.9900
    price: 34.9500
```

8.3.3 从结构中访问/提取数据

大多数 MATLAB 运算不能直接对存储在结构中的数据进行。与元胞数组类似，通常首先提取数据，对其进行操作，并在需要时将其移回结构中。结构字段中的数据可以通过在结构名称后面加上点运算符（.）和字段名称来单独访问。结构变量名称指的是整个结构。以下示例显示了如何从 grocery 结构数组的条目中提取数据，然后假设苹果每个成本为 50 美分，计算每个商品的成本。使用点运算符和字段名提取数据只返回该字段中保存的数据。

```
>> grocery = struct('item', 'apple', 'quantity', 4);
>> numberApples = grocery.quantity;
>> costApples = numberApples*0.5;
```

要更新结构的单个字段中的数据，数据可以以与使用直接输入创建结构类似的方式分配给结构数值中的特定字段。

```
>> grocery = struct('item', 'apple', 'quantity', 4);
>>numberApples = grocery.quantity;
>>numberApples = numberApples+2;
>>grocery.quantity = numberApples;
```

8.3.4 创建结构数组、构造函数和函数

除了以上所述的两种创建方法以外，还可以通过其他方法构建结构数组。以下总结创建结构数组的四种方式：
- 直接为结构数组的每个结构的每个字段赋值；
- 使用 MATLAB 的 struct 函数。
- 使用 constructor 函数。
- 可以使用 MATLAB 的 struct 函数创建空结构或结构数组。

使用 struct 函数创建空结构数组和空 grocery 结构数组的示例如下。

```
>> emptyStruct=struct([]);
>> emptyGrocery=struct('item',{},'quantity',{});
```

以下程序示例说明了使用直接输入和使用 struct 函数创建的结构数组。

```
>> grocery(1).item = 'apple'
  grocery(1).quantity = 4;
  grocery(2).item = 'orange';
 grocery(2).quantity = 3;
 grocery(3).item = 'banana';
 grocery(3).quantity = 2;
 grocery
grocery =
```

包含以下字段的 <u>struct</u>:
    item: 'apple'
    quantity: 4
grocery =
包含以下字段的 1×3 <u>struct</u> 数组:
  item
  quantity
>>grocery = struct('item',{'apple','orange','banana'},'quantity',{4, 3, 2});

以上程序 struct 函数返回一个结构数组，因为每对参数中的第二个参数是一个元胞数组，而不是一个标量数据元素。

与以上所示直接输入结构数组中每个元素的字段值不同，可以使用如下所示的循环语句将字段值分配给结构数组中的每个结构。

```
%创建杂货和数量的结构数组
numberItems=input('Enter number of items:');
%读入项目和数量并保存在结构数组中
for k=1:1:numberItems
    itemName=input('Enter item:','s');
    message=sprintf('Enter quantity of %s:',itemName);
    itemQuantity=input(message);
    grocery(k).item=itemName;
    grocery(k).quantity=itemQuantity;
end
disp(grocery)
```

Enter number of items:3
Enter item:apple
Enter quantity of apple:4
Enter item:orange
Enter quantity of orange:3
Enter item:banana
Enter quantity of banana:2
>> disp(grocery)
 包含以下字段的 1×3 <u>struct</u> 数组:
  item
  quantity

填充结构数组可能非常繁琐。通常从用户或文件读取结构数组的数据。直接创建或修改结构数组内容时必须小心，字段名上的输入错误会导致结构具有新的非预期字段，对于结构数组，所有结构都将具有这种新的非预期字段。使用 struct 函数创建结构数组通常更好。

struct 函数是专门为创建数据类型的对象而设计的函数。在 MATLAB 中，struct 函数是一个构造函数，可以创建自己的构造函数。构造函数在创建结构数组时特别有用。构造函数通常为它们将创建的结构数组中的每个字段取一个参数，并返回一个结构数组。例如，以下示例的构造函数 createGrocery 接受两个参数：商品名称和商品数量，并返回一个单一的 grocery 结构数组。可选参数用于提供默认字段值或创建默认 grocery 结构数组，其中商品项目名称为空字符串，商品项目数量为零。

```
function result=createGrocery(itemName, itemQuantity)
  if (nargin<1)
      itemName='';
      itemQuantity=0;
  elseif (nargin<2)
      itemQuantity=0;
  end
  result.item=itemName;
  result.quantity=itemQuantity;
end
```

以下代码是使用构造函数创建结构数组的代码段示例。请注意，该代码结构与使用循环语句的代码类似，只是使用了 createGrocery 构造函数，而不是使用直接条目在结构数组中创建每个结构。创建一个空结构数组，以使用 struct 函数存储每个结构，并为商品条目传入一个空数组元胞数组，为数量传入一个零数组。这是为了防止每次创建新结构时调整结构数组的大小。如果字段值参数是元胞数组，则 struct 函数将创建一个结构数组。

```
%创建杂货和数量的结构数组
numberItems=input('Enter number of items:');
%读入项目和数量并保存在结构数组中
grocery=struct('item', cell(1, numberItems), 'quantity', zero(1, numberItems));
for k=1:1:numberItems
    itemName=input('Enter item:', 's');
    message=sprintf('Enter quantity of %s:', itemName);
    itemQuantity=input(message);
    grocery(k)=createGrocery(itemName, itemQuantity);
end
```

可以使用内置的 struct 函数代替专门的 createGrocery，如下代码所示。使用专用构造函数而不是 struct 函数的优点是，不必指定字段名，并且可以定制构造函数以处理默认或不完整的字段数据。

```
%创建杂货物料和数量的结构数组
%读入项目和数量并保存在结构中
  itemName=input('Enter item:','s');
  message=sprintf('Enter quantity of %s:',itemName);
  itemQuantity=input(message);
  grocery1=struct('item',itemName,'quantity',itemQuantity);
  grocery2=creategrocery(itemName,itemQuantity);
```

如果为每个字段传入了一个值的元胞数组，则 createGrocery 构造函数也可以被设计为创建一个结构数组。以下代码显示了一个 createGrocery 构造函数，如果为每个字段传入一个值，该函数将创建一个结构，如果为每一个字段传入元胞数组，则将创建结构数组。

```
>> function result=createGrocery(itemName,itemQuantity)
   numberItems=length(itemName);
   result=struct('item',cell(1,numberItems),'quantity',cell(1,numberItems))
   for k=1:1:numberItems
       result(k).item=itemName{k};
       result(k).quantity=itemQuantity{k};
   end
 end
```

注意：createGrocery 构造函数假设两个元胞数组的长度相同，如果不是，则需要额外的代码为两个元胞中较短的数组提供默认值。

8.3.5　使用结构数组组织数据

结构数组的字段可以是任何数据类型，包括数组、元胞数组或另一个结构数组。通常，应尽量保持字段的数据类型尽可能简单，以避免难以访问数据的复杂数据组织。

考虑组织评估函数产生的数据 $f(t) = 5\,cos(10\pi t) - 2\,cos(20\pi t - \pi/2)$ 在 0-0.5t 的时间 $0 \leqslant t \leqslant 0.5$ 秒范围内。以下程序显示了在时间范围内存储函数评估结果的三种方法。

```
%将数据存储为两个 ID 数组
 t=0.0:0.01:0.5;
 fl=5*cos(10*pi*t)-2*cos(20*pi*t-pi/2);
%将数据存储为单个结构
 f2.time=(0.0:0.01:0.5);
 f2.values=5*cos(10*pi*f2.time)-2*cos(20*pi*f2.time-pi/2);
%将数据存储为 1×51 结构数组
 numberPoints=51;
 for k=1:numberPoints
```

```
f3(k).time=0.0+(k-1)*0.01;
f3(k).values=5*cos(10*pi*f3(k).time)-2*cos(20*pi*f3(k).time-pi/2);
end
```

变量 t 和 f1 使用两个 1D 数组存储时间和函数数据。变量 f2 使用单个结构存储时间和函数 $f(t)$ 数据。结构数组 f2 具有两个字段，每个字段是数字的 1D 数组。结构数组 f3 将数据存储为 1×51 结构数组。结构数组 f3 中的每个结构具有两个字段，每个字段是单个数字。

要访问存储在结构数组 f2 中的数据，首先访问该字段，然后索引存储在该字段中得到的数组，例如，f2.time(20)将返回第 20 个时间值，而 f2.value(20)则返回第 20 次函数值。

为了访问存储在结构数组 f3 中的数据，首先对结构数组进行索引，然后访问存储在该结构数组中该位置的结构的期望字段，例如 f3(20).time 将返回第 20 个时间值和 f3(20).values 将返回第 20 个函数值。

8.3.6　嵌套结构数组

嵌套结构是具有作为结构的字段的结构数组。例如，一个保存关于一个人的信息的结构可能有一个日期，该日期本身可能是一个结构。

使用嵌套结构数组时要小心，因为它可能导致难以访问和使用存储数据的复杂数据类型。要提取 bobInfo 结构数组的出生月份，可以使用 MATLAB 语句 BobsBirthMonth = bobInfo.birthdate.month。

```
date.day=20;
date.month='July';
date.year=1995;

bobInfo.birthdate=date;
bobInfo.age=18;
bobInfo.height=70;
bobInfo.weight=180;
```

8.3.7　从结构数组中访问/提取数据

要从结构数组中提取数据，结构数组将与同构数组类似地索引，然后访问适当的字段。如果索引是标量或索引结构数组，则索引结构数组返回单个结构。访问单个结构的字段返回一个对象，而访问结构数组的字段返回多个对象。结构数组的所有字段都可以通过提供结构数组名称，后跟点运算符和字段名称来访问。

例如，如果 Grocery 是一个 1×5 结构数组，那么 Grocery(2)是第二个结构，Grocery(1).item 是第二个结构的条目名称，Grocery(1:3)是 1 乘 3 结构数组，Grocery(1:2).

item 是三个单独的条目取值，每个取值都是字符串。

访问/提取结构数组元胞中数据的一般规则是：

● 数组索引用于访问单个结构或作为原始结构数组子集的结构数组。索引操作将产生可分配给单个变量的单个对象（单个结构或结构数组）。

● 数组索引使用标量索引，后跟点运算符和字段名，用于访问其中一个结构中单个字段的内容。结果是可以分配给单个变量的单个对象。

● 访问多个或一系列结构的字段通常需要一个循环语句。循环在结构数组的索引上迭代。然后使用循环迭代的标量索引和点运算符和字段名对结构数组进行索引。结果是通常存储在数组中的单个对象。

再次显示 struct 函数创建的结构数组 grocery 的结果，并显示访问索引结构数组的 term 字段的结果。

```
%创建杂货和定量的结构数组
itemNames={'apple','orange','banana','pear','lemon','grapes'};
 itemQuantities={4,2,6,2,2,1};
grocery=struct('item',itemNames,'quantity',itemQuantities);
>> grocery(2)
ans =
  包含以下字段的 struct:
      item: 'orange'
      quantity: 2
>>grocery(1：3)
  包含以下字段的 1×3 struct 数组:
    item
    quantity
```

当分配访问结构数组字段的结果时，分配左侧的变量数必须等于右侧的对象数。

请注意，如下代码中，当访问结构数组的字段时，会返回多个对象，并且需要分配给相同数量的变量。

```
>>grocery(2).item
ans =
    'orange'
>>grocery(1：3).itemans =
    'apple'
ans =
    'orange'
ans =
```

'banana'

以下代码说明了访问结构数组中数据的不同方法。在第一行中，对结构数组进行索引以获得单个结构。在第二行中，使用索引数组对结构数组进行索引，以获得较小的结构数组。在第三行中，对结构数组进行索引，然后访问 term 字段以获得单个结构的条目数。

```
r1=grocery(2);
r2=grocery(1:3);
r3=grocery(2).item;
r4=grocery(1:3).item;
[r5, r6, r7]=grocery(1:3).item;
```

第四行和第五行中，显示了访问多个结构的同一字段的错误和正确方法。在第四行中，使用索引向量对结构数组进行索引，以获得较小的结构数组。然后使用点运算符访问较小结构数组中每个结构的 term 字段，从而生成三个对象。只有一个变量位于赋值的左侧，因此只保存第一个 term 字段值（其他两个项目字段的值将被舍弃）。这不是语法错误，但仅保存三个访问字段值中的一个。在第五行中，执行与第四行相同的操作，但赋值的左侧有三个变量，因此三个返回 term 字段值中的每一个都存储在相应的变量中。

8.3.8　对结构数组中的数据进行操作

对于存储在结构或结构数组中的数据，MATLAB 一般不能直接进行运算的。与元胞数组类似，通常首先提取数据，然后对其进行运算，并根据需要将其移回结构或结构数组。通常，当使用结构数组时，循环语句适用于迭代结构数组，并提取和保存每个结构的字段信息，并进行所需的运算。

以下 MATLAB 程序是从 Grocery 结构数组中提取数量信息并确定商品平均数量的例子。

```
%创建杂货和数量的结构数组
itemNames = {'apple','orange','banana','pear','lemon','grapes'};
 itemQuantities = {4,2,6,2,2,1};
Grocery = struct('item',itemNames,'quantity',itemQuantities);
 %提取 quantity 字段数据
 numberItems = length(grocery);
 itemQuan = zeros(1,numberItems);
for k=1:1:numberItems
    itemQuan(k) = grocery(k).quantity;
end
%确定平均数量
```

averageQuantity = mean(itemQuan);

使用 Grocery 结构数组时，以下操作可能有人认为是有效的，其实在语法上是不正确的。

```
>> sum(grocery.quantity)
sum(grocery(1 : end).quantity)
 错误使用 sum
 输入参数太多。
```

sum 函数对向量（或 2D 数组的列）的元素求和。grocery.quantity 和 grocery(1:end).quantity 的语句返回多个结果，但 sum 需要一个参数。对同一数据使用 min、max 和 mean 函数将导致相同类型的语法错误。

如下所示的操作在语法上是正确的，但结果并非所预期的。

```
>> q(1:length(grocery))=grocery(1:end).quantity
q = grocery(1:end).quantity
q =
   4  4  4  4  4  4
q =
   4
```

语句 grocery(1:end).quantity 返回多个条目，但只有一个变量 q 位于赋值的左侧，因此只分配从结构数组中提取的第一个元素。由于标量值（仅第一个元素）被分配给一维数组，因此 MATLAB 根据一维数组的大小复制该值。一般来说，使用循环提取结构数组字段数据并将其放置在数组（通常是数值数组）的适当位置是不容易的。

例子：使用结构数组查找理想气体表属性。

图 8-3 显示了空气理想气体性质的热力学表的一部分。许多工程问题涉及从计算所需的大型数据表中查找属性。以下命令显示了包含理想气体特性表数据的结构数组的组织。

通过编写 MATLAB 函数查找给定字段名称和取值的空气的理想气体特性。该函数返回一个包含指定字段和取值的所有六个属性（温度 T、焓 h、内能 u、熵 s、相对压力 pr、相对体积 vr）的结构。

函数还编写了另一个函数头，通过单独的变量而不是结构返回属性。如果函数返回六个变量，则使用该函数会更加困难，因为即使只需要表中的一个字段，函数调用仍然需要在赋值左侧最多六个变量（其中五个变量将不被使用）。

	A	B	C	D	E	F	G
1	Ideal Gas Properites of Air						
2					when Δs = 0		
3	T K	h kJ/kh	u kJ/kg	s°	pr	vr	
4	200	199.97	142.56	1.29559	0.3363	1707	
5	210	209.97	149.69	1.34444	0.3987	1512	
6	220	219.97	156.82	1.39105	0.469	1346	
7	230	230.02	164	1.43557	0.5477	1205	
8	240	240.02	171.13	1.47824	0.6355	1084	
9	250	250.05	178.28	1.51917	0.7329	979	
10	260	260.09	185.45	1.55848	0.8405	887.8	
11	270	270.11	192.6	1.59634	0.959	808	
12	280	280.13	199.75	1.63279	1.0889	738	
13	285	285.14	203.33	1.65055	1.1584	706.1	

图 8-3　空气(SI 单位)气体特性热力学表的部分

idealGasTableAir=

　1×122 struct array with fields:

　　T

　　h

　　u

　　s

　　pr

　　vr

```
>> function [T, h, u, s, pr, vr]=idealGasTableAirLookup(table,field,fieldValue)
end
```

从图 8-3 显示的 idealGasTableAirLookup 函数的三个函数调用以及该函数返回的内容来看，第一次调用的温度不在表中，函数（和调用程序）由于错误处理而终止。其他两个函数调用显示了表中的温度值和两个表值之间的体积的例子。

```
function result=idealGasTableAirLookup(table, fieldName, value)
 %如果值超出该字段的 table 边界，则生成异常。
 tableBoundaries=[table(1).(fieldName),table(end).(fieldName)];
 if (value<min(tableBoundaries)||value>max(tableBoundaries))error('value out of table
range');
 end
%确定与值对应的最接近的 table 条目。
%首先假设第一个 table 条目是最接近的。
 ind=1;
 closest=abs(value-table(1).(fieldName));
%检查表条目的其余部分，看看是否有任何条目更接近。
```

257

```
for k=2:1:length(table)
    %计算 table 条目 k 与值的接近程度
     howClose=abs(value-table(k).(fieldName));
    %更新被认为是最接近的 table 条目
    %如果 table 条目 k 更接近值
    if (howClose<closest)
        ind=k;
        closest=howClose;
    else
        break;
    end
end
%返回 table 条目
 result=table(ind);
end
```

在 idealGasTableAirLookup 函数中：

● vr 字段数据与其他字段数据的顺序相反，因此条件语句(value<table(1)).(filed)|| value>table(end).(filed))将检测不到在 table 条目边界之外的 vr 值。而是确定字段中的最小值和最大值，并与输入值进行比较。当检验到错误时终止程序通常被认为是不好的做法。在 idealGasTableLookup 函数中，如果所需的值超出该字段的 table 取值边界，则对 table 取值进行任何进一步的处理都没有意义。或者，可以向函数中添加一个 try-catch 块来处理错误，或者函数可以返回最低或最高的 table 条目，同时指示 table 值对于该字段值可能没有意义。

● 通过将结构数组中每个元素的 table 条目字段数据与取值进行比较，并确定哪个条目最接近该值，找到最佳匹配的 table 条目。如果被比较的 table 条目比先前比较的 table 条目的距离更近，更新被视为最接近的 table 条目的索引以及取值的接近程度。

● T、h、u、s 和 pr 字段数据按升序排列，vr 字段数据按降序排列。一旦被检查的条目不比前一个检查的条目更接近，则可以停止搜索最接近的 table 条目（使用 for 循环中条件语句的 else 部分中的 break 语句完成），因为任何后续条目都将更远离，并且是更差的匹配。通常不鼓励使用 break 来终止循环。在这种情况下，当搜索有序 table 中的值时，一旦找到所需取值，搜索 table 的其余部分就没有意义，如果 table 很大，这可以节省大量的处理时间。

```
>> r=idealGasTableAirLookup(idealGasTableAir,'T',100)
Error using idealGasTableAirLookup(line5)
value out of table range

r=idealGasTableAirLookup(idealGasTableAir,'T',400)
r=
    T:400
    h:400.9800
    u:286.1600
    s:1.9919
    pr:3.8060
    vr:301.6000

r=idealGasTableAirLookup(idealGasTableAir,'vr',489)
r=
    T:330
    h:330.3400
    u:235.6100
    s:1.7978
    pr:1.9352
    vr:489.4000
```

以下程序显示了 idealGasTableAirLookup 函数的另一种代码，使用数组和逐元素操作，而不是循环。通常，当从结构数组提取数据时，使用循环。在这个版本的 idealGasTableAirLookup 函数中，一个字段的字段数据是使用语句 fieldData=[table(1:1:end).(fieldName)]提取的。回想一下，当访问多个结构的字段时，会返回多个对象。在这种情况下，由于所有字段都包含相同的数据类型（实数），因此可以将多个返回对象连接到一个 1D 数组中，避免了从结构数组中提取字段数据的典型多对象分配问题。这种提取结构数组字段数据的方法并不总是得到一个好的数组，但当提取的数据仅由相同数据类型的数值组成时，可以使用它。

```
function result=idealGasTableAirLookup(table,fieldName,value)
%如果值超出该字段的 table 表边界，则生成异常
tableBoundaries=[table(1).(fieldName),table(end).(fieldName)];
if (value<min(tableBoundaries)||value>max(tableBoundaries))error('value out of table
range');
end
%从 table 结构数组中提取字段数据
fieldData=[table(1:1:end).(fieldName)]
%确定每个 table 条目与值的接近程度
howClose=abs(value-fieldData);
%确定最接近的 table 条目的结构数组索引
[smallestHowClose,ind]=min(howClose);
%返回 table 条目
```

259

MATLAB编程基础

```
result=table(ind);
end
```

8.3.9 与结构数组相关的函数

在 MATLAB 中有几个函数可以与结构数值一起使用。如果变量参数是结构变量，函数 isstruct 将返回逻辑 1，如果不是，则返回 0。如果字段名(作为字符向量或字符串)是结构参数中的字段，则 isfield 函数返回逻辑真，否则返回逻辑假。点运算符、struct 和 length 函数通常用于对结构和结构数组进行运算。表 8-1 给出了一些在使用结构和结构数组时可能有用的其他内置函数。MATLAB 的帮助文件有更多关于这些函数的细节和使用示例。

表 8-1 在结构上操作的实用运算符和函数

函数	描述
isstruct(s)	如果 s 是结构，则返回逻辑真（1），否则返回逻辑假（0）
isfield(s,field)	如果字符串 field 是结构数组 s 中字段的名称，则返回 true
f=getfield(s,'field')	返回指定字段的内容这等效于语法 f = s.field，s 必须是一个 1×1 的结构
s=setfield(s,'field',v)	将指定字段的内容设置为值 v 这等效于语法 s.field = vs 必须是 1×1 的结构 将返回已更改的结构
s=rmfield(s,'field')	从 m x nstructure 数组 s 中删除指定的字段 s = rmfield(s,fields)当字段是字符数组或字符串的元胞数组将返回更改的结构保留输入 s 的大小
names=fieldnames(s)	返回包含与结构 s 关联的结构字段名称的字符串元胞数组
s=cell2struct(c,fields,dim)	将元胞数组 c 转换为将 c 的维度（c, dim） 折叠为 s 的 field 的结构 field 可以是字符数组或字符串的元胞数组
c=struct2cell(s)	将 m×n 结构（带 p 字段）转换为 p×m×n 元胞数组 c
s=class(obj)	返回对象的类名，例如双精度型或结构型

```
>> package = struct('item_no', 123, 'cost', 19.99,' price', 39.95, 'code', 'g')
 newpack = package;
 newpack.item_no = 111;
 newpack.price = 34.95;
isstruct(package)
isfield(package, 'cost')
package =
  包含以下字段的 struct:
    item_no: 123
      cost: 19.9900
```

260

```
    price: 39.9500
     code: 'g'
ans =
  logical
  1
ans =
  logical
  1
```

fieldnames 函数将返回结构变量中包含的字段的名称。

```
>> pack_fields = fieldnames(package)
pack_fields =
 4×1 cell 数组
   {'item_no'}
   {'cost'}
   {'price'}
   {'code'}
```

由于字段名的长度不同，fieldnames 函数返回一个元胞数组，其中字段名作为字符向量。

pack_fields 是一个元胞数组，花括号被用于引用元胞数组的元素。例如，可以引用其中一个字段名的长度。

```
>> length(pack_fields{2})
ans =
    4
 function s=create_struct
%s=CREATE_STRUCT 从字段名称创建结构。
%和用户输入的值
first_field=1;
while 1
  field_name=input('Enter a field name (zero to quit):');
  if field_name==0
    break;
  end
  field_value=input('Enter value for this field:');
  if first_field
    s=struct(field_name,field_value);
```

```
      first_field=0;
   else
      s=setfield(s,field_name,field_value);
   end
 end
```

注意，最初必须使用 struct 函数来创建结构，一旦创建了结构数组，就必须使用 setfield 向其添加字段。

8.4 高级数据结构

除了数值、元胞数组和结构数组之外，MATLAB还有几种类型的数据结构。这些可以在帮助文件的数据类型中找到。

8.4.1 分类数组

分类数组是一种数组类型，允许存储有限的、可数的不同类型数据值，分类数组在 R2013b 中引入。类别数组使用 categorical 函数定义。

例如，调查一组人最喜欢的冰淇淋口味，结果存储在一个分类数组中。

```
>> icecreamfaves = categorical({'Vanilla', 'Chocolate', ...
   'Chocolate', 'Rum Raisin', 'Vanilla', 'Strawberry', ...
   'Chocolate', 'Rocky Road', 'Chocolate', 'Rocky Road', ...
   'Vanilla', 'Chocolate', 'Strawberry', 'Chocolate'})
```

另一种创建方法是将字符串存储在元胞数组中，然后使用 categorical 函数进行转换。

```
>> cellicecreamfaves = {'Vanilla', 'Chocolate', ...
   'Chocolate', 'Rum Raisin', 'Vanilla', 'Strawberry', ...
   'Chocolate', 'Rocky Road', 'Chocolate', 'Rocky Road', ...
   'Vanilla', 'Chocolate', 'Strawberry', 'Chocolate'}
icecreamfaves = categorical(cellicecreamfaves)
cellicecreamfaves =
 1×14 cell 数组
 1 ～ 8 列

   {'Vanilla'}  {'Chocolate'}  {'Chocolate'}  {'Rum Raisin'}  {'Vanilla'}  {'Strawberry'}
{'Chocolate'}  {'Rocky Road'}
   9 ～ 14 列

   {'Chocolate'}  {'Rocky Road'}  {'Vanilla'}  {'Chocolate'}  {'Strawberry'}  {'Chocolate'}
```

icecreamfaves =

　　1×14 categorical 数组

　　1 ～ 9 列

　　　Vanilla　Chocolate　Chocolate　Rum Raisin　Vanilla　Strawberry　Chocolate　Rocky

Road　Chocolate

　　10 ～ 14 列

　　　Rocky Road　Vanilla　Chocolate　Strawberry　Chocolate

有几种函数可用于分类数组。函数 categories 将以元胞列向量的形式返回可能类别的列表,并按字母顺序排列。

>> cats = categories(icecreamfaves)

cats =

　5×1 cell 数组

　　{'Chocolate' }

　　{'Rocky Road'}

　　{'Rum Raisin'}

　　{'Strawberry'}

　　{'Vanilla'　 }

函数 countcats 和 summary 将显示每个类别出现的次数。

>> countcats(icecreamfaves)

ans =

　　6　 2　 1　 2　 3

>>summary(icecreamfaves)

　　Chocolate　Rocky Road　Rum Raisin　Strawberry　Vanilla

　　　6　　　 2　　　　 1　　　　 2　　　　 3

在最受欢迎的冰淇淋口味中,没有自然的顺序,所以它们是按照字母顺序排列的。但是,也可以使用有序的分类数组,在这种数组中,类别被赋予了顺序。

例如,有一个可穿戴的健身追踪器,它可以跟踪个人达到步数目标的天数,而且可以存储在一个文件中。为了记录这些信息,首先建立一个元胞数组记录步数目标满足发生在星期几;其次建立另一个元胞数组存储一周中达到步数目标的天数。

>> stepgoalsmet = {'Tue', 'Thu', 'Sat', 'Sun', 'Tue', 'Sun', 'Thu', 'Sat', 'Wed', 'Sat', 'Sun'};

daynames = {'Mon', 'Tue', 'Wed', 'Thu', 'Fri', 'Sat', 'Sun'}

daynames =

　1×7 cell 数组

　　{'Mon'}　{'Tue'}　{'Wed'}　{'Thu'}　{'Fri'}　{'Sat'}　{'Sun'}

然后，创建一个有序分类数组 ordergoalsmet。这允许使用关系运算符比较天数。

```
>> ordgoalsmet = categorical(stepgoalsmet,daynames, 'Ordinal', true);
summary(ordgoalsmet)
   Mon  Tue  Wed  Thu  Fri  Sat  Sun
    0    2    1    2    0    3    3
>>ordgoalsmet(1)<ordgoalsmet(3)
ans =
  logical
  1
>>ordgoalsmet(4) < ordgoalsmet(3)
ans =
  logical
  0
```

8.4.2 表

表是一种数据结构，以表的格式存储信息，包括行和列，每个行都可以用助记符标记。表是使用相同长度的变量创建的，这些变量可能存储在列中，例如，下面的代码使用 table 函数存储医生接诊病人的一些简单信息。这里只有三个病人，所以在一个变量中有三个名字，将用于引用行，病人的高度和体重存储在列向量中(每个列向量有三个值)。列向量不需要存储相同类型的值，但必须具有相同的长度。

```
>> names = {'Harry', 'Sally', 'Jose'}
weights = [185; 133; 210]; %注意列向量
heights = [74; 65.4; 72.2];
patients = table(weights, heights, 'RowNames', names)
names =
 1×3 cell 数组
  {'Harry'}  {'Sally'}  {'Jose'}
patients =
 3×2 table
       weights   heights
       _____   _____

  Harry   185      74
  Sally   133     65.4
  Jose    210     72.2
```

这就产生了一个 3×2 表中，有两个变量名为体重和高度。有许多方法可以对表进行索引，可以创建作为原始表子集的新表，也可以将表中的信息提取到其他类型的数据结构中。使用圆括号，可以对这个表进行索引，以获得表的子集，这也是一个表。索引可以使用整数(就像数组索引一样)，也可以使用行名或变量名。

```
>> patients(1 : 2, 1)
patients({'Harry', 'Jose'}, :)
ans =
 2×1 table
        weights

        _____

   Harry     185
   Sally     133
ans =
 2×2 table
        weights    heights

        _____    _____

   Harry     185       74
   Jose      210     72.2
```

使用大括号索引，可以提取数据，在下面的例子中，转换成双精度数值矩阵或列向量。

```
>>mat = patients{{'Harry' 'Jose'}, :}
mat =
 185.0000   74.0000
 210.0000   72.2000
>>wtcol = patients{:, 'weights'}
wtcol =
  185
  133
  210
 >>mat = patients{:, 1}
mat =
  185
  133
  210
```

注意，可以使用数字索引，也可以使用更容易记忆的行名或变量名。表将结构的助记符名称与数组的索引功能结合在一起。

summary 函数可用于表，它显示了变量总体和每个变量的一些统计数据。

```
>>summary(patients)
Variables:
    weights: 3×1 double
        Values:
            Min         133
            Median      185
            Max         210
    heights: 3×1 double
        Values:
            Min         65.4
            Median      72.2
            Max         74
```

练习题

1. 编写一个 MATLAB 函数，该函数将接受字符串的元胞数组，并根据字母顺序将它们按升序排序。（这意味着必须将 A 和 a 视为同一个字母；提示：在 MATLAB 帮助系统中查找函数 strcmpi 的用法）。

2. 创建一个函数，该函数接受任意数量的数字输入参数，并对参数中的所有单个元素求和。通过向函数传递四个参数来测试函数 $a = 10$，$b = \begin{bmatrix} 4 \\ -2 \\ 2 \end{bmatrix}$，$c = \begin{bmatrix} 1 & 0 & 3 \\ -5 & 1 & 2 \\ 1 & 2 & 0 \end{bmatrix}$，$d = \begin{bmatrix} 1 & 5 & -2 \end{bmatrix}$。

3. 修改前面练习中的函数，使其可以接受普通的数值数组或包含数值的元胞数组。通过向函数传递两个参数 a 和 b 来测试函数，其中：

$a = \begin{bmatrix} 1 & 4 \\ -2 & 3 \end{bmatrix}$，$b\{1\} = \begin{bmatrix} 1 & 5 & 2 \end{bmatrix}$，$b\{2\} = \begin{bmatrix} 1 & -2 \\ 2 & 1 \end{bmatrix}$

4. 创建包含绘制数据集所需的所有信息的结构数组。结构数组至少应该有以下字段：

x_data   x-数据（独立元胞中的一个或多个数据集）。
y_data   y-数据（独立元胞中的一个或多个数据集）。
type   线性、半对数等。
plot_title   绘制标题。
x_label   x 轴标签。

y_label   y 轴标签。

x_range   要绘制的 x 轴范围。

y_range   要绘制的 y 轴范围。

可以添加额外的字段来增强对最终绘图的控制。

创建此结构数组后，创建一个 MATLAB 函数，该函数接受此结构数组，并为数组中的每个结构生成一个图。如果某些数据字段丢失，该函数应该应用智能默认值。例如，如果 plot_title 字段是一个空矩阵，则该函数不应在图形上放置标题。在开始编写函数之前，请仔细考虑合适的默认值。

要检验所编写的函数，创建一个包含三种不同类型的三幅图的数据的结构数组，并将该结构数组传递给该函数，以便于在三个不同的图形窗口中正确绘制所有三个数据集。

5. 定义一个结构 point，包含两个字段 x 和 y。x 字段将包含该点的 x 位置，y 字段将包含该点的 y 位置。然后编写一个函数 dist3，它接受两个点并返回笛卡尔平面上这两个点之间的距离。确保去检查函数中输入参数的数量。

6. 编写一个函数，接受一个本章定义的 grocery 结构数组，计算每件杂货的最终平均价格。向每个数组添加一个新字段，以包含该类杂货的最终平均利润，并将更新后的结构返回给调用程序。此外，计算并返回最终的杂货店的平均利润。

7. 编写一个接受两个参数的函数，第一个是结构数组，第二个是存储在字符串中的字段名。检查以确保这些输入参数有效。如果它们无效，打印出一条错误消息。如果它们有效，并且指定的字段是一个字符串，则将数组中每个元素的指定字段中的所有字符串连接起来，并将结果字符串返回给调用程序。

8. 计算当前文件夹的大小。函数 dir 返回指定目录的内容；而 dir 命令返回一个包含四个字段的结构数组，如下所示：

```
>> d = dir('chap10')
d =
 包含以下字段的 36×1 struct 数组:
    name
    date
    bytes
    isdir
```

name 字段包含每个文件的名称，date 包含文件的最后修改日期，bytes 包含文件的大小（以字节为单位），isdir 对于传统文件为 0，对于目录为 1。编写一个函数，它接受目录名和路径，并返回目录中所有文件的总大小，以字节为单位。

9. 如果一个函数调用它自己，就说这个函数是递归的。修改问题 8 中创建的函数，使其在找到子目录并合计当前目录中所有文件加上所有子目录的大小时调用自身。

9

文本处理

文本可以在 MATLAB 软件中使用字符向量或字符串数组表示，这是在 R2016b 中引入的。MATLAB 有许多内置函数，专门用来操作字符串和字符向量。为操作字符向量而创建的许多函数也可用于字符串类型。此外，在 R2016b 中引入字符串时，还引入了许多新的字符串操作函数。文本数据有许多应用程序，甚至在以数字为主的领域也是如此。例如，当数据文件由数字和字符的组合组成时，通常需要将文件中的每一行读取为一个字符串，将字符串分成几部分，并将包含数字的部分转换为可用于计算的数字变量。因此，将字符串转换为数字很有用，反之亦然。

本章学习目标如下：

（1）学会创建字符数组，并将字符转换为数值；

（2）学会在标准字符数组和字符串元胞数组之间进行转换；

（3）学会将字符串比较操作应用于字符串的元胞数组；

（4）学会比较两个字符串，或两个字符串的一部分，以确定是否相等；

（5）学会对字符串中的每个元素进行分类，确定每个元素是字符还是空白符。

9.1 字符、字符向量和字符串数组

单个字符存储在单引号中，使用单引号显示，其数据类型为字符型。字符包括字母表中的字母、数字、标点符号、空格和控制字符。

控制字符是不能打印的字符，但可以完成一个任务（例如，退格或制表符）。空白字符包括空格、制表符、换行符（将光标向下移动到下一行）和回车符（将光标移动到当前行的开头）。

```
>>letter = 'x'
letter =
    'x'
>>class(letter)
ans =
```

```
'char'
>>size(letter)
ans =
    1    1
```

在 R2016b 中，引入了一个函数 newline，它返回一个换行符。

```
>>var=newline
var =

    '
    '
```

字符数组（如单词）可以存储在字符向量或字符串标量中。在 R2016b 之前，"字符串"一词用于指代字符向量。然而，在 R2016b 中引入了一种新的字符串类型，因此，在 MATLAB 中存在着字符向量和字符串之间的区别。

字符向量包含任意数量的字符（可能包括 none），包含在单引号中并使用单引号显示，类型为字符型（char）。以下都是字符向量的例子。

```
"
' '
'x'
'cat'
'Hello there'
'123'
```

字符向量是指每个元素都是单个字符的向量，许多向量运算和函数都与这些字符向量有关。

```
>>myword = 'Hello';
class(myword)
ans =
    'char'
>>size(myword)
ans =
    1    5
>>length(myword)
ans =
    5
>>myword' %注意转置
ans =
```

```
5×1 char 数组

 'H'

 'e'

 'l'

 'l'

 'o'
>>myword(1)
ans =

 'H'
```

还可以使用字符串标量存储一组字符（如单词）。字符串标量（这意味着单个字符串）可以使用 string 函数创建，或使用双引号（这是在 R2017a 中引入的）。字符串标量使用双引号显示。

```
>>mystr = "Awesome"
mystr =

 "Awesome"
>>mystr = string('Awesome')
mystr =

 "Awesome"
>>class(mystr)
ans =

 'string'
>>size(mystr)
ans =

   1   1
```

因此，字符串的长度是 1。要查找字符串标量中的字符数，使用 strlength 函数。

```
>>strlength(mystr)
ans =

 7
```

因为这是一个标量，第一个元素是字符串本身。使用圆括号索引将显示这一点。但是，使用大括号索引将返回字符串标量中包含的字符向量，这可以用来提取单个字符。

```
>>mystr(1)
ans =

 "Awesome"
>>mystr{1}
```

```
ans =
    'Awesome'
>>mystr{1}(2)
ans =
    'w'
```

一组字符串可以存储在字符串数组或字符数组中。字符串数组是存储字符串组的首选方法。与其他数组一样，可以使用方括号创建字符串数组。下面的代码创建一个字符串行向量。

可以用与创建矩阵相同的方法创建一个二维字符数组，不同的是每一行必须具有相同的长度，如有必要，在较短的字符串右侧填充空格。例如：

```
>>nameAndAddress = ['Adma B Carr  '; '21 Barkly Ave'; 'Discovery    ']
nameAndAddress =
  3×13 char 数组
    'Adma B Carr'
    '21 Barkly Ave'
    'Discovery'
```

创建二维字符串的一种更简单的方法是使用 char 函数，它会自动填充较短的字符串。

```
>>nameAndAddress = char('Adma B Carr',' 21 Barkly Ave', 'Discovery')
  3×13 char 数组
    'Adma B Carr  '
    '21 Barkly Ave'
    'Discovery    '
```

记住，如果使用单下标表示法引用数组元素，可以按照如下方法进行。

```
>>nameAndAddress(1 : 3)
ans =
    'A2D'
```

这是一个字符串的列向量，这意味着它实际上是一个矩阵，其中每个元素都是单个字符。由于矩阵中的每一行必须有相同的列数，这意味着较短的单词用额外的空格填充，以便它们都有相同的长度。这就是为什么这不是存储字符串组的首选方法的原因。

有几个术语可以用于字符串或字符向量。子字符串是字符串的子集或一部分。例如，"there" 在字符串 "Hello there" 中有一个子字符串。前导空格是字符串开头的空格，例如 "Hello"，而尾空格是字符串结尾的空格。

9.2 文本操作

MATLAB有许多处理字符串和字符向量的内置函数。这些函数中的大多数，包括早期版本中存在的函数以及与新 string 类型一起引入的新函数，都可以操作字符串或字符向量。有一些函数可以处理字符串或字符向量，但不能同时处理两者。这里将描述一些执行最常见操作的文本操作函数。

9.2.1 ASCII 码、双精度码和字符码

MATLAB 字符在内部由 16 位数值表示。字符代码从 1 开始，前 127 个这样的代码是 ASCII 码。例如，字母 a 到 z 的 ASCII 码是从 65 到 90 的连续整数；而 a 到 z 的 ASCII 码是从 97 到 122。

可以看到双精度字符串的 ASCII 码，例如：

```
>>double('Napoleon')
ans =
   78   97  112  111  108  101  111  110
>>char(65 : 70)
ans =
  'ABCDEF'
>>x=char(ones(4, 20)*double('#'))
x =
 4×20 char 数组
  '####################'
  '####################'
  '####################'
  '####################'
```

函数 ones(4,20)生成 4 行 20 列的 1。然后，乘以 double(' # ')将所有的 1 替换为#的 ASCII 码，char 函数将 ASCII 码转换回文本。如果算术表达式中包含字符变量，MATLAB 会使用字符的 ASCII 码进行计算，例如：

    s = 'a'。

表达式 s + 1 返回 98，因为 "a" 的 ASCII 码是 97。

数组操作可以对字符串执行。例如，如果 s 是一个字母字符串，表达式 char(s+1)将返回字符串中在字母表中向前移动一个位置的每个字母。字符和它们的 ASCII 码之间的关系意味着可以进行如下操作。

alpha = double('a'):double('z');

因此，数字也可以表示为字符。例如，x = '123'意味着 x 是字符串 123，而不是数字 123。但是，字符表示单词或文本，因此不应该在它们上面定义加法。MATLAB 在某种程度上滥用了这种差异，并允许字符和双精度数之间的加法（以及其他算术运算）。其原因在于，每个字符都有一个称为字符代码的东西，这是字符在 MATLAB 的更深层次中表示的方式。

字符串 1 后加 1。将 123 添加为 1。

```
>>x=1+'1'
y=1+'123'
x =
    50
y =
    50   51   52
```

编程过程中一定要避免这类错误的运算。

9.2.2　字符向量操作

如所见，字符向量是使用单引号创建的。输入函数是另一种创建字符向量的方法。

```
>>phrase = input('Enter something:', 's')
Enter something:hello there
phrase =
    'hello there'
```

另一个创建字符向量的函数是 blanks 函数，它创建一个由 n 个空白字符组成的字符向量。

```
b=blanks(4)
b =
    '    '
```

显示 blanks 函数结果的转置也可用于向下移动光标。在命令窗口中，看起来像这样

```
>> disp(blanks(4)')
```

另一个例子是在字符向量中插入空格：

```
>>['Space' blanks(10) 'Cowboy']
ans =
```

'Space   Cowboy'

char 函数创建一个字符数组，它是单个字符的矩阵。然而，正如前面提到的，最好使用字符串数组。

9.2.3　字符串操作

如前所述，可以使用双引号创建字符串标量和字符串数组。string 函数是另一种从字符向量创建字符串的方法。

```
>>shout=string('Awesome')
shout =
    "Awesome"
```

如果没有任何参数，string 函数将创建一个不包含字符的字符串标量。但是，由于它是一个标量，所以严格来说它不是空的。strlength 函数应该用来确定一个字符串是否包含任何字符，而不是 isempty 函数。

```
>>es=string
es =
    ""
>>isempty(es)
ans =
  logical
   0
>>strlength(es) == 0
ans =
  logical
   1
```

plus 函数或操作符可以将两个字符串连接在一起。

```
>>"hello"+" goodbye"
ans =
    "hello goodbye"
```

9.2.4　对字符串或字符向量的操作

大多数函数可以使用字符串或字符向量作为输入参数。除非另有指定，否则对于文本操作函数，如果参数为字符向量，结果将是字符向量，如果参数是字符串，结果将是字符串。

1.创建和连接字符串

已经看到了几种创建和连接字符串和字符向量的方法，包括将它们放在方括号中等。strcat 函数可用于水平连接文本，从而产生一段较长的文本。一个不同之处在于，该函数会删除字符向量的尾随空格（但不删除前导空格），而不会从字符串中删除任何一个字符。

```
>>strcat('Hello', ' there')
ans =
  'Hello there'
>>strcat('Hello', 'there')
ans =
  'Hellothere'
>>strcat('Hello', '' ,'there')
ans =
  'Hellothere'
>>strcat("Hello", "there")
ans =
  "Hellothere"
>>strcat("Hello", "" ,"there")
ans =
"Hellothere"
>>  vehicle = strvcat('spacecraft', 'aircraft', 'ship', 'submarine')
vehicle = spacecraft
    aircraft
    ship
    submarine
```

sprintf 函数可用于创建用户指定格式的字符串或字符向量。sprintf 函数的工作原理与 fprintf函数完全相同，但不是打印，而是创建一个字符串（或字符向量）。一些例子的输出结果如下。

使用 sprintf 函数创建字符串 s1 = 'My name is Timmy'和 s2 = 'My name is Alex'。

```
>>s1=sprintf('My name is %s', 'Timmy')
s1 =
  'My name is Timmy'
>>s2=sprintf('My name is %s', 'Alex')
s2 =
  'My name is Alex'
```

在前面的示例中，sprintf 的第一个输入是所需格式的字符串。在每种情况下，名称所在的位置都可以不同，%s 被放置在该名称所在的位置（s 在本例中代表字符串）。

也可以使用多个占位符来创建更长的格式化字符串。比如，可以使用 sprintf 来插入字符串%s，整数%d，或者更通用的数字格式%f 和%g。使用 sprintf 函数显示字符串 s = 'This is E7and there are 423 students in the class'。

>>s=sprintf('This is %s and there are %d students in the class', 'E7', 423)
s =

   'This is E7 and there are 423 students in the class'

有些函数能够接受 sprintf 类型输入。这意味着该函数可以采用与 sprintf 相同的方式接受格式化字符串。

所有可以在 fprintf 函数中使用的格式化选项也可以在 sprintf 函数中使用。sprintf 函数的一个非常实用的功能是创建用户指定格式的文本。然后，这些自定义文本可以传递给其他函数，例如，用于 plot 标题或轴标签。例如，要用"expnoanddata.dat"文件名存储了一个实验号和实验数据。在本例中，实验编号为"123"，文件的其余部分由实际数据组成。

123 4.4 5.6 2.5 7.2 4.6 5.3

下面的脚本将加载这些数据，并用包含 Data from experiment 的标题绘制它们。

```
% 这一脚本文件用于存储实验编号。
% 紧接着的是实际数据。脚本还绘制实验数据图形。
%并把实验号# 放入图形的标题中。
load expnoanddata.dat
experNo = expnoanddata(1);
data = expnoanddata(2:end);
plot(data,'ko')
xlabel('Sample #')
ylabel('Weight')
title(sprintf('Data from experiment %d', experNo))
```

该脚本将文件中的所有数字加载到行向量中。然后分离向量，它将第一个元素（即实验编号）存储在变量 experNo 中，将 vector 的其余部分存储在变量 data 中（其余部分从第二个元素到最后一个元素）。然后，它绘制数据，使用 sprintf 创建标题，其中包括如图 9-1 所示的实验编号。

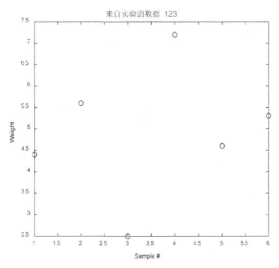

图 9-1 绘制实验数据散点图

另一种实现方法（在脚本或函数中）是可以使用%s 格式说明符用 fprintf 显示字符串。它们既可以右对齐或左对齐，也可以截断，例如语句：

```
>>fprintf('%8sVIII\n', 'Henry')
   HenryVIII
>>fprintf('%-8sVIII\n', 'Henry')
Henry   VIII
>>fprintf('%.3sVIII\n', 'Henry')
HenVIII
```

注意，对 sprintf 和 fprintf 函数的调用是相同的，除了 fprintf 进行打印（因此在输入函数中不需要提示），而 sprintf 创建一个字符串，然后可以由输入函数显示。

2. 删除字符

MATLAB 有一些函数删除字符串和字符向量的尾随和/或前导空格，也将删除指定的字符和子字符串。deblank 函数将从文本末尾删除尾随空格（但它不删除前导空格）。

```
>>deblank(" Hello ")
ans =
  " Hello"
```

strtrim 函数会从文本中删除开头和结尾的空格，但不会删除中间的空格。在下面的例子中，开头的三个空格和结尾的四个空格被删除，但中间的两个空格没有被除。

```
>>strtrim(" Hello  there  ")
ans =
```

```
"Hello  there"
>>strlength(ans)
ans =
   12
```

strip 函数可用于删除开头和/或结尾字符，空白或其他指定字符。调用它的一个简单
方法如下。

```
>>strip("xxxHello there!x" ,"x")
ans =
   "Hello there!"
```

erase 函数删除字符串(或字符向量)中出现的所有子字符串。

```
>>erase("xxabcxdefgxhijxxx", "x")
ans =
   "abcdefghij"
```

3. 变化字母大小写

MATLAB 有两个函数可以将文本转换为所有大写字母或小写字母。假设这些表达式
是在命令窗口中顺序输入的。

```
>>mystring = "AbCDEfgh";
lower(mystring)
ans =
   "abcdefgh"
>>upper('Char vec')
ans =
   'CHAR VEC'
>> lnstr = '1234567890';
mystr=' abc  xy';
newstr = strtrim(mystr)
newstr =
'abc  xy'
>>length(newstr)
ans =
   8
>>upper(newstr(1 : 3))
ans =
   'ABC'
>>numstr = sprintf("Number is %4.lf", 3.3)
```

```
numstr =
   "Number is "
>>erase(numstr," ") %注意两个空格
ans =
   "Number is "
```

4. 字符串比较

有几种方法可以比较字符串和子字符串：

● 可以比较两个字符串或两个字符串的一部分，以实现相等。

● 可以比较两个字符串中的单个字符是否相等。

● 可以对字符串中的每个元素进行分类，确定每个元素是字符还是空格字符。

这些函数适用于字符串的字符数组和单元格数组。

也可以使用以下四个函数中的任何一个来确定两个输入字符串是否相同：

● strcmp 判断两个字符串是否相同。

● strncmp 判断两个字符串的前 n 个字符是否相同。

● strcmpi 和 strncmpi 与 strcmp 和 strncmp 相同，只是它们忽略了字母大小写。

考虑这两个字符串：

```
str1='hello';
str2='help';
```

字符串 str1 和字符串 str2 不相同，因此调用 strcmp 返回逻辑 0（false）。例如：

```
>>c = strcmp(str1, str2)
c =
 logical
 0
```

请注意，对于 C 程序员来说，这是 MATLAB 的 strcmp 和 C 的 strcmp()之间的一个重要区别，如果两个字符串相同，则 strcmp 将返回 0。str1 和 str2 的前三个字符是相同的，因此在函数 strncmp 中输入任何不大于 3 的正整数值，结果将返回 1。

```
>> c = strncmp(str1, str2, 2)
c =
 logical
 1
```

5. 查找、替换和分离字符串

有一些函数可以在其他字符串中查找和替换字符串或字符串的一部分，还有一些函数可以将字符串分成子字符串。函数 strfind 接收两个字符串作为输入参数。一般形式是

MATLAB编程基础

strfind（string, substring）。它在字符串中找到子字符串的所有相同的字符，并返回这些字符的开始部分的下标。子字符串既可以包含一个字符，也可以包含任意数量的字符。如果子字符串在字符串中出现不止一次，strfind 返回一个具有所有索引的向量。注意，返回的是子字符串开头的索引。

MATLAB 提供了几个用于搜索和替换字符串中字符的函数。考虑一个名为 label 的字符串。

```
>> label = 'Sample 1,10/28/95';
```

strrep 函数执行标准搜索和替换操作。使用 strrep 将日期从"10/28"更改为"10/30"。

```
>> newlabel = strrep(label,'28', '30')
newlabel =
    'Sample 1,10/30/95'
```

findstr 返回较长字符串中子字符串的起始位置。要查找 label 内字符串"amp"的所有匹配项，可以使用以下函数。

```
>> position = findstr('amp',label)
position =
    2
```

label 中唯一出现"amp"的位置是第二个字符。

strtok 函数返回输入字符串中第一次出现定界字符之前的字符。默认定界字符是一组空格字符。strtok 函数也可以将句子拆分为单词。例如定义的函数可以实现这一目的。

```
function allWords = words(inputString)
remainder = inputString;
allWords='';
while (any(remainder))
    [chopped,remainder]=strtok(remainder);
    allWords=strvcat(allWords,chopped);
end
```

strmatch 函数查找字符数组或字符串元胞数组中的行，以查找以给定字符序列开头的字符串。它返回以以下字符开头的行的索引。

```
>> maxstrings = strvcat('max', 'minimax', 'maximum')
maxstrings =
  3×7 char 数组
```

280

```
    'max    '
    'minimax'
    'maximum'
>> strmatch('max', maxstrings)
ans =
    1
    3
```

注意，字符串的其余部分包括空格分隔符。可以定义被替代分隔符的格式。

```
>> [token, rest] = strtok(string, delimeters)
```

以上函数返回一个标记，该标记为字符串的开始，直到分隔符字符串中包含的第一个字符，函数也返回字符串的其余部分。在下面的例子中，分隔符是字符为 "1"。

```
>> sentence1= "Hello there";
[word,rest] = strtok(sentence1,'l')
word =
    "He"
rest =
    "llo there"
```

函数 count 计算子字符串在字符串(或字符向量)中出现的次数。

```
>> count('xxhellowxxxhix', 'x')
ans =
    6
>> count("hello everyone", " ")
ans =
    1
>> count("hello everyone", "el")
ans =
    1
```

注意：空字符串(或字符向量)被认为是每个字符串(或字符向量)中的子字符串。事实上，在每个字符串的开头、结尾以及字符串中每两个字符之间都有一个空字符串！

```
>> count("hello", "")
ans =
    6
>> count('abc', ')
ans =
    4
```

9.2.5 字符串数组操作

到目前为止，主要关注的是存储在字符串标量或字符向量中的单个"字符串"。在本节中，将介绍几个可以应用于存储在字符串数组中的所有字符串的函数。首先可以使用 strings 函数预先分配字符串数组，例如：

```
>> sa = strings(2, 4)
sa =
 2×4 string 数组
  ""  ""  ""  ""
  ""  ""  ""  ""
```

其次，可以通过对数组进行索引将字符串存储在各个元素中。使用 strlength 函数可以找到字符串数组中所有字符串的长度。

```
>> majors = ["English", "History", "Engineering"];
 strlength(majors)
ans =
    7    7    11
```

事实上，许多字符串函数都可以使用字符串数组作为输入参数，并返回数组中每个元素。例如，可以将 upper 将小写字母转换为大写。

```
>> upmaj = upper(majors)
upmaj =
 1×3 string 数组
   "ENGLISH"   "HISTORY"   "ENGINEERING"
```

可以使用加号运算符将同一个字符串连接到字符串数组中的所有字符串，或者通过索引确定的字符串子集。

```
>> "BA in " + majors(1 : 2)
ans =
 1×2 string 数组
   "BA in English"   "BA in History"
```

两个字符串数组也可以连接，只要它们具有相同的长度。

```
>> degrees = ["BA" "BA" "BS"];
(degrees + " in " + majors)' %注意转置
ans =
```

3×1 string 数组

"BA in English"

"BA in History"

"BS in Engineering"

连接字符串的函数 strjoin 能将字符串数组中的字符串连接在一起；strsplit 函数则具有相反的功能。

```
>> majlist = strjoin(majors)
majlist =
    "English History Engineering"
>> strsplit(majlist)
ans =
 1×3 string 数组
    "English"   "History"   "Engineering"
```

函数 join 将连接字符串数组中相应列元素中的字符串，例如：

```
>> newsa = [degrees; majors]'
newsa =
 3×2 string 数组
   "BA"    "English"
   "BA"    "History"
   "BS"    "Engineering"
>> join(newsa)
ans =
 3×1 string 数组
   "BA English"
   "BA History"
   "BS Engineering"
```

9.3 "is" 函数用于文本

有几个用于字符串和字符向量的 "is" 函数，它们返回逻辑真或假。函数 isletter 对字符向量中的每个字符返回逻辑 true，如果是字母表中的字母，则返回 false。函数 isspace 对于字符向量中的每个空格字符返回逻辑 true。

有三个函数用于对字符串中的字符进行分类：

● Isletter 判断字符是否为字母；

● isspace 判断字符是否是空格（空格、制表符或新行）；

● isstrprop 检查字符串中的字符串，以查看它们是否与指定的类别相匹配。例如，创建名为 mystring 的字符串。

>> mystring = 'Room 401';

isletter 检查字符串中的每个字符，生成与 mystring 长度相同的输出向量。

>> A = isletter(mystring)
A =
 1×8 logical 数组
  1 1 1 1 0 0 0 0

A 中的前四个元素是逻辑值 1（true），因为 mystring 的前四位字符是字母。

如果 vec 参数是字符向量，则 ischar 函数返回逻辑 true，否则返回逻辑 false。

>> vec = 'EK125';
>> ischar(vec)

ans =

  logical

   1
>> vec = 3 : 5;
>> ischar(vec)

ans =

  logical

   0
>> ischar("EK125")

ans =

 logical

0

如果 vec 参数是字符串，isstring 函数将返回逻辑 true，否则返回逻辑 false。

>> isstring("EK125")
ans =

 logical

  1
>> isstring('hello')
ans =

```
logical
  0
```

还有其他一些不以"is"开头的真/假函数。如果指定的子字符串在字符串（或字符向量）内，contains 函数将返回逻辑 true，否则返回逻辑 false。

```
>> contains("hello", "ll")
ans =
  logical
  1
>> contains("hello", "x")
ans =
  logical
  0
>>majors = ["English", "History", "Engineering"];
contains(majors, "Eng")
ans =
  1×3 logical 数组
  1  0  1
```

如果字符串以指定的字符串结束（或分别以指定的字符串开始），则 endsWith 和 startsWith 函数将返回逻辑 true，否则返回逻辑 false。

回想一下，每个字符串都以空字符串开始和结束。

```
>> endsWith("abc", "")
ans =
  logical
  1
>> endsWith("filename.dat", ".dat")
ans =
  logical
  1
>> startsWith('abcde', 'b')
ans =
  logical
  0
```

9.4　文本和数字类型之间的转换

MATLAB有几个函数，可以将数字转换为字符串或字符向量，反之亦然。请注意，这些函数不同于 char 和 double 等将字符转换为等价 ASCII 字符的函数，反之亦然。

为了将数字转换为字符向量，MATLAB 有用于整数的 int2str 函数和用于实数的 num2str 函数（这也适用于整数）。例如，int2str 函数可以将整数 38 转换为字符向量'38'。

```
>> num = 38;
>>cv1 = int2str(num)
cv1 =
  '38'
>> length(num)
ans =
   1
>>length(cv1)
ans =
   2
>> vec = 2 : 5;
>>result = int2str(vec)
result =
  '2  3  4  5'
```

变量 num 是存储一个数字的标量，而 cv1 是存储两个字符'3 '和' 8 '的字符向量。

可以以多种方式调用转换实数的 num2str 函数。如果只向 num2str 函数传递一个实数，它将创建一个具有四位小数的字符向量，这是 MATLAB 中显示实数的默认值。还可以指定精度(也就是数字的位数)，也可以传递格式说明符，如下所示。

```
>> cv2 = num2str(3.456789)
cv2 =
  '3.4568'
>> length(cv2)
ans =
   6
>> cv3 = num2str(3.456789, 3)
cv3 =
  '3.46'
```

```
>> cv4 = num2str(3.456789, '%6.2f')
cv4 =
    '3.46'
```

使用 str2num 将字符数组转换为该字符串表示的数值。

```
>> str = '37.294e-1';
 va1= str2num(str)
va1 =
    3.7294
```

str2double 函数将字符串的元胞数组转换为字符串表示的双精度数值。

```
>> c = {'37.294e-1'; '-59.375'; '13.796'};
>>d = str2double(c)
d =
    3.7294
  -59.3750
   13.7960
>>whos
  Name    Size        Bytes Class   Attributes
  c       3x1         380  cell
  d       3x1         24   double
```

9.5 eval 和文本宏

如果 MATLAB 表达式被"编码"为变量 t 中的字符串，函数 eval(t)将计算 t 中的表达式的值，这就是所谓的文本宏工具。例如，如果将字符串赋值给 s

s = 'x = -b/(2*a);'

eval(s)使 MATLAB 将 s 中的文本解释为以下数学表达式。

$$x = -b / (2 \times a)$$

然后用 a 和 b 的当前值进行运算。

eval 的另一个用途是，作为一种"用户友好"的方式从命令窗口输入函数。考虑下面的脚本

```
>> f = input('Enter function (of x) to be plotted:', 's');
>>x = 0 : 0.01 : 10;
```

```
>>plot(x, eval(f)), grid
```

输入函数后，命令行是这样的

Enter function (of x) to be plotted: exp(-0.5*x).*sin(x)

使用第二个参数' s '作为输入，意味着不需要将文本括在引号中。无论所输入的是什么表达式，只要它是 x 的函数，都会被绘制出来。

注意，应该尽可能使用 feval 而不是 eval，因为 feval 更快，使用它的代码可以用 MATLAB 编译器编译。

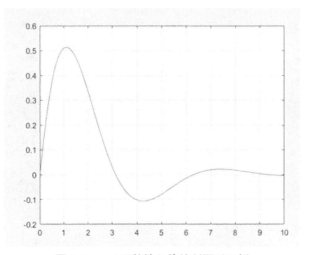

图 9-2   eval 函数输入待绘制图形示例

9.5.1   eval 和 lasterr 的错误捕获

使用 eval 对用户输入的表达式求值可能会在用户输入无效表达式时失败，脚本文件运行被迫停止。但是，eval 与 lasterr 函数一起使用可以捕获并纠正这样的错误，而不会导致脚本文件崩溃。eval 函数可以接受第二个（字符串）参数，表示在第一个参数中遇到错误时要执行的表达式。下面用 lasterr 演示了这一点，MATLAB 将它设置为与最后遇到的错误对应的错误信息。lasterr 也可以设置为任何字符串值。相关详细信息，请参阅帮助文件。例如，下面的脚本将继续运行，直到输入一个有效的表达式。

```
lasterr('1');                    %真（非空）
while ~isempty(lasterr)
  lasterr('');                   %假 (空)
  f=input('Enter expression:','s');
  f=[f ';'];                     %取值时禁止显示
  eval(f,'disp(''Dum-dum'')');   %陷阱错误和显示消息
```

```
    if ~isempty(lasterr)
       lasterr
       fprintf('Please try again!\n')
    end
  end
```

注意 eval 的第二个(字符串)参数中使用了双撇号。

9.5.2 eval 中使用 try…catch

通过输入变量，用户可以在工作空间中定义变量。用户的输入通过 eval 进行计算。如果输入了无效的赋值，脚本文件通常会崩溃。但是，如果 try…的 try 子句中发生错误，在 catch 语句中，控制被转移到处理错误的 catch 子句。试一试：如果 catch 语句嵌入在 while 循环中，它会一直持续下去，直到用户最终输入有效的赋值语句。

```
stopflag=0;
while ~stopflag
  clc;
  disp('Your variables are:')
  whos
  a=input('Enter Variable definition or empty to quit:','s');
  if isempty(a),
     stopflag=1;
  else
     try
        eval([a ';']);
     catch
        disp('Invalid variable assignment statement.The error was:');
        disp(['   ',lasterr]);
        disp('Press a key to continue');
        pause
     end
  end;
end
```

9.5.3 创建字符数组

通过在一对单引号内放置字符来指定字符数据。例如，这一行创建了一个名为name的 1×13 字符数组。

```
>> name = 'Thomas R. Lee';
>>whos
 Name      Size          Bytes  Class   Attributes
 name      1x13           26    char
```

可以看到每个字符在内部使用两个字节的存储空间。class 和 ischar 函数将名称的标识显示为字符数组。

```
>> class(name)
ans =
    'char'
 >>ischar(name)
ans =
 logical
  1
```

还可以将两个或多个字符数组连接在一起以创建新的字符数组。使用字符串连接函数 strcat 或 MATLAB 连接运算符[]来执行此操作。后者保留输入数组中的任何尾随空格。

```
>> name = 'Thomas R. Lee';
>> title = ' Sr. Developer';
>> strcat(name, ',', title)
ans =
    'Thomas R. Lee, Sr. Developer'
```

要垂直连接字符串，可以使用 strvcat。

在结束本章之前，介绍另一个函数 genvarname 以展示通过字符串连接方式在编程过程中创建变量名。假设有一个向量 speed，它是用 10 个点计算出来的，等于 150。使用两个新的 MATLAB 函数 genvarname 和 eval，可以从向 speed 重新分配数据到一个通过编程创建的向量 SpeedFor10Points，这直接表明使用了什么数据集。

```
>> v = genvername(['SpeedFor' num2str(10)], 'Points');
eval([v '=' Speed ';']);
```

执行 v='SpeedFor10Points'和 SpeedFor10Points=150 后，工作空间如图 9-3 所示。

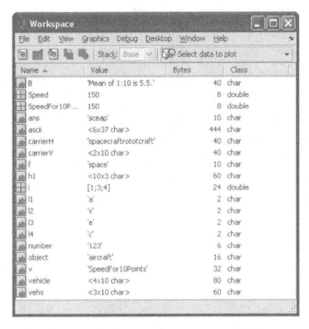

图9-3 本部分介绍的所有变量的工作空间快照

练习题

1. 编写一个 MATLAB 程序，读取字符串并确定字符串中的第一个字符是否为大写字母。用以下字符串:'Bob Smith', 'lizard', 'Ed'和'hi Biff'检验你所编写的程序。

2. 修改 1.题所写的程序，使其能够确定字符串中是否有大写字母。用以下字符串:'Bob Smith', 'lizard', 'Ed'和'hi Biff'检验你所编写的程序。

3. 编写一个名为 countChars 的 MATLAB 函数，该函数将计数字符串中不包括空格的字符数目。该函数应该接受一个字符串并返回字符串中的字符数目。如果传递给函数的是空字符串，则函数应该返回 0。

4. 为 3.题编写的 countChars 函数编写一个检验程序，检验 countChars 函数对以下字符串的输出：空字符串，'lizard', 'two lizards'和'two lizards and three toad .'。验证 countChars 函数是否能够正确操作。

5. 编写一个名为 occurOfChar 的 MATLAB 函数，它将计数字符串中字符出现的次数。该函数应该接受一个字符串和一个字符，并返回该字符在字符串中出现的次数。

6. 为 5.题编写的 occurOfChar 函数再编写一个检验程序，检验下列情况下的 occurOfChar 函数输出：空字符串和字符'a'和'Two lizards and three toads.'。验证 occurOfChar 函数是否能够正确操作。

7. 编写一个名为 countWords 的 MATLAB 函数，用于计数字符串中的单词数。该函数应该接受一个字符串并返回字符串中的单词数目。如果传递给函数的是空字符串，则函数应该返回 0。对于这个函数，假设单词是以字母开头的字符序列，字符串中的单词由一个或多个空格分隔。例如:'Twolizards'和'lizards2'被认为是单词，但'2lizards'不是单词。用以下字符串检验所编写的函数:'2 lizards and 3 toads'和'20 lizards and 32toads'，以及'lizards2 and 32toads'.

8. 编写一个名为 improvedCountWords 的 MATLAB 函数，用于计数字符串中的单词数目。该函数应该接受一个字符串并返回单词数目。如果传递给函数的是空字符串，则函数应该返回 0。对于此函数，假设单词是仅包含字母的字符序列，并且字符串中的单词由一个或多个空格分隔。用以下字符串检验所编写的函数:'Two lizards and 3 toads'，'lizards2 and 32toads'， 'Two -lizards four toads and 5snakes'.根据这里的定义，two-lizards不是一个单词，因为它包含一个不是字母的字符。

9. 从字符串中提取第一个电子邮件地址。检查电子邮件是否来自英国（以".uk"结尾），并在命令窗口中显示提取的地址，指示"UK"或"NONUK"。在所选择的字符串上演示代码是否能够正常工作。

10. 构造数组，包含(i)量词（例如，全部、少数、许多、有几个、一些、每个、任意一个、没有等）；(ii)名词或表达式；(iii)动词和(iv)另一个具有名词或表达式的数组。从每个数组中随机抽取一个词语来构造一个有趣的随机谚语。几个例子：

> No students hide from the relativity theory.
> Some cats eat football.
> All politicians adore MATLAB.
> Most politicians are scared of the French.
> Many zebras adore the French.
> All zebras look like Adele's songs.

11. 编写 MATLAB 代码，它将执行以下操作。让用户输入一个简短的句子。用破折号替换空格，并显示文本，如下例所示。

假设文字是"Joey is a super cat!"程序的输出应该是

```
              !
             t!                    ...
            at!                         a-super-cat!
           cat!                        -a-super-cat!
          -cat!                        s-a-super-cat!
          r-cat!                      is-a-super-cat!
         er-cat!                     -is-a-super-cat!
        per-cat!                     y-is-a-super-cat!
       uper-cat!                    ey-is-a-super-cat!
      super-cat!                   oey-is-a-super-cat!
     -super-cat!                   Joey-is-a-super-cat!
```

12. 编写 MATLAB 代码，在命令窗口中打印一个装饰过的圣诞树，如下图所示。蜡烛(i)和球(o)应该是随机的位置。注意树顶的星形（*）和树底的树桩(I)。应该编写尽可能短的代码。

10

文件输入与输出

文件是永久内存中的命名区域，用于存储数据，可以用作 MATLAB 和其他程序的输入或输出。这一章将介绍（1）MATLAB 最重要的文件读写方法；（2）学习如何创建、读取和写入.mat 文件、Excel 文件、文本文件和二进制文件；（3）学习如何使用 MATLAB 命令在文件夹之间导航。学习目的在于：

（1）学会如何将数据（计算结果）保存到.mat 文件中，这是 MATLAB 的专有的二进制格式数据类型。

（2）学会如何从存储在.mat 文件中的数据中读取所有变量或部分选定变量。

（3）学会如何将输入数据作为文本写入脚本文件（m 文件）中，并运行脚本文件把数据加载到 MATLAB 工作空间中。

（4）能够编写从以字符分隔的文本文件读取数据并将数据写入文本文件的函数和程序。

（5）能够编写从 Microsoft Excel 文件读取数据并将数据写入 Microsoft Excel 文件的函数和程序。学会如何从 Excel 电子表格中读取混合数据——文本和数字，并能够读取到元胞数组中存储。

10.1　文件格式

数据文件是数据序列输入/输出（I/O）流，即数据按顺序保存或检索。如何解释数据取决于数据文件的类型或格式。例如，像读取图像文件一样读取 ASCII 文本文件将输出垃圾文件。

文件格式通常由文件扩展名标识。文件扩展名设定了文件中数据的性质和组织方式。MATLAB 为读写常见类型的数据文件编写了许多内置函数。一般数值型数据通常以以下格式之一存储：Microsoft Excel 文件、纯文本文件或带有分隔符（如逗号、空格、制表符或竖线（|））的文本文件。表 10-1 列出了一些常见的文件类型和扩展名。有关各种读写数据文件的操作函数更多信息，请参阅 MATLAB 帮助文件。

表 10-1 MATLAB 文件类型和读写函数

文件类型	扩展名	MATLAB 读/写操作
MATLAB data	.mat	save,load
Plain text	.txt,dat, etc.	textscan,fprintf
Delimited text	varies	dlmread,dlmwrite
Comma separated	.csv	csvread,csvwrite
Excel	.xls,xlsx	xlsread,xlswrite
Audio	.wav	wavread,wavwrite
image	.bmp,.jpg,.etc	imread,imwrite
XML	.xml	xmlread,xmlwrite
Movie	.avi	aviread

10.2 保存和恢复 MATLAB 工作空间

有两个读写数据文件的内置函数特别常用。save 命令将 MATLAB 工作空间数据保存到磁盘，load 命令将数据从磁盘加载到工作空间。save 命令以 MATLAB 专有的 MAT 数据文件的特殊二进制格式或普通文本文件保存数据。save 命令使用的语法格式为

save filename [content] [options]

其中，content 指定要保存的数据，options 选项设定如何保存数据。

如果指定文件名，save 命令将数据保存在文件 "filename.mat" 中。如果指定工作空间中变量列表范围，则仅保存这些特定变量。

例如，假设一个工作区包含 1000 个元素的双精度数组 x 和字符串 str，可以使用以下命令将这两个变量保存到 MAT 文件中。

save test_matfile x str

此命令创建一个名为 test_matfile.mat 的 MAT 文件。可以使用 whos 命令的-file 选项检查此文件的内容。

```
» whos -file test_matfile.mat
  Name      Size      Bytes    Class     Attributes
  str       1x11        22     char
  x         1x1000    8000     double
```

可以通过多种方式指定要保存的内容，如表 10-2 所示。save 命令支持的更重要的选项如表 10-3 所示；完整的列表可以在 MATLAB 在线帮助文档中找到。load 命令可以从 MAT 文件或普通文本文件加载数据到当前工作空间，load 命令的使用语法格式形式为

```
load filename [options] [content]
```

命令 load 本身将加载文件 MATLAB.mat 中的所有数据到当前工作空间。如果包含文件名，则将从该名称的文件加载数据。如果需要加载的内容列表中包含特定变量，则仅从文件中加载这些变量到工作空间。例如：

```
load                  % Loads entire content of matlab.mat
load mydat.mat        % Loads entire content of mydat.mat
load mydat.mat a b c  % Loads only a, b, and c from mydat.mat
```

load 命令支持的选项如表 10-4 所示。虽然目前这还没有体现明显的优势，但 save 和 load 命令是 MATLAB 中最强大、最有用的 I/O 命令。与其他读写函数相比，具有许多优势。

1. 这些命令非常容易使用。

2. MAT 文件与平台无关。在支持 MATLAB 的任何类型的计算机上编写的 MAT 文件都可以在任何其他计算机上读取。这种格式能够在 PC、Mac 和 Linux 之间自由传输。

3. MAT 文件是磁盘空间的高效用户，只使用每种数据类型所需的内存量。它们存储每个变量的全部精度，不会因为转换为文本格式或从文本格式转换而降低精度。还可以压缩 MAT 文件以节省更多的磁盘空间。

4. MAT 文件保留了工作空间中每个变量的所有信息，包括类、名称以及是否为全局变量。所有这些信息在其他类型的 I/O 中都会丢失。例如，假设工作空间包含以下信息。

```
» whos
  Name        Size      Bytes    Class       Attributes
  a           10x10     800      double
  b           10x10     800      double
  c           2x2       32       double
  string      1x14      28       char
  student     1x3       888      struct
```

如果使用命令 save workspace.mat 保存此工作空间。一个名为 workspace.mat 的文件将被创建。加载此文件时，将恢复所有信息，包括每个变量条目的类型以及是否为全局文件。

这两个命令的一个缺点是，MAT 文件格式是 MATLAB 独有的，不能用于与其他程序共享数据。如果希望与其他程序共享数据，可以使用-ascii 选项，但它的使用有严重的限制。MATLAB 工作空间（.mat）的文件是二进制文件，除 MATLAB 以外的软件包通

常无法读取（见表 10-2、表 10-3 和表 10-4）。

表 10-2　指定 save 命令内容的方法

取值内容	描述
\<nothing\>	保存当前工作空间中的所有数据
varlist	仅保存变量列表中的值
-regexp exprlist	保存与表达式列表中任何正则表达式匹配的所有变量
-struct s	将标量结构的所有字段保存为单个变量
-struct s fieldlist	仅将结构 s 的指定字段保存为单个变量

表 10-3　选定的 save 命令选项

选项	描述
'-mat'	以 MAT 文件格式保存数据（默认）
'-ascii'	以空格分隔的文本格式保存数据，精度为 8 位
'-ascii','-tabs'	以制表符分隔的文本格式保存数据，精度为 8 位
'-ascii','-double'	以制表符分隔的文本格式保存数据，精度为 16 位
-append	指定的变量添加到现有的 MAT 文件中
-v4	以 MATLAB 版本 4 或更高版本可读的格式保存 MAT 文件
-v7.3	以 MATLAB 7.3 或更高版本可读的格式保存 MAT 文件

表 10-4　load 命令选项

选项	描述
-mat	将文件视为 mat 文件（如果文件扩展名为 mat，则为默认值）
-ascii	将文件视为空格分隔的文本文件（如果文件扩展名不是 mat，则为默认值）

10.2.1　从以字符分隔的文本文件读取数值型数据

文本文件和 Microsoft Excel 文件广泛用于存储数据。文本文件和 Microsoft Excel 文件可以在许多常用软件包中读取，因此通常是存储和传输数据的良好文件类型选择。

文本文件中的数据通常与每个条目的数据值一起按列存储（每行一个）。

行中使用分隔符（如空格或逗号）分隔多个数据条目。文本文件除了数值数据外，可能还具有字符串形式的列标题和行标题。文本文件以 ASCII 编码，可以使用记事本等格式读取（打开）。

例如从逗号分隔的文本文件中加载汽车里程数据到工作空间，并计算汽车的每公里耗油量。文本文件中的里程数据如图 10-1 所示，行驶里程和燃油消耗量用逗号分隔，每行一个数据条目。以下程序从文本文件加载数据，计算每个数据条目的每升公里数和每升平均公里数。数据以 7×2 的数值型数组存储，里程和燃油变量为列向量。

mileage	fuel
315.0	16.4
306.8	15.3
262.2	12.0
241.5	11.8
279.1	14.1
288.0	14.0
251.6	12.9

图 10-1　里程数据

```
%从逗号分隔的文本文件读取里程数据
mileageData=dlmread('mileage.txt',',');
%提取行驶里程和耗油量
miles=mileageData(:,1);
fuel=mileageData(:,2);
%计算每次加油的 mpg 和平均 mpg
mpg=miles./fuel;
avg_mpg=sum(miles)/sum(fuel);
```

MATLAB 函数 dlmread 从以分隔符分隔的 ASCII 文件中读取数值型数据。典型的分隔符是空格、逗号、制表符和竖杠（|）。MATLAB 命令 dlmwrite 可用于将数据的数值型数组写入文件。例如，MATLAB 命令 dlmwrite('mpg.txt', 'results', /t')将使用制表符作为分隔符将数组中包含的数值型数据写入文本文件 mpg.txt。dlmwrite 还允许将数据附加到现有文件，从文本文件中的特定行和列开始写入数据，并允许设定数据的精度。MATLAB 还有 csvread 和 csvwrite 两个内置函数，专门用于从逗号分隔的文本文件中读取数字数据，并将数值型数据写入逗号分隔的文本文件。有关所有可选参数，请参阅 MATLAB 关于 dlmread 和 dlmwrite 使用的帮助文件。

将数据追加到文件时必须小心：要确保原始数据不会被覆盖而丢失（破坏），并且如果文件稍后将用于其他函数的输入，则加载数据时将考虑新文件的格式。

10.2.2　从以字符分隔的文本文件读取数据

当从以字符分隔的文本文件读取数字数据时，需要特别了解所要读取的数据文件的一些信息。

- 每一行有多少数据条目？
- 各个条目是数字、文本字符串，还是两者都有？

- 每一行或每一列都有描述变量的标题吗?
- 使用什么字符作为分隔符(用于分隔数据条目的字符),还是列分隔符?

根据这些信息,可以选择使用几个 MATLAB 函数来最有效地将数据导入 MATLAB 当前工作空间。本小节将从读取数字(文本)数据开始,通常这些数据具有以下格式类别之一

- 空格分隔;
- 以制表符定界的;
- 以逗号或分号分隔;
- 混合文本和数字;
- 仅限以特定文本头"T"开头的文本文件。

最常用的导入数值型数据的函数是 dlmread 函数,它的格式如下。

M = dlmread('filename', delimiter);

该函数允许使用指定的分隔符将 ASCII 分隔的文件文件名读入矩阵 M。请注意:(1)文件名必须只包含 ASCII 数字数据;(2)可以使用'\t'来指定以制表符分隔的数据,使用';'来指定以分号分隔的数据。如果没有指定分隔符,则假定逗号','是默认分隔符。

此外,dlmread 函数只允许读取部分数据,调用形式如下。

M = dlmread('filename',delimiter, R, C);

以及,

M = dlmread('filename', delimiter, range);

MATLAB 函数 dlmread 和 csvread 仅适用于包含以字符分隔的数值型数据的文本文件。然而,许多文件具有列标题和行标题的文本字符串。在使用文件之前,可以手动打开文本文件并删除任何字符串,但 MATLAB 的 importdata 和 textscan 函数允许从同时包含数值和字符串数据的文本文件中读取数据。

根据文件格式,importdata 选择并调用 helper 函数来读取数据。当 helper 函数返回多个非空数据输出时,importdata 将这些输出组合成一个结构数组。

对于 ASCII 文件和电子表格,importdata 希望查找矩形格式的数值型数据。文本标题可以出现在数值型数据的上方或左侧,如下所示。

```
date,      miles,   gallons
1/14/2011, 315.0,   16.4
1/22/2011, 306.8,   15.3
2/3/2011,  262.2,   12.0
2/8/2011,  241.5,   11.8
1/15/2011, 279.1,   14.1
2/25/2011, 288.0,   14.0
3/2/2011,  251.6,   12.9
```

图 10-2　里程的文本数据

列标题或文件描述文本于文件顶部，位于数值型数据之上。另外，还可以在数值型数据的左侧添加行标题。

若要在其他地方导入带有非数值字符的 ASCII 文件，包括字符数据列或格式化日期或时间，要使用 textcan 函数而不是 importdata 函数。

在导入包含非数值型数据列的电子表格时，importdata 不能总是正确地解释列标题和行标题。如果 ASCII 文件或电子表格包含列头或行头，但不同时包含两者，importdata 在输出结构数值中返回 colheaders 或 rowheaders 字段，其中：colheaders 只包含列标题文本的最低行；importdata 将所有文本存储在 textdata 字段中。

只有当文件或工作表包含单个列的行标题时，才会创建行标题。例如，可以使用如下程序导入如图 10-2 所示的具有行和列标题的里程数据文本文件。

在图 10-2 的示例中，importdata 函数从读取中获得两个对象：文本字符串的 7×2 数值型 2D 数组和 8×3 元胞数组。这些对象组合成一个包含两个字段的结构数值：数值型数组的数据和文本字符串的文本数据，返回并存储在变量 data2 中。

```
%从带有标题的文本文件中读取里程数据
data2=importdata('mileage2.txt',',');

%提取行驶里程和耗油量
miles2=data2.data(:,1);
fuel2=data.data(:,2);

%计算每次加油的 mpg 和平均 mpg
mpg2=miles2./fuel2;
avg_mpg2=sum(miles2)/sum(fuel2);
```

除了文件名之外，importdata 函数还将文本文件分隔符作为参数。如果文本文件分隔符未指定，MATLAB 会自动设定该文本文件的分隔符。标题行数（包含字符串的行）是 importdata 函数的可选参数。如果设定了标题行的数量，则从标题行数加 1 的位置开始读取数值数据。例如，将从语句的第 2 行开始读取数值数据。

data2 = importdata('mileage2.txt', ',', 1);

当设定了可选的标题行参数时，importdata 函数返回的结构数组包含 1～3 个元胞：一个用于行标题，另一个用于列标题，还有一个包含所有文本字符串。

对于混合了字符串和数值型数据的文本文件，应使用 textscan 函数或低层次的文本文件 i/o 操作，如 fscanf、fget1、fgets 或 fread，而不是 importdata。

有几个较低层次的函数可以从文件中读取数据。fgetl 和 fgets 函数每次从文件的一行中读取文本。不同之处在于，如果行尾有换行符，fgets 会保留换行符，而 fgetl 函数会去掉换行符。这两个函数都需要首先打开文件，然后在完成后关闭它。由于 fgetl 和 fgets

函数每次读取一行，这些函数通常处于某种形式的循环中。

　　fgetl 函数一次从文件中读取一行字符向量。其他输入函数将在第 10.5.6 部分中介绍。与其他数据输入函数相比，fgetl 函数在如何读取数据方面提供了更多的选择。fgetl 函数将文件中的一行数据读入字符向量，然后可以使用文本操作函数来操作数据。由于 fgetl 只读取一行，所以它通常被放置在一个循环中，这个循环一直持续到文件的末尾。如果到达文件末尾，函数 feof 返回逻辑 true。如果函数调用 feof(fid)已经到达由 fid 标识的文件的末尾，则返回逻辑 true，否则返回逻辑 false。fgetl 函数返回一个字符向量，或者在文件中找到更多的数据。在 MATLAB 中，检查 fgetl 返回的值实际上比使用 feof 更稳健。

　　从文件读入字符向量的一般算法如下：
- 尝试打开文件；
- 检查文件是否打开成功，如果打开，循环直到没有更多的数据；
- 对于文件中的每一行，读入一个字符向量并操作数据，尝试关闭文件；
- 检查关闭文件是否成功。

10.2.3　将数字数据写入分隔文本文件

　　MATLAB 函数 dlmwrite 和 csvwrite 允许将数值型数据保存到以字符分隔的文本文件中（csvwrite 仅用于逗号分隔的文件）。如下的 MATLAB 代码说明了如何把平均油耗数据作为列向量添加到原始里程数据中。结果文件内容如图 10-3 所示。

```
315,16.4,19.21
306.8,15.3,20.05
262.2,12,21.85
241.5,11.8,20.47
279.1,14.1,19.79
288,14,20.57
251.6,12.9,19.5
```

图 10-3　数据文本

　　dlmwrite 函数将保存数据的文件名、数据的二维数值型数组和用户可配置选项的可选列表作为其函数参数。有关 dlmwrite 用户可配置选项的更多信息，请参阅 MATLAB 的帮助文档。

```
%将里程和 mpg 数字数据保存在分隔文本文件中
dlmwrite('mileageplusmpg.txt',[miles,fuel,mpg],...
    'delimiter',',','precision',4,'newline','pc');
```

10.3 从 Microsoft Excel 文件加载和保存数据

Microsoft Excel 文件的扩展名为.xls（2007 年之前的 Office 版本）或.xlsx（Office 2007/2010）。Microsoft Excel 文件是二进制文件，大多数电子表格软件和许多其他软件包（包括 MATLAB）都可以读取。当计算机上安装了 Microsoft Excel 软件时，MATLAB 读写 Microsoft Excel 文件的函数可以很好运行。

10.3.1 读取数据

要从 Excel 文件读取数据，通常使用以下三种 xlsread 格式之一。

```
numbers=xlsread('grocerydatafile.xls');
[numbers,text]=xlsread('grocerydatafile.xls');
[numbers,text,raw]=xlsread('grocerydatafile.xls');
```

xlsread 函数的第一个参数是读取数据的文件名。对于第一种使用格式，只读取数值数据并返回实数数组。对于第二种使用格式，读取数值和文本（字符串）数据，并返回实数数组和字符串元胞数组。对于第三种使用格式，读取数字和文本（字符串）数据，并返回实数数组、字符串元胞数组和原始数据元胞数组。xlsread 函数还具有用于指定工作表和数据范围的可选参数。

MATLAB 的 xlsread 函数还支持交互式 Microsoft Excel 文件输入。如以下语句

data = xlsread(filename, -1);

在 Microsoft Excel 窗口中打开文件名，并允许用户选择工作表中要读取的数据范围。可以导入整个工作表或工作表的选定区域。当事先不知道文件中数据的格式时，可以使用此选项。但是一般来说，自动导入数据是首选。

10.3.2 写入数据

要将数据保存到 Microsoft Excel 文件，通常使用以下 xlswrite 格式。

xlswrite('newgrocerydatafile.xls', filedata);

xlswrite 的第一个参数指定要保存数据的文件，第二个参数包含要保存的数据。要保存的数据既可以存储在数值型数据的数组中，也可以存储在数值和字符串数据的元胞数组中。

例如从 Microsoft Excel 文件加载杂货（grocery）数据，把该数据打包为结构数组，计算购买杂货的单项成本和总成本，并将结果保存在新的 Microsoft Excel 文件中。图 10-

4显示了原始杂货店进货数据。以下 MATLAB 程序从文件中加载杂货数据，提取杂货数据并填充结构数组，计算每种杂货的成本和所有杂货的总成本，并将结果保存到新的 Microsoft Excel 文件中（见图 10-5）。

	A	B	C	D
1	item	quantity	cost per item	
2	apple	4	0.50	
3	orange	2	0.75	
4	banana	6	0.25	
5	mango	1	1.00	
6				

图 10-4　原始杂货店进货数据

```
%从 Excel 文件读取杂货店数据
[numbers,text]=xlsread('grocerydatafile.xlsx');
%从文本数据中提取项目名称和列标题
itemNames=text(2:end,1);
columnHeadings=text(1,:);
%从数字数据中提取量化和每项成本数据
itemQuantities=numbers(1:end,1);
costPerItem=numbers(1:end,2);
%将数据存储在杂货店结构数组中
numberItems=length(itemNames);
grocery=struct('item',cell(1,numberItems),'quantify',...
    zeros(1,numberItems),'costperitem',zeros(1,numberItems));
for k=1:1:numberItems
    grocery(k)=
    creategrocery(itemNames(k),itemQuantities(k),costPerItem(k));
end
%计算每个项目的成本和所有项目的总成本
itemCosts=itemQuantities.*costPerItem;
totalCost=sum(itemCosts);
%将数据保存到 excel 文件
%列标题和行标题
xlswrite('newgrocerydatafile.xlsx',columnHeadings,'Sheet1','A1:C1');
xlswrite('newgrocerydatafile.xlsx',itemNames,'Sheet1','A2:A5');

%原始数据
xlswrite('newgrocerydatafile.xlsx',itemQuantities,'Sheet1','B2:B5');
xlswrite('newgrocerydatafile.xlsx',costPerItem,'Sheet1','C2:C5');
%新数据
xlswrite('newgrocerydatafile.xlsx',{'item costs'},'Sheet1','D1');
xlswrite('newgrocerydatafile.xlsx',itemCosts,'Sheet1','D2:D5');
xlswrite('newgrocerydatafile.xlsx',{'Total cost'},'Sheet1','AB');
xlswrite('newgrocerydatafile.xlsx',totalCost,'Sheet1','B8');
```

由于文本数据与数值数据一起保存，数据可以全部存储在元胞数组中，也可以将数值和文本数据分别写入文件。在本例中，数值和文本数据分别写入。这需要指定写入数据的范围。文本存储在元胞数组中，数值型数据存储在与它们将要写入的范围大小相同的数组中。新文件中的列标题是从原始文件读取的文本数据元胞数组中获得的原始列标题和每件杂货总成本的附加列标题的组合。而新文件中的数值型数据由原始数值型数据加上每件杂货总成本的一列数据组成。

在应用 xlswrite 函数时指定精确读取范围时存在一个明显的缺点，如果数据条目数量发生变化，则每次必须重新设定范围。如果可能的话，设定数据被写入的范围处于左上角的位置更理想。要在 Microsoft Excel 中写入数据，所有数据（数字和文本字符串）都需要在适当大小的元胞数组中。以下显示了一段可用于执行此操作的代码。

```
%将数据保存到 excel 文件
dataToWrite=cell(8,4);
%行和列标题
for k=1:1:length(columnHeadings)
    dataToWrite(1,k)=columnHeadings(k);
end
dataToWrite(1,length(columnHeadings)+1)={'item costs'};
for k=1:1:length(itemNames)
    dataToWrite(k+1,1)=itemNames(k);
end
%数字数据
for k=1:1:length(itemNames)
    dataToWrite(k+1,2)={itemQuantities(k)};
    dataToWrite(k+1,3)={costPerItem(k)};
    dataToWrite(k+1,4)={itemCosts(k)};
end
%总成本
dataToWrite(length(itemNames)+3,1)={'Total cost'};
dataToWrite(length(itemNames)+3,2)={Total cost};
%将数据写入文件
xlswrite('newgrocerydatafile.xlsx',dataToWrite,'Sheet1','A1');

xlswrite('grocerydatafile.xlsx',{'Total Cost',totalCost},...
'Sheet1','A8:B8');
xlswrite('grocerydatafile.xlsx',{'item costs'},'Sheet1','D1');
xlswrite('grocerydatafile.xlsx',itemCosts,'Sheet1','D2:D5');
```

newgrocerydatafile

	A	B	C	D	E
1	item	quantity	cost per it	item costs	
2	apple	4	0.5	2	
3	orange	2	0.75	1.5	
4	banana	6	0.25	1.5	
5	mango	1	1	1	
6					
7					
8	Total cost			6	

图 10-5 保存的数据结果

10.3.3 读取部分数据

还可以从 Microsoft Excel 文件中的范围读取数据。例如，以下语句将仅读取表 1 第 B 列第 2 行至第 5 行的杂货数量。

```
itemQuantities = ...
xlsread('grocerydatafile.xlsx', 'Sheet1', 'B2:B5');
```

新的食品杂货数据可以附加到原始食品杂货数据文件中，而不是保存到新文件中。与文本文件一样，在将数据附加到 Microsoft Excel 文件时必须小心：必须确保原始数据不会被重写（破坏），并且如果文件稍后将用于作为其他函数的输入，则加载数据时必须考虑新的文件格式。

为了说明以上代码的应用，举一个读入理想气体热力学表的例子。要求编写用于创建理想气体表循环属性中使用的结构数组的文件输入的代码。在 Structuresprimer 中，编写一个函数 idealGasTableAirLookup，用于查找空气的理想气体特性。函数参数是包含理想气体表数据、字段名和值的结构数组。假设结构数组已经存在，但通常需要从文件读取的数据创建结构数组。

空气理想气体性质热力学表的文件格式如图 10-6 所示。图 10-7 显示了用于从 Microsoft Excel 文件读取数据并创建包含理想气体特性表数据的结构数组的 MATLAB 程序。

该表的数据在文件“Thermodynamics Tables SI Units.xlsx”的表 A22 中。该文件包含许多其他热力学表。表数据开始于第 4 行，结束于第 125 行，并分布在六列 A 到 F 上。前三行包括表标题和表变量及单位。

文件数据读入两个变量数据和标题。数据变量保存数值表的 2D 数组，标题变量保存前三行的字符串数据的 2D 元胞数组。从 2D 数字数组中提取数值数据，并使用从文件中读取的数据创建结构数组。生成的结构数组保存在 MATLAB 工作空间文件（.mat）中。如果要定期使用 MATLAB 中的数据，这一方式比 Microsoft Excel 文件更方便。

	A	B	C	D	E	F	G
1	Ideal Gas Properites of Air						
2					when Δs = 0		
3	T K	h kJ/kh	u kJ/kg	s°	pr	vr	
4	200	199.97	142.56	1.29559	0.3363	1707	
5	210	209.97	149.69	1.34444	0.3987	1512	
6	220	219.97	156.82	1.39105	0.469	1346	
7	230	230.02	164	1.43557	0.5477	1205	
8	240	240.02	171.13	1.47824	0.6355	1084	
9	250	250.05	178.28	1.51917	0.7329	979	
10	260	260.09	185.45	1.55848	0.8405	887.8	
11	270	270.11	192.6	1.59634	0.959	808	
12	280	280.13	199.75	1.63279	1.0889	738	
13	285	285.14	203.33	1.65055	1.1584	706.1	

Thermodynamics Tables SI Units

图 10-6　空气理想气体性质热力学表

```
%从 Microsoft Excel 文件导入空气理想气体表
[data,headings]= xlsread('Thermodynamics Tables SI Units.xlsx','A22');
%第 1 列为 T，单位为 K 度
Ttemp=data(:,1)';
%第 2 列为 h，单位为 kJ/kh
htemp=data(:,2)';
%第 3 列为 u，单位为 kJ/kg
utemp=data(:,3)';
%第 4 列为 s
stemp=data(:,4)';
%第 5 列为 pr
prtemp=data(:,5)';
%第 6 列为 vr
vrtemp=data(:,6)';
clear data;
clear haedings;
%为空气表分配理想气体表空间
numberEntries=length(Ttemp);
idealGasTableAir=struct('T',cell(1,numberEntries),...
   'h',cell(1,numberEntries),'u',cell(1,numberEntries),...
   's',cell(1,numberEntries),'pr',cell(1,numberEntries),...
   'vr',cell(1,numberEntries));

%填充空气结构阵列的理想气体表
for k=1:1:numberEntries
   idealGasTableAir(k).T=Ttemp(k);
   idealGasTableAir(k).h=htemp(k);
   idealGasTableAir(k).u=utemp(k);
   idealGasTableAir(k).s=stemp(k);
   idealGasTableAir(k).pr=prtemp(k);
   idealGasTableAir(k).vr=vrtemp(k);
end
%将理想气体数据结构数组保存到 MATLAB 工作空间文件
save('idealGasTableAir.mat','idealGasTableAir');
```

图 10-7　创建包含理想气体特性表的 MATLAB 程序

每个列的数据也可以单独读取。在这种情况下，知道要读取的数据的确切范围很重要，如果文件被更改，则可能需要更新范围，如下程序所示。

```
%从 Microsoft Excel 文件导入空气理想气体表
%第 1 列为 T, 单位为 K 度
Ttemp=xlsread('Thermodynamics Tables SI Units.xlsx','A22',...
'A4:A125');
%第 2 列为 h, 单位为 kJ/kh
htemp=xlsread('Thermodynamics Tables SI Units.xlsx','A22',...
'B4:B125');
%第 3 列为 u, 单位为 kJ/kg
utemp=xlsread('Thermodynamics Tables SI Units.xlsx','A22',...
'C4:C125');
%第 4 列为 s
stemp=xlsread('Thermodynamics Tables SI Units.xlsx','A22',...
'D4:D125');
%第 5 列为 pr
prtemp=xlsread('Thermodynamics Tables SI Units.xlsx','A22',...
'E4:E125');
%第 6 列为 vr
vrtemp=xlsread('Thermodynamics Tables SI Units.xlsx','A22',...
'F4:F125');
```

10.4 写入和显示格式化数据

10.4.1 格式化数据显示的类型

截至目前，主要讲解了写入和显示未格式化的数据。因为这些数据存储在计算机的内存中，用户对如何呈现或保存数据的控制能力非常有限。更具体地说，在第 1 章中引入了 format 函数来控制命令窗口中显示的数值的输出格式。在从文件读取数据时引入了格式说明符来区分不同类型的数据。本小节将详细介绍格式说明符的概念，并展示如何对每个变量应用特定的格式，这些变量将显示在屏幕上或写入文件中。调用 fprintf 函数能够实现这些功能。它的一般格式是

fprintf(fid, 'format', A, ...)

这个函数格式化矩阵 A(实部)中的数据，以及由指定格式字符串(格式说明符)控制的任何其他变量，并将其写入与文件标识符 fid 相关联的文件。参数 fid 是一个取值为整数的文件标识符，从函数 fopen 获得。这个参数也可以假定值为 1 或省略。在这两种情况下，fprintf 将在显示屏上使用标准输出。如果使用 fopen 打开一个文件，那么完成一定任务后就可以使用功能相反的函数 fclose 关闭它。

格式说明符 format 是一个字符串，包含以标记%开始的转换格式，该格式说明符来自 C 语言，包含以下模式（见图 10-8）。

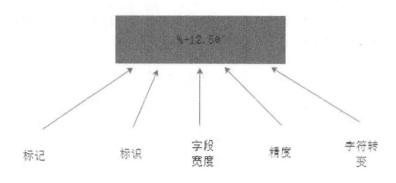

图 10-8   格式字符串设定说明

%[-] [number1.number2] Y	（[] 在这种模式中表示可选字段）
%	开始转换设定（以转换字符 Y）
-	指定对齐代码
number1	指定字段宽度
number2	指定小数点右边的位数点（精度）
Y	指定输出的符号（格式代码）
对齐代码（标志）为	
-	左对齐其字段中转换的参数
+	始终打印符号字符（+或-）
0	用零而不是空格填充

字段宽度和精度设定由一个指定要打印的最小位数的数值字符串（number1）或一个包含句点的数值字符串（number1.number2）给出，该数字字符串设定要打印在小数点右侧的位数。以下的转换字符设定了输出的符号

%c	单个字符
%d	带符号十进制格式
%e	带小写的指数（科学）格式（如 3.1415e+00）
%E	带大写字母 E 的指数格式（如 3.1415E+00）
%f	定点十进制格式
%g %e or %f,	以较短为准（不打印不重要的零）
%G	与%g 相同，但使用大写 G
%o	无符号八进制格式

%s	字符串
%u	无符号十进制格式
%x	十六进制格式（使用小写字符 a-f）
%X	十六进制格式（使用大写字符 A-F）

同样，为了在格式字符串中输出结果更可读，可以设置以下以符号"\"开始的一系列"转义"字符。

\b	退格	\t	制表符
\f	换页符	\\	反斜杠
\n	开始新行	''(two single quotes)	单引号
\r	回车	%%	百分比字符

考虑两个示例，可以更好地理解 fprintf 函数的实际应用方式。第一个示例用于将简单标量打印到屏幕。

```
>> speed = 62.3;
>> fprintf('The speed is: %3.1f fps\n', speed);
The speed is: 62.3 fps。
```

第二个例子允许在 exp.txt 文件中打印一个矩阵。

```
>> x = 0 :. 1 : 1;
>> y = [x; exp(x)];
>> fid = fopen('exp.txt', 'w');
>> fprintf(fid, '%6.2f %12.8f\n', y);
>> fclose(fid);
```

fopen 函数定义写入数据的位置，'w'指定打开文件的权限，或者创建新的文件并丢弃现有内容(如果有的话)。新创建的文本文件 exp.txt 现在包含一个指数函数的缩略表。

```
0.00    1.00000000
0.10    1.10517092
…       …
1.00    2.71828183
```

如果需要，可以使用功能相反的函数 fscanf 从该文件中读取数据。

```
>>fid = fopen('exp.txt');
>>a = fscanf(fid, '%g %g', [2 inf])  %现在有两行。
>> a = a';
>> fclose(fid)
```

这里，fopen 函数的默认权限(省略第二个参数'r')允许单独打开 exp.txt 文件。以下再介绍另一个格式化输出函数。

```
str = sprintf('format', A,…)
```

这与 fprintf 函数完全相同，唯一的区别是它将格式化数据写入字符串 str。类似地，sscanf 函数从字符串读取格式化数据。

10.4.2　打开文本文件

为了阐明如何使用自定义函数打开文本文件，以下编写一个名为 write_temp_precip_txt.m 文件。打开一个文本文件，该文件的名称作为参数传递给自定义函数，并将气候数据写入该文本文件。下面是这个函数调用的形式

```
>> write_temp_precip_txt('Climate.txt')
>>
```

在命令执行之后只是显示命令提示符，这表明函数不向命令窗口写入任何内容。相反，该函数将数据写入名为"Climate.txt"的文件中。所选择文件扩展名为 txt，不是因为函数需要它，也不是因为它对 MATLAB 有什么特殊的意义，而是因为它是一个公认的文本文件扩展名。那么，应该如何查看内容呢？可以用读取文本文件的应用程序来查看文本数据。当打开文件时，会看到如图 10-9 所示的文本数据。

```
Climate Data for Nashville, TN
(Average highs (F), lows (F), and precip (in))

        High  Low  Precip
  Jan: 46.00,28.00, 3.98
  Feb: 51.00,31.00, 3.70
March: 61.00,39.00, 4.88
April: 70.00,47.00, 3.94
  May: 78.00,57.00, 5.08
 June: 85.00,65.00, 4.09

        High  Low  Precip
 July: 89.00,69.00, 3.78
  Aug: 88.00,68.00, 3.27
  Sep: 82.00,61.00, 3.58
  Oct: 71.00,49.00, 2.87
  Nov: 59.00,40.00, 4.45
  Dec: 49.00,31.00, 4.53
```

图 10-9　文本数据在 MATLAB 中打开

写入的文本数据就是上面 Excel 示例中使用的气候数据。写入这个文件的代码可以

按如下编写。

```
function write_temp_precip_txt(filename)

Title_1 = 'Climate Data for Nashville, TN';
Title_2 = '(Average highs (F), lows (F), and precip (in)';
Label_1 = ' High ';
Label_2 = ' Low  ';
Label_3 = 'Precip';
Mo_1 = {'Jan','Feb','March','April','May','June'};
Mo_2 = {'July','Aug','Sep','Oct','Nov','Dec'};

Data_1 = [
    46 28 3.98
    51 31 3.7
    61 39 4.88
    70 47 3.94
    78 57 5.08
    85 65 4.09
    ];
Data_2 = [
    89 69 3.78
    88 68 3.27
    82 61 3.58
    71 49 2.87
    59 40 4.45
    49 31 4.53
    ];
fid = fopen(filename,'w+t');
if fid < 0
    fprintf('error opening file\n');
    return;
end
fprintf(fid,'%s\n',Title_1);
fprintf(fid,'%s\n',Title_2);
fprintf(fid,'\n');
fprintf(fid,'       %s%s%s\n', ...
                  Label_1,Label_2,Label_3);
for ii = 1:size(Data_1,1)
    fprintf(fid,'%5s: ',Mo_1{ii});
    fprintf(fid,'%5.2f,%5.2f,%5.2f\n',Data_1(ii,:));
end
fprintf(fid,'\n');
fprintf(fid,'       %s%s%s\n', ...
                  Label_1,Label_2,Label_3);
for ii = 1:size(Data_2,1)
    fprintf(fid,'%5s: ',Mo_2{ii});
    fprintf(fid,'%5.2f,%5.2f,%5.2f\n',Data_2(ii,:));
end
fclose(fid);
```

函数 fopen 要求至少有一个输入参数，且必须是字符串，该字符串包含要打开的文件的名称。返回值为整数，是"文件标识符"的助记符。当调用函数来写入或读取该文件时，需要这个助记符。

第二个输入参数告诉 fopen 是否要写入文件。如果没有第二个参数，则该文件将以"只读"的形式打开。在这种情况下，MATLAB 将不允许对文件进行任何写入。这是一个很好的规则，因为文件中通常有宝贵的数据需要读取，如果不小心调用了一个将覆盖当前内容的函数来更改其内容，可能会造成灾难性的后果。因此如果想要写入文件，输入的第二个参数为'w+t'。fopen 的这个参数为文件写入"权限"，它提示是否读取或写入的文件，是否之前的内容被删除；是否应该创建一个不存在的文件，该文件是否应该视为一个文本文件或二进制文件。在这种情况下，"w"意味着允许写入文件，舍弃任何以前的内容；"+"意味着，如果想要创建文件不存在，就创建新文件；"t"意味着想要的文件作为一个文本文件。

表 10-5   fopen 函数的权限标识

第二个参数	前提
'rt'	打开文本文件进行阅读
'wt'	打开文本文件进行写入，放弃现有内容
'at'	打开或创建用于写入的文本文件，将数据附加到文件末尾
'r+t'	打开（不创建）文本文件进行读写
'w+t'	打开或创建用于读写的文本文件，放弃现有内容
'a+t'	打开或创建用于读写的文本文件，将数据附加到文件末尾

表 10-5 显示了 fopen 可以为文本文件请求的六个重要的文件权限。都以"t"结尾，这是"textfile"的助记符。

permission 参数实际上代表一个请求，这个请求可能不会被执行。当 MATLAB 解释器执行 fopen 时，它将请求的权限传递给操作系统。如果操作系统可以，它将批准请求，如果检验不能通过，请求将不会被执行。可以通过检查返回的文件标识符(本例中为fid)的值来确定请求是否能够被通过。如果该文件存在于当前目录中，或者在 MATLAB 搜索路径上的任何目录中，则会找到该文件并打开以便写入文件。如果找到文件或创建了文件，并且操作系统允许以请求的权限打开文件，则打开成功，并将返回一个正整数作为文件标识符。如果不是，那么文件名可能是非法的(包含一个字符的操作系统不允许文件名)，操作系统可能会锁定目录，并禁止文件写入或者创建新文件，也可能由于其他操作系统问题阻止 fopen 写入文件。

如果文件没有成功打开，则 fopen 将返回数字-1，该数字不是文件标识符，而是表示没有打开文件的提示符。检查这个，正如在上面的 if 语句中所做的那样：if fid < 0，检查是否成功打开文件的事件对用户是非常有帮助的。否则，程序的行为通常会非常神秘，可能需要很长的调试才能意识到问题所在。可能仅因为没有打开任何文件，而没有写入或读取任何内容，检查程序的错误就要花费很多时间。

如果文件打开成功，那么将返回一个大于 2 的值：打开的第一个文件返回 3，第二个文件返回 4，以此类推。1 表示把文件写在命令窗口。

10.4.3 写入文本文件

现在学习如何将数据写入文本文件。写入文本文件是用 fprintf 完成的，为了表明写入文本文件而不是写入命令窗口，需要给它一个额外的参数。该参数是文件标识符，在上面的例子中用 fid 表示。每个 fprintf 语句都包含 fid 作为第一个参数，所有内容都被写入用这个文件标识符打开的文件中，如文本文件 Climate.txt。事实上，当正在编写一个应用程序时，将该应用程序写入一个文本文件，可以看到文本格式化，而无须在文件打开权限暂时设置 fid = 1。这意味着正在写的"文件"根本不是一个文件，而是命令窗口。

10.4.4 关闭文本文件

一旦写完或读完一个文本文件，必须"关闭"它。使用 fclose 函数能够关闭文件。在上面的例子中，可以看到参数 fid，这意味着用户需要关闭已经打开的文件，该文件是用存储在 fid 中的文件标识符所打开的。任何已经打开的文件都必须关闭，因为如果继续让它打开，那么其他一些应用程序可能无法访问它。例如，如果想使用 TextEdit 查看文本文件，而省略了对 fclose 的调用，这将产生一个错误，显示该文件已被另一个用户锁定或在另一个应用程序中打开。在这种情况下，可以通过调用 fopen 的参数'all'来确定哪些文件在 MATLAB 中打开。程序将返回打开文件的列表，用户可以用 fclose 一次关闭一个文件，也可以用 fclose('all')关闭所有打开的文件。

10.4.5 用 MATLAB 显示一个文本文件

在上面看到了如何使用操作系统提供的程序（TextEdit）显示文本文件的内容，也很容易在 MATLAB 中显示文本文件。这可以通过一个名为 type 的简单命令来完成，如下所示。

```
>>type  Climate.txt
Climate Data for Nashville, TN
(Average highs (F),lows (F), and precip (in))
      High  Low   Precip
 Jan:  46.00,  28.00,  3.98
 Feb:  51.00,  31.00,  3.70
 March:   61.00,  39.00,  4.88
 April:  70.00,  47.00,  3.94
 May:  78.00,  57.00,  5.08
 June:  85.00,  65.00,  4.09


      High  Low   Precip
```

```
July:   89.00,  69.00,  3.78
Aug:    88.00,  68.00,  3.27
Sep:    82.00,  61.00,  3.58
Oct:    71.00,  49.00,  2.87
Nov:    59.00,  40.00,  4.45
Dec:    49.00,  31.00,  4.53
```

在此提供一个简单的函数，可以将数据从一个文本文件输出到命令窗口便于浏览。

```
function view_text_file(filename)
fid=fopen(filename,'rt');
if fid<0
    fprintf('error opening file\n');
    return;
end
fprintf('\n');

%将文件作为一组字符串读取，每行一个字符串；
oneline=fgets(fid);
while ischar(oenline)
    fprintf('%s',oneline) % 显示一行
    oneline=fgets(fid);
end
fclose(fid);
```

在函数的第二行，使用 fopen 权限字符串 "rt"，这意味着要打开一个文本文件(t)，并读取(r)该文件。但在读取文件的内容之前，需要命令输出一个空行，正如函数 type 所做的那样。然后，函数 fgets 完成实际的读取。这个函数从文件中获取一行并以字符串的形式返回，并把字符串存储在变量 oneline 中。在 while 语句开始之前读取第一行，然后在循环体中重复调用 fgets。每次调用 fgets 时，它都会跳到文件的下一行，逐行移动文件，将最近读取的行放入，直到到达文件的末尾。当发现它位于文件末尾时，它返回数字-1，该数字被编码为双精度数值而不是字符串，因此 oneline 的类型是 double 而不是 char。程序最后利用循环控制语句 while ischar(oneline)来确定是否已经到达文件末尾。

读取一行后剩下的唯一任务是在命令窗口中显示它。这是用 fprintf 完成的。在循环体中，使用格式字符串'%s'将一行输出到命令窗口。

10.4.6 将数据从文本文件读入变量

正如第 10.4.5 部分所述，显示文本文件的内容很简单。但是，如果希望将文件中的数据存储到 MATLAB 变量中进行处理，情况就复杂了。因此将文本文件的内容读入变量比将变量内容写入文本文件要困难得多。其原因在于，当将变量的内容写入文本文件

时，可以随时获得更多的信息。这些信息包括所要写入文件的变量的类型、大小和形状，但是当希望将文本文件的内容读入变量时，能够获取的只有来自文件的字符流信息。与 Excel 文件不同，文本文件不包含其他信息。将数据从文本文件读入变量时，必须有额外的信息以了解如何将字符流解析为有意义的对象：字符串和数值。不可能知道文件中一个数据和下一个数据之间的边界在哪里，也不可能知道应该存储在什么类型的变量中。将文本文件读入变量需要详细了解文件中数据类型，以及各种类型出现的顺序，并且必须将这些信息反映到读取文件的代码中。现举例说明，该示例利用这种信息将文本文件的一部分读入字符串，另一部分读入数值类型的变量。这是一个专门用于读取 Climate.txt 格式文件的函数。

- 1～4 行：每一行包含一个字符串，第三行为空。
- 第 5～10 行：每个行包含一个字符串，后面跟着三个数字。
- 第 11 行和第 12 行：每一行都包含一个字符串，第一行为空。
- 第 13～18 行：每一行包含一个字符串，后面跟着三个数字。可用于读取以这种格式写入的文件的函数如下所示。为了便于参考，对行进行编号：

```
function contents = read_temp_precip_txt(filename)
fid=fpoen(filename,'rt');
if fid<0
    fprintf('error opening file\n');
    return;
end
% 将文件作为一组字符串读取，每行一个；
line_number=1;
oneline{line_number}=fgetl(fid);
while ischar(oneline{line_number})
    line_number=line_number+1
    oneline{line_number}=fgetl(fid);
end
fclose(fid);


%分析行:
Title_1=oneline{1};
Title_2=oneline{2};
Labels =oneline{4};
for ii=1:6
    [Mo_1{ii},-,-,n]=sscanf(oneline{ii+4},'%s:');
    Data_1(ii,1:3)  =sscanf(oneline{ii+4}(n:end),'%f,');
end
for ii=1:6
    [Mo_1{ii},-,-,n]=sscanf(oneline{ii+12},'%s:');
    Data_1(ii,1:3)  =sscanf(oneline{ii+12}(n:end),'%f,');
end
```

```
%将解析的数据放入一个输出参数:
contents{1}=Title_1;
contents{2}=Title_2;
contents{3}=Labels;
contents{4}=Mo_1;
contents{5}=Data_1;
contents{6}=Mo_2;
contents{7}=Data_2;
```

函数可以这样调用

```
>> contents = read_temp_precip_txt('Climate.txt');
```

当检查 contents 中各个元胞的内容时，会发现以下内容。

```
contents{1} =
'Climate Data for Nashville, TN'
contents{2} =
' (Average highs (F), lows (F), and precip (in) '
contents{3} =
'        High   Low   Precip'
contents{4} =
'Jan:'     'Feb:'    'March:'    'April:'    'May:'     'June:'
contents{5} =
[
         46          28         3.98
         51          31          3.7
         61          39         4.88
         70          47         3.94
         78          57         5.08
         85          65         4.09
]
contents{6} =
'July:'    'Aug:'    'Sep:'     'Oct:'     'Nov:'     'Dec:'
contents{7} =
[
         89          69         3.78
         88          68         3.27
         82          61         3.58
         71          49         2.87
         59          40         4.45
         49          31         4.53
]
```

read_temp_precip_txt 中的代码开始时与 view_text_file 类似。实际上，第 2~6 行与 view_text_file 的行相同。第9~15行类似，但有三个不同之处。首先，没有打印内容（没有使用 fprintf）。其次，读取的一行现在是一个元胞向量，每一行被读入它的一个单独的元素中。读取整个文件之后，在第15行关闭它。关闭后，信息解析开始。最后，fgets 已被 fgetl 取代，二者差别在于 fgetl 有没有读取换行字符。

该函数将读取文件中的信息与被解析文件中的信息分离开来。虽然这些操作可以组合在一起，但将它们分开更容易理解，因此首先在一行中捕获文件的每一行，然后关闭

316

文件并开始分析一行的内容。此时 oneline 的任何一个元素 n 都对应于被读取文件的第 n 行。由 fget1(fid)获取的最后一个元素 oneline(end)包含-1，指示已经达到文件末尾。

解析从函数的第 18 行开始。函数的第 18～20 行复制一行的元素 1、元素 2 和元素 4，其中包含文件的第 1、2 和 4 行，作为变量 Title_1、Title_2 和 Labels 中的字符串。根据我们的格式，第 3 行是空白的，因此可以忽略它。

函数的第 21 行到第 24 行解析元素 5～10 的内容，第 22 行和第 23 行将每行解析为两部分。非常关键的是如下 sscanf 函数的调用。

　　[Mo_1{ii}, ~, ~, n] = sscanf(oneline{ii+4}, '%s:');

这个语句提取了一行{ii+4}的第一部分。第一部分是月份的缩写，后跟冒号(':')，它被赋值给 Mo_1{ii}。这种解析是在一个名为 sscanf 的 MATLAB 函数的帮助下完成的，该函数表示"使用一种格式扫描（读取）字符串"。这个函数读取一个字符串（它的第一个输入参数），并将其与一个格式字符串（它的第二个输入参数）进行比较。格式字符串告诉 sscanf 如何解释其第一个参数中的字符，以产生要放置到其第一个输出参数中的值。一个名为 fscanf 的类似函数做同样的事情，但它的第一个输入参数是文件标识符。它将文件解释为文本文件，并以与 sscanf 解释其第一个输入参数中的字符相同的方式解释文件中的字符。在格式字符串中，sscanf 和 fscanf 将变量值打印到屏幕上所使用的转义字符和格式说明符与 fprintf 函数是相同的。表 10-6 给出了 sscanf 和 fscanf 最经常使用的格式说明符的含义。

表 10-6　sscanf 和 fscanf 函数设定的格式说明符

说明符	含义
c	单字符
d	十进制记数法删除小数部分
e,E,f,g,G	指数或定点表示法：用于大写或小写 e
o	无符号八进制符号
s	字符：最多读取（不包括）第一个非空白字符
x,x	无符号十六进制记数法

例如，'%s:'中的百分号为引导符，s 表示要输出的为字符型数据格式。在 fprintf 中指定的格式为数据打印的方式，而在 sscanf 中设定的格式为数据读取的方式。这里，'%s:'意味着 sscanf 正在寻找一个后跟空格的字符串。这个模式匹配输入字符串，包括冒号。在这里使用冒号，也可以使用任何字符。例如，'%sg'将具有相同的效果，不包括空白字符但包括冒号的匹配模式被分配给 Mo_1{ii}。这里的留空白非常重要。它充当分隔符，将字符串（月份的缩写加冒号）与第一个数值分隔开。分隔符是一个字符或字符串，它

允许程序知道序列的一部分在哪里结束，下一部分在哪里开始，而不知道任何部分的预期长度。对于格式字符串还有其他可用的选项，包括字段宽度说明符、小数点右侧的数字，以及一个星号。

如果在格式字符串中 s 后面没有字符，并且在输入字符串中没有空格，那么 sscanf 将使用%s 来读取它路径中的数字、小数和其他所有内容，直到它到达一行{ii+4}的末尾。但是，当后面跟着一个普通的非空白字符（不包括空格、制表符和换行符）时，sscanf 函数会对每个输入字符进行预先检查，当检查到下一个字符是空白时，程序会停止检查，并将字符插入 Mo_1{ii}。现在看看当格式字符串中%s 后面没有字符时会发生什么，下面的例子能够说明问题。

```
>>str = sscanf('April:12', '%s')
str =
    'April:12'
```

在 sscanf 读取的字符串中，April 之前的前导空格、April:和 12 之间的空格以及 12 之后的尾随空格都被舍弃了。因此，结果输出字符串是 April:12。当%s 后面跟着一个（非空白）字符并且输入包含空白字符时，行为就不同了。下面是三个使用字母 m 作为分隔符的例子。

```
>>str = sscanf('April:12', '%sm')
str =
'April:'
>>str = sscanf('Aprilm 12', '%sm')
str =
' Aprilm'
>>str = sscanf('Aprilm12', '%sm')
str =
'Aprilm12'
>>length(str)
ans =
    8
```

在每种情况下，遇到空格都跳过，但读任何非空白字符之后，第一个后续的空白符导致读取字符的行为停止了，以及% s 后是否包含一个匹配的输入字符，（这个示例中为m）对结果没有影响。str 的长度为 8，表明不包括尾随空格。

实际上函数 sscanf 返回四个输出参数，但是在这里使用波浪号(~)跳过 sscanf 的第二和第三个输出参数，因为仅需要输出第一个输出参数。第四个为接收一个数字型数据的参数，该数字等于字符串中匹配格式字符串的部分之后的下一个字符的索引。在这种情况下，下一个字符是冒号之后的第一个字符，使用变量 n 来接收这个索引。

Data_1(ii,1:3) = sscanf(oneline{ii+4}(n:end),'%f,');

函数中出现的 n 在第 22 行中取值，这样仅仅给 sscanf 一个行{ii+4}中的字符，从第 n 个字符到最后。这是一行中包含用逗号分隔的三个数值的部分。为了获取这些数值，以格式字符串'%f'为例，分析一下当设定 ii＝1 时会发生什么。

● oneline{ii+4}包含字符串，Jan: 46.00, 28.00, 3.98
● n 等于 7（正如对于 ii 的每一个值那样），并且，
● oneline{ii+4}(n:end)包含字符串，46.00, 28.00, 3.98

当 sscanf 对正在解析的字符串（46.00, 28.00, 3.98）应用'%f'时，一旦检查到格式字符串中的%f 匹配被解析字符串中的 46.00，格式字符串中的逗号匹配被解析字符串中 46.00 后面的逗号。它将 46.00 转换为双精度类型数据，并将其复制到 Data_1(ii, 1)。sscanf 函数检查过程还没有到达字符串的末尾，但是已经到达了所指定的格式字符串的末尾。这时并不是发出错误，而是"循环"其格式字符串。程序运行从在被解析的字符串中离开的地方继续，这意味着现在正在解析字符串的剩余部分，即' 28.00, 3.98'，并且再次应用其格式字符串'%f'！格式字符串的第二次应用将导致 28 被赋值给输出参数的下一个元素 Data_1(ii, 2)。这个循环一直持续到 sscanf 到达正在解析的字符串的末尾，在本示例中这只是运行一次，发生的结果是 Data_1(ii,1:3)被赋予[4 6.00, 28.00, 3.98]的值。注意，如果使用 Data_1(ii, 1:2)或 Data_1(ii, 1:4)作为输出参数，MATLAB 会声明一个错误，并以如下注释提醒用户。

```
In an assignment  A(I) = B, the number of elements in B
and I must be the same.
```

循环格式字符串允许通过格式说明符 c 强制 sscanf 将字符串中的所有字符放入其输出参数中，意思是"读取一个字符"，如下所示。

```
>>str = sscanf('April 12', '%c')
str =
' April 12 '
>>length(str)
ans =
   13
```

因为读取一个字符不会将 sscanf 带到字符串' April 12 '的末尾，会一次又一次地循环使用' c '，将连续的单个字符放入 str 的连续元素中。将此示例与前面使用%s 读取带有空格的字符串的示例进行比较，会发现一个重要的区别，即所有空格都包含在输出%c 中。

如果 sscanf 到达格式字符串的末尾，而且也到达被解析的字符串的末尾，而输出参

数中还有没有给定值的元素，sccanf 将循环两个字符串，直到到达输出参数的末尾。下面是实现这种函数功能所使用的一个例子。

```
>>x(1 : 2) = sscanf('12.1', '%f')
x =
    12.1000   12.1000
```

这种对格式字符串的循环使用是 MATLAB 版本的 sscanf 函数的一个特殊功能。"sscanf"这个名字和 sscanf 的大部分功能是 MATLAB 从 C 语言中借用的，但是 C 语言不能循环使用。

现在来看一下 sscanf 函数使用中可能出现的另一个问题，假设在输入参数中省略了格式字符串中的逗号，函数调用命令形式为

Data_1(ii,1:3) = sscanf(oneline{ii+4}(n:end),'%f');

这个小的更改将无法正确地读取第二个和第三个元素，其结果是，Data_1(ii,1:3)将被赋值为[46.00, 46.00, 46.00]。尽管还有两个额外的数值在一行{ii+4}(n:end)，为什么 46 被重复分配呢？答案揭示了 sscanf 函数的一个新功能。由于'%f'格式不接受逗号，所以当 sscanf 在字符串 46.00, 28.00, 3.98 中遇到逗号时，它将停止字符转换，并将 46 赋值给 Data_1(ii,1)。由于输出参数中仍有未赋值的元素，因此 sscanf 会像之前一样循环其格式字符串，以便为下一个元素生成一个值，即 Data_1(ii,2)。到目前为止，运行过程与格式字符串中有逗号时是相同的。但是，这次 sscanf 要解析字符串的其余部分，即', 28.00, 3.98'。因为这个字符串中的第一个字符是一个逗号，而且由于格式字符串'%f'不支持逗号，所以不可能处理字符串的其余部分。sscanf 在这种情况下所做的事情更加有趣。除了循环格式字符串之外，它只循环正在解析的字符串的初始部分。程序运行会返回到 46.00, 28.00, 3.98 的开头，并重新应用其格式字符串，这将导致 46 被分配给 Data_1(ii,2)。程序将继续这种二元部分循环，直到所有元素都被赋值，在本例中，这只是对 Data_1(ii,3)的又一次循环。

10.4.7 读取文本文件函数 textscan 的应用

在尝试加载文件之前，必须同样得先问问自己希望输出的数据是什么形式的，以及希望计算机如何组织数据。假设有一个 txt/csv 文件，格式如下

Fruit,	TotalUnits,	UnitsLeftAfterSale,	SellingPricePerUnit
Apples,	200,	67,	$0.14
Bananas,	300,	172,	$0.11
Pineapple,	50,	12,	$1.74

在这份数据中，第一列是字符串格式，而第二、第三列是数值型，最后一列是货币格式。假设要计算今天用 MATLAB 赚了多少钱，首先必须载入 txt/csv 文件。如果认真

检查帮助文件后，可以看到 textscan 处理的是字符串和数值类型的 txt 文件。所以可以尝试运行如下代码

```
fileID=fopen('dir/test.txt');%从 dir 中加载文件
C=textscan(fileID,'%s %f %f %s','Delimiter',',','HeaderLines',1);
%在 txt/csv 中解析
```

其中，%s 表示元素是字符串类型，%f 表示元素是浮点类型，文件由 "," 分隔。HeaderLines 选项要求 MATLAB 跳过前 N 行，而紧随其后的 1 意味着跳过第一行（标题行）。

现在 C 是需要加载的数据，以 4 个元胞数组的形式存在，每个元胞包含 txt/csv 文件中的一列数据。首先，要计算今天卖出了多少水果，从第二列减去第三列，可以这样做

```
sold=C{2}-C{3};%C{2}给出第二个元胞（或第二列）内的元素
```

现在要将这个向量乘以单位价格，首先要将这一列的字符串转换成数值型数据，然后用 MATLAB 的 cell2mat 将它转换成一个数值矩阵。然后要去掉 "$" 符号，有很多方法可以做到这一点。最直接的方法是使用一个简单的正则表达式。

```
D=cellfun(@(x)(str2num(regexprep(x,'\$',''))),C{4},'UniformOutput',fa
lse);%cellfun 允许我们在元胞数组中的每个元胞中循环
Or you can use a loop:
for t=1:size{C{4},1}
    D{t}=str2num(regexprep(C{4}{t},'\$',''));
end
E=cell2mat(D)%将单元格数组转换为矩阵
```

str2num 函数可以将带有 "$" 符号的字符串转换为数值类型，cell2mat 函数可以将数值元素的元胞转换为数值矩阵。现在，可以将单位销售额乘以单位成本。

revenue = solid.*E; % 在 MATLAB 中，逐元素乘积用.*表示。
totalrevenue = sum(revenue);

10.5 二进制文件的读取与写入

二进制文件最初是指使用二进制表示法编码的文件，但由于现在所有的文件都用二进制表示法编码，这个名称现在只是表示 "不是文本文件"。二进制文件包含一串字节

流，这些字节流可以像计算机读写数值那样被直接解码为数值型数据，而不是像人类读写数字那样被解码为表示数值的字符。

与文本文件一样，二进制文件最好通过示例来理解。第一个例子是使用双精度数据类型编码将数组中的值写入文件的函数。这个过程也同样包括文件打开、文件读取（或者写入）和文件关闭三个步骤。

```
function write_array_bin(A,filename)
fid = fopen(filename,'w+');
if fid < 0
    fprintf('error opening file\n');
    return;
end
fwrite(fid,A,'double');
fclose(fid);
```

就像所有的编程语言一样，MATLAB被设计用来读取和写入各种各样格式的数据。

10.5.1　打开二进制文件

二进制文件必须先打开，然后才能被写入或读取。打开过程几乎与打开文本文件的过程相同。从以上示例中可以看出，用于打开二进制文件的函数与用于打开文本文件fopen的函数相同。唯一的区别是，对于二进制文件，第二个参数"w+"在末尾没有"t"，这是指文本文件。除了文件将被视为二进制文件而不是文本文件之外，其含义是相同的：写入文件(w)，如果文件不存在，则创建它(+)。对于二进制文件，就像文本文件一样，fopen返回一个文件标识符，如果文件无法用请求的权限打开，它同样会返回负值。表10-7显示了使用fopen可以为二进制文件请求的六个重要的文件权限。

表 10-7　fopen 的第二个参数表示的打开二进制文件的权限

第二个参数	权　限
'r'	打开二进制文件进行读取
'w'	打开二进制文件进行写入；放弃现有内容
'a'	打开或创建二进制文件进行写入；将数据附加到文件末尾
'r+'	打开（不创建）二进制文件进行读写
'w+'	打开或创建二进制文件进行读写；放弃现有的
'a+'	打开或创建用于读写的二进制文件；将数据附加到文件末尾

10.5.2　写入二进制文件

对于文本文件，在访问文件中的数据的任何函数中，文件标识符被用作参数。这次访问函数是 fwrite，它被设计用来写入二进制文件。文件标识符总是它的第一个参数，第二个参数必须是包含要写入数据的数组。在 fwrite 的单个调用中只能写入一种数据类型，该数据类型由第三个参数给出。如果选择双精度写入数据，函数中要输入参数字符串'double'。虽然这个示例指定的类型与将其值写入文件的数组的类型相同，但也不必相同。例如，可以使用'single'或'int16'或许多其他可用类型将数据写入文件。MATLAB 会将数组中的值转换为在写入文件之前指定的类型。如果没有给出第三个参数，则使用默认类型'uint8'。

当数组不是向量时就会出现一个问题：值写入文件的顺序是什么?关于数组元素的顺序的问题的答案在 MATLAB 中总是相同的：以列为主的顺序。下面将演示在编写二进制文件时使用的顺序。

一旦完成了对二进制文件的写入或读取后，必须"关闭"文件，就像处理文本文件一样。文件关闭也采用 fclose 函数，也同样需要一个参数，即文件标识符。

10.5.3　将数据从二进制文件读入变量

从二进制文件读取数据时，面临的问题与从文本文件读取数据时是相同的：都应该事先知道文件的格式。然而，问题通常是简单的二进制文件，因为通常情况下文件包含所有相同类型的变量，所以用户需要知道的是哪一种类型。如果有多个类型，那么还应该知道类型出现的顺序和每个类型包含的数量。下一小节会处理这种情况，但首先应该介绍如何处理最简单、最常见的情况。下面是一个函数，它可以读取任何只包含一种类型的二进制文件。

```
function A = read_array_bin(filename,data_type)

fid = fopen(filename,'r');
if fid < 0
   fprintf('error opening file\n');
   return;
end
A = fread(fid,inf,data_type);
fclose(fid);
```

这些工作由专门为二进制文件设计的数据读取函数 fread 来完成。和往常一样，它的第一个参数是文件标识符。第二个参数决定从文件中读取的最大元素数目。默认值是inf，即最大值为无穷大。在这种情况下，读取将继续到文件的末尾。fread 的第三个参数指定文件中的数据类型。与 fwrite 一样，默认的类型是 uint8，但这个函数允许函数的调用者通过输入参数 data_type 指定类型，而 write_array_bin 函数就必须强制设定类型为'double'。将数据读入 A 后，还是要利用 fclose 关闭文件。

下面是使用两个函数访问二进制文件的例子，一个用于写入，另一个用于读取(设置了 format short)。

```
>>Data_1
Data_1=
46.0000   28.0000    3.9800
```

```
 51.000    31.0000    3.7000
 61.0000   39.0000    4.8800
 70.0000   47.0000    3.9400
 78.0000   57.0000    5.0800
 85.0000   65.0000    4.0900
>>write_array_bin(Data_1, 'data.bin')
>>B = read_array_bin('data.bin', 'double')
 46.0000
 51.0000
 61.0000
 70.0000
 78.0000
 85.0000
 28.0000
 31.0000
 39.0000
 47.0000
 57.0000
 65.0000
  3.9800
  3.7000
  4.8800
  3.9400
  5.0800
  4.0900
```

函数调用 write_array_bin(Data_1, 'data.bin')将 Data_1 指定为要写入文件的数组，'data.bin'指定为文件名。函数调用 B = read_array_bin('data.bin', 'double')指定'data.bin'作为要读取的文件，'double'作为要使用的格式。read_array_bin 返回的值放在 B 中，当查看 B 时，会发现它是一个列向量。

10.5.4 二进制文件的追加选项

在某些情况下，当生成新数据时，将数据添加到现有文件中可能比将其写入新文件更有意义。例如，如果在将 Data_1 写入'data.bin'之后收到 Data_2 中的天气数据，则可能会出现这种情况。在这种情况下，只需再次打开'data.bin'，并将新数据写入该文件中。但是，当打开文件时，在 fopen 中使用'a'代替'w+'（用于追加）。下面的函数就是这样做的。

```
function append_array_bin(A,filename,data_type)

fid = fopen(filename,'a');
if fid < 0
    fprintf('error opening file\n');
    return;
end
fwrite(fid,A,data_type);
fclose(fid);
```

下面是被调用的函数

>>append_array_bin(Data_2, 'data.bin','double')

现在，当读取文件时，既可以看到已经存在的数据（也就是已经存储在 B 中的数据），又可以看到添加到 B 中的新数据。

>>C = read_array_bin('data.bin', 'double')

46.0000

51.0000

61.0000

70.0000

78.0000

85.0000

28.0000

31.0000

39.0000

47.0000

57.0000

65.0000

3.9800

3.7000

4.8800

3.9400

5.0800

4.0900

89.0000

88.0000

82.0000

71.0000

59.0000

49.0000

69.0000

68.0000

61.0000

49.0000

40.0000

31.0000

3.7800

3.2700

3.5800

2.8700

4.4500

4.5300

10.5.5 包含多种数据类型的二进制文件读取和写入

有时一个二进制文件包含一种以上的数据类型。例如，它可能有 double 和 int，或者 char 和 single。要读写这些文件，需要知道每种类型发生的次数及其顺序。举个例子，假设要将以下类型数据写入一个文件。

● 三个 int16 数据；

● 一些 char 数据；

● 一些 single 数据；

● 一些 int32 数据；

● 一些 single 数据。

进一步假设，第一个 int16 告诉能够显示有多少个字符，第二个 int16 能够显示有多少个单字符，第三个 int16 能够显示有多少个 int32。

编程时不需要知道有多少个单精度字符，因为它们排在最后，可以简单地读取它们，直到读到文件的末尾。下面编写一个为函数，以这种格式写入数据，然后通过一个用户定义的函数以同样的格式读取数据。

```
function custom_write_bin(d1,d2,d3,d4,filename)
fid = fopen(filename,'w+');
if fid < 0
   fprintf('error opening file\n');
   return;
end
n1 = length(d1(:));
n2 = length(d2(:));
n3 = length(d3(:));
fwrite(fid,[n1,n2,n3],'int16');
fwrite(fid,d1,'char');
fwrite(fid,d2,'single');
fwrite(fid,d3,'int32');
fwrite(fid,d4,'single');
fclose(fid);
```

前四个参数 d1、d2、d3 和 d4 是包含要写入数据的向量。注意，这些参数的类型没有指定。它们可以是任何类型，但是当它们被写入文件时，它们将分别被转换为 char、single、int32 和 single 类型的数据。如果新类型不包括存储在参数中的值，则转换过程可能会导致更改某些值。例如，如果 d1 包含一个负数，它不在 char 的范围内，它将被转换为 0；如果 d1 包含一个非整数，它不能被存储为一个字符，它的小数部分(即小数点右边的部分)将被删除。命令行为

n1 = length(d1(:));
n2 = length(d2(:));
n3 = length(d3(:));

确定需要编写的字符、单个字符和 int32 的数量，以及函数调用。

fwrite(fid,[n1, n2, n3],'int16');

将这三个数字写入为 int16 类型的三个独立值，便成为二进制文件的前三个数字。一旦写入了文件，可读取它。即使该文件被设计为由另一个应用程序读取，也希望在 MATLAB 中读取文件作为一种检验，以确保是正确的。下面是一个函数，将读取与 custom_write_bin 相同格式的文件。

```
function [o1,o2,o3,o4] = custom_read_bin(filename)
fid = fopen(filename,'r');
if fid < 0
   fprintf('error opening file\n');
   return;
end
nums = fread(fid,3,'int16');
o1 = char(fread(fid,nums(1),'char'))';
o2 = fread(fid,nums(2),'single');
o3 = fread(fid,nums(3),'int32');
o4 = fread(fid,'single');
fclose(fid);
```

这里体现了函数 fread 的一个新功能：在文件标识符参数之后有一个数字参数。这个参数告诉函数必须读入的值的数量。

```
nums = fread(fid,3,'int16');
```

在第一个案例中，由于下一个参数告诉 fread 这些值使用类型 int16 在文件中编码，因此将以 3×16 的形式读取 48 个字节(3×16)，每组 16 个字节，每组被解码为一个 int16。结果的三个值以向量的形式返回，可以选择将其存储在变量 nums 中。在命令中看到转换函数可能会感到繁琐，就像下面这个例子。

```
o1 = char(fread(fid,nums(1),'char'));
```

当使用 char()函数将 fread 返回的值转换为 char 类型时，读者可能已经预料到，由于 fread 被告知将文件中的字节解码为 char 类型，所以该 fread 将返回 char 类型的值。相反，fread 默认返回 double 类型的值。可以使用了这个默认值，然后再将返回值转换为 char。但是，可以通过更改 precision 参数来告诉 fread 返回任何类型的值，包括输入类型和用字符串"=>"分隔的输出类型。例如，这个语句以如下方式调用，可以得到相同的结果。

```
o1 = frad(fid,nums(1),'char => char'));
```

用这种方式指定的输入值和输出值不一定相同。例如，如果希望以 int64 的形式返回最后的值，可以给出这样的命令

```
o4 = fread(fid,'single=>int64');
>>header = 'Data requested from 4/17/2011';
>>Vega = [8, 7, -145];
>>VLA = [1000, 2000, 700,0, 48];
>>W9GFO = [1.45e8, 34e6, 4e7, -1e8];
```

然后，如果将数据提供给 custom_write_bin，数据能够被写入名为"Arecibo.dat"的文件。

```
>>custom_write_bin(header, Vega, VLA, W9GFO, 'Arecibo.mat');
```

此时，如果使用操作系统查看当前目录，将看到 Arecibo.dat 列在那里。

最后，调用 custom_read_bin 将从'Arecibo.dat'读取数据到四个变量 o1、o2、o3 和 o4。

```
[o1, o2, o3, o4]=custom_read_bin('Arecibo.dat')
o1=
Data requested from 4/17/2011
o2 =
   8
```

```
       7
     -145
o3 =
        1000
        2000
         700
           0
          48
o4 =
     145000000
      34000000
      40000000
    -100000000
```

很明显，o1 的类型是 char，因为可以在命令窗口中以字符形式打印。为了确定这一点，可以使用 class 函数。

```
>> class(o1)
ans =
   char
```

其他变量如预期的一样，属于双精度类型。

```
>>class(o2), class(o3), class(o4)
ans =
   'double'
ans =
   'double'
ans =
   'double'
```

如表 10-8 所示，还有其他可用于读写的选项，以及处理文件的其他函数，但只要利用这四个示例中展示读写文件的方法，应该能够处理几乎任何需要的读写二进制文件任务。

```
read_array_bin
write_array_bin
read_custom_bin
write_custom_bin
```

表 10-8　文件 I/O 的函数

函数	函数的用途
fclose	关闭一个文本文件或者二进制文件
feof	监测文本文件或二进制文件的末尾
ftell	决定文本文件或二进制文件当下的位置
type	展示命令窗口中文本文件的内容
fseek	移动到文本文件或二进制文件中的另一个位置
frewind	移动到文本文件或二进制文件的开头
fopen	打开一个文本文件或二进制文件
fread	从二进制文件中读取变量
importdata	从文本文件读取变量
textscan	从文本文件读取变量
fscanf	从文本文件读取变量
ferror	从最近的文件 I/O 操作返回错误字符串
fwrite	从变量写入二进制文件
fprintf	从变量写入文本文件（或命令窗口）

10.6　设置和查询文件位置

fseek 和 ftell 函数使你能够设置和查询下一个输入或输出操作在文件中的位置：
● fseek 函数重新定位文件位置指示器，允许跳过数据或返回到文件的前一部分。
● ftell 函数给出文件位置指示器，能够汇报读写位置的偏移量（以字节为单位）。
fseek 的语法是：

```
status = fseek(fid,offset,origin);
```

fid 是读取或者写入文件的文件标识符。offset 是以字节为单位指定的正或负偏移值。"origin" 是以下字符串之一，用于在指定文件中进行计算的位置。

'bof'	文件的开始
'cof'	文件的当前位置
'eof'	文件的末尾

以下是使用 fseek 和 ftell 的示例。要了解 fseek 和 ftell 如何工作，请考虑以下简短的 m 文件。

```
A = 1 : 5;
fid = fopen('five.bin','w');
fwrite(fid, A,'short');
status = fclose(fid);
```

此代码将数字 1 到 5 写入名为 five.bin 的二进制文件。对 fwrite 的调用指定将每个数值元素存储为 short。因此，每个数字使用 2 个存储字节。

现在重新打开 five.bin 并阅读。

```
fid = fopen('five.bin' 'r');
```

调用 fseek 将文件位置指示器从文件开头向前移动 6 个字节。

```
status = fseek(fid,6,'bof');
```

```
status=fseek(fid,6,'bof');
```

文件位置	bof	1	2	3	4	5	6	7	8	9	10	eof
文件内容		0	1	0	2	0	3	0	4	0	5	
文件位置指示							↑					

对 fread 的调用读取文件位置 7 和 8 处的任何内容，并将其存储在变量 four 中。

```
four = fread(fid,1,'short');
```

读取动作推进文件位置指示器。要确定当前文件位置指示器，请调用 ftell。

```
>> position = ftell(fid)
position =
    8
```

文件位置	bof	1	2	3	4	5	6	7	8	9	10	eof
文件内容		0	1	0	2	0	3	0	4	0	5	
文件位置指示									↑			

调用 fseek 将文件位置指示器向后移动 4 个字节。

文件位置	bof	1	2	3	4	5	6	7	8	9	10	eof
文件内容		0	1	0	2	0	3	0	4	0	5	
文件位置指示					↑							

再次调用 fread 读取下一个值（3）。

```
three = fread(fid,1,'short');
```

以下 m 文件函数演示了 fgetl 的一种可能用法。函数使用 fgetl 一次读取一行文件。对于每一行，函数确定输入文字字符串（文字）是否在该行中。

如果是，函数将打印整行，前面是文字字符串在该行中出现的次数。

```
function y = litcount(filename, literal)
% 寻找每一行匹配的字符串数量。
fid = fopen(filename, 'rt');
y = 0;
while feof(fid) == 0
  tline = fgetl(fid);
  matches = findstr(tline, literal);
  num = length(matches);
  if num > 0
    y = y + num;
    fprintf(1, '%d:%s\n', num, tline);
  end
end
fclose(fid);
```

例如，考虑以下名为 BadPone 的输入数据文件。

```
Oranges and lemons,
Pineapples and tea,
Orangutans and monkeys,
Dragonflies or fleas.
```

要了解字符串"an"在此文件中出现的次数，请使用 litcount。

```
litcount('badpoem', 'an')
2: Oranges and lemons,
1: Pineapples and tea.
3: Orangutans and monkeys,
```

10.7 交互式输入和输出

MATLAB 有两个最简单的交互式数据输入函数。第一个是直接的 input 函数。命令调用如下

>>x = input('text')

用文本字符串给用户一个提示，说明等待输入数据含义。输入可以是任何 MATLAB 表达式，也可以使用当前工作空间中存在的变量进行计算，然后在 x 中返回结果。

例如，以下命令

>>Area = pi*input('Enter the radius')^2

提示并期望你输入一个圆的半径，然后计算并返回该圆面积。

Enter the radius: 5
Area =
  78.5398

输入文本字符串时，应该使用稍微修改过的调用格式，需要第二个参数 s。

x = input('text', 's')

该命令以文本字符串的形式给出提示，并等待字符串输入。

>>Name = input('Enter the name:', 's')
Enter the name: Yuri Gagarin
Name =
  'Yuri Gagarin'

提示符的文本字符串可能包含一个或多个'\n'，允许你跳到下一行的开头。这样可以使提示字符串跨越几行，如下所示。

>>N = input('Pick a number between\n 1 and 10\nYour choice:')
Pick a number between 1 and 10
Your choice: 5
N =
  5

第二个简单输入函数是 menu。使用 menu 函数可以提供更多输入参数选项，比如以

下命令。

```
k = menu('title', 'option1', 'option2',…)
```

按顺序显示标题字符串和菜单项字符串：option1、option1，…它以标量 k 的形式返回所选菜单项的编号，比如以下实例是使用 menu 函数产生的选择图框。

```
>>k = menu('Choose a data marker', 'o', '*', 'x');
```

图 10-10　用户菜单的例子

如图 10-10 所示的菜单中，可以通过按三个按钮中的任何一个来做出选择。为了完成这个简单的例子，以下进一步说明如何绘制一条抛物线。如果选择了标记'o'，则以下三行命令可以生成如图 10-11 所示的图形。

```
>>x=1 : 10; y=x.^2;
>>type = ['o', '*', 'x'];
>>plot(x, y, type(k))
```

注意，k = menu('title', itemlist)，其中 itemlist 是包含一组文本字符串的元胞数组，也表示有效的语法。例如，在前面提到的例子中，元胞数组 itemlist = {'o' '*' 'x'}也可以被使用。

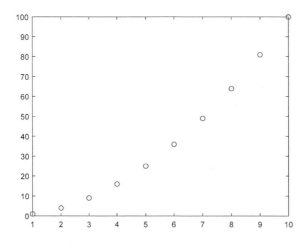

图 10-11　具有互动选择标记符的抛物线

10.8 文件管理

MATLAB 包括几个内置函数，对管理文件和文件夹很有用。表 10-9 提供了创建文件夹、将文件从一个文件夹移动到另一个文件夹以及其他操作的内置函数。

表 10-9 与文件和文件夹管理相关的函数

函数	简述
isdir(fullfic('C:','My_MATLAB_Programs')) isdir('Music')	如果名字是一个文件夹，返回逻辑值 1
S=dir('folder_name')	返回一个 Mx1 结构数组，其中包含字段：name、date、bytes、isdir 和 datenum；参见示例 7.4
rmdir('folder_name') rmdir('folder_name','s')	当文件夹名为空时，从当前文件夹中删除文件夹名；并使用"s"选项删除 folder_name 及其所有内容
mkdir(folder_name)	在当前文件夹中创建文件夹；使用完整的路径名在另一个文件夹中创建 folder_name
cd('new_folder') current_folder=cd('new_folder')	将当前文件夹更改为 newfolder，并返回 currentfolder 名称
movefile('source') movefile('source','destination')	将名为 source 的文件或文件夹移动到当前文件夹；将名为 source 的文件或文件夹移动到名为 destination 的文件或文件夹
delete filename delete('filename1','filename2',....) delete(h)	删除文件名的命令语法；删除文件的函数参数语法；用手柄 h 删除图形对象；使用通配符*删除具有相同后缀的所有文件
copyfile('source','destination')	将源文件或文件夹复制到目标文件或文件夹。
F=ls	返回当前文件夹中文件和文件夹名称的 M*N 字符数组，其中有 M 个名称
zip('zip_file_name','name1',...., 'nameN')	从字符串 name1 到 nameN 指定的文件和文件夹列表或指定文件或文件夹的字符串单元格数组中创建一个名为 zip_file_name 的 zip 文件；和*可以用作所有具有相同后缀的文件的通配符
unzip('zip_file_name') unzip('zip_file_name','output_folder')	将名为 zip_file_name 的压缩文件解压缩到当前文件夹中；解压缩到输出文件夹

以下代码可以保存为 circuit_report.m 的脚本文件。

```
%通过压缩文件夹来节省压缩空间和电子邮件发送文件时间
%文本文件 heart_sound.txt 使用 4.52MB 存储空间
zip('heart_sound.zip','heart_sound.txt');
```

```
%heart_sound 使用 1.53MB 的存储空间
%解压缩 heart_sound 将输出压缩并存放在"Music"文件夹中
unzip('heart_sound.zip', 'Music');
isdir('Music'); %检查"Music"是否为当前文件夹中的文件夹
ans = 1;
%使用完整的路径名在别处检查
old_folder=cd('Music');
old_folder=C:\My_MATLAB_Programs;
%现在，Music 是当前文件夹
cd(old_folder) ;    %更改回 C:\My_MATLAB_Programs
mkdir('circuits') ; %在当前文件夹中创建名为 circuits 的文件夹
movefile('circuits_report.m', 'circuits'）;
%使用通配符*移动以 CKT 开头的所有 mat 文件
movefile（'CKT*.mat', 'circuits'）;
cd('circuits');   %使 circuits 成为当前文件夹
circuit_files=ls %获取当前文件夹中所有文件的字符数组
circuit_files=
.

..

CKT_1.mat
CKT_2.mat
CKT_3.mat
```

练习题

1. 二进制以及包含多种数据类型的二进制文件的输入/输出之间有什么区别？哪些 MATLAB 函数对应执行哪种类型的输入/输出？

2. 对数表。编写一个 MATLAB 程序，以 0.1 为步长，生成 1 到 10 之间的以 10 为底的对数表。

对数表

	X.0	X.1	X.2	X.3	X.4	X.5	X.6	X.7	X.8	X.9
1.0	0.000	0.041	0.079	0.114	…					
2.0	0.000	0.322	0.342	0.362	…					
3.0	…									

	X.0	X.1	X.2	X.3	X.4	X.5	X.6	X.7	X.8	X.9
4.0	…									
5.0	…									
6.0	…									
7.0	…									
8.0	…									
9.0	…									
10.0	…									

3. 编写一个 MATLAB 程序，以秒为单位读取一天开始后的时间（该值将介于 0 和 86400 之间），并使用 24 小时制打印包含时间的字符串，格式为 HH:MM:SS。使用适当的格式转换器确保 MM 和 SS 字段中保留前归零。此外，请检查输入的秒数是否有效，如果输入的数字无效，请编写适当的错误信息。

4. 重力加速度。地球表面以上任何高度 h 处的重力加速度由以下等式给出

$$g = -G\frac{M}{(R+h)^2}。$$

其中，G 是引力常量（$6.672 \times 10^{-11} \mathrm{Nm}^2/\mathrm{kg}^2$），M 是地球质量（$5.98 \times 10^{24} \mathrm{kg}$），$R$ 是地球平均半径（6371km），h 是地球表面以上的高度。如果 M 以千克为单位，R 和 h 以米为单位，则所得加速度将以米每二次方秒为单位。编写一个程序，每间隔 500 km 计算一次地球重力引起的加速度，范围是地球表面以上 0 km 至 40000 km 高度。用适当的标签（包括输出值的单位）在高度与加速度的表格中打印出结果，并且绘制数据。

5. 编写一个程序，从用户指定的输入数据文件中读取任意大小的实值，将这些值四舍五入到最接近的整数，然后将这些整数写入用户指定的输出文件。确保输入文件存在，如果不存在，请告诉用户并要求另一个输入文件。如果输出文件存在，请询问用户是否删除它。如果不是，请提示输入其他输出文件名。

6. 正弦和余弦表。编写一个程序，生成一个表，其中包含 0° 和 90° 之间的 θ 的正弦和余弦，每 1° 记录一次。请正确标记表中的每一列。

7. 编写一个程序，从输入的数据文件中读取一组整数，并在数据文件中找到最大值和最小值。打印出最大值和最小值，以及它们所在的行。假设在读取文件之前文件中的值的数量未知。

8. 创建一个 400×400 元素的精度数组 x，并使用函数 rand 填充随机数据。将此数组保存到 MAT 文件 x1.dat，然后使用 - compress 选项将其再次保存到第二个 MAT 文件 x2.dat。两个文件的大小如何比较？

9. 将弧度转换为度/分/秒角度通常以度（°）、分（′）、秒（″）为单位进行测量，360 度为一个圆圈，60 分钟为一度，60 秒为一分钟。编写一个程序，从输入磁盘文件中读取以弧度表示的角度，并将其转换为度、分和秒。将以下四个以弧度表达的角度放入输入文件中，并将该文件读入程序来测试你的程序：0.0、1.0、3.141593、6.0。

11

数据可视化

MATLAB 是复杂数据集的数值处理和可视化的强大应用程序。到目前为止，在本书中，我们已经看到了如何使用变量创建数据或从外部文件读取数据，以及如何使用编程结构处理数据。本章将介绍 MATLAB 中数据可视化的基础知识。并在此基础上介绍一些内置 MATLAB 函数用于执行复杂数据集的复杂的可视化。本章是一个数据可视化方法的集合，探索用 MATLAB 绘图的各种图形，包括基本绘图和高级数据可视化。还可以利用 MATLAB 为演示文稿注释和打印图形，或者将图形导出为标准图形格式。 工程中除了使用最基本 x-y 平面图以外，还使用极坐标图和曲面图，以及一些绘图技术较多通常用于统计数据，如饼图、条形图和直方图。MATLAB 提供了对这些图的外观的显著控制并让用户能够创建三维的数据和用模型表示物理过程。

本章学习应该达到如下目标：

（1）理解通常创建的各种类型的图形和图表；

（2）能够创建基本的二维绘图；

（3）能够用标题、标签、图例和网格线注释二维图形；

（4）了解 plot 绘图的线样式、标记和图例的不同选项；

（5）能够调整 plot 图形轴线的范围；

（6）能够在同一轴上显示多个图形；

（7）能够在同一图形窗口中使用子图显示多个轴；

（8）能够将 MATLAB 绘图合并到其他文档中（例如，Microsoft Word）；

（9）能够将数据绘制成直方图、针头图、阶梯图和矢量场图等特殊图形；

（10）能够用三维图形绘制两个自变量的函数，能够将数据绘制成三维网格、曲面和等高线图；

（11）在命令行上，可以通过更改用于显示数据的图形对象的属性来"微调"绘图的外观。

11.1　二维图形绘制

11.1.1　基本的二维绘图命令

MATLAB 的 plot 命令是最基本的绘图命令，可以对于一组 x 坐标及相对应的 y 坐标进行描点作图。

例 11.1　二维平面绘图/plotxy01.m

```
x = linspace(0, 2*pi); % 在 0 到 2*pi 间，等分取 100 个点
y = sin(x); % 计算 x 的正弦函数值
plot(x, y); % 进行二维平面描点作图
```

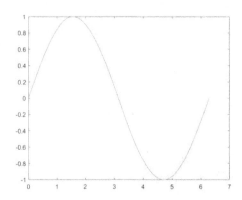

在上例中，linspace(0,2*pi)产生从 0 到 2π 且长度为 100（预设值）的向量 x，y 则是对应的 y 坐标值，plot(x,y)则可对这 100 个二维平面上的点进行描点作图。

如果只给定一个向量，那么 plot 命令会将此向量对其索引值（index）作图。因此，若 y 为一向量，则 plot(y)和 plot(1:length(y),y)会得到相同的结果。

若要利用 plot 命令一次画出多条曲线，可将 x 及 y 坐标依次输入 plot 命令即可。

例 11.2　二维平面绘图/plotxy02.m

```
x = linspace(0, 2*pi); % 在 0 到 2*pi 间，等分取 100 个点
plot(x, sin(x), x, cos(x), x, sin(x)+cos(x)); % 进行多条曲线描点作图
```

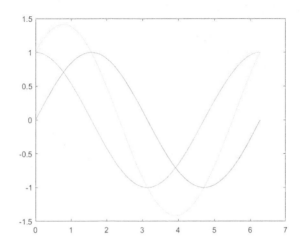

MATLAB 在画出多条曲线时，会自动轮换曲线颜色，以利于分辨。（也可由使用者自行指定曲线颜色及其他相关性质，详见下一节。）若要以不同的标记（Marker）来作图，可输入如下代码。

例 11.3 二维平面绘图/plotxy03.m

```
x = linspace(0, 2*pi); % 在 0 到 2π 间，等分取 100 个点
plot(x, sin(x), 'o', x, cos(x), 'x', x, sin(x)+cos(x), '*');
```

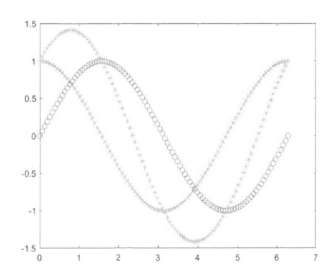

如果只给定一个矩阵 y，plot 命令可对矩阵 y 的每一个行向量（Column Vector）作图。

例 11.4　二维平面绘图/plotxy04.m

```
y = peaks;% 产生一个 49×49 的矩阵
plot(y); % 对矩阵 y 的每一个行向量作图
```

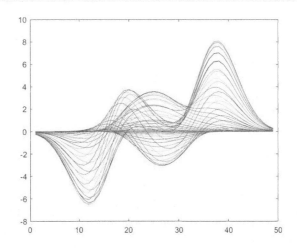

其中，peaks 命令可以产生一个 49×49 的矩阵，代表一个二维函数的值。（如果直接在 MATLAB 命令窗口键入 peaks，就可以看见这个函数的方程式及曲面。）因此 plot(y) 就直接画出这 49 条直线。

如果 x 和 y 都是矩阵，那么 plot(x,y)将会取用 y 的每一个行向量和对应的 x 行向量作图。

例 11.5　二维平面绘图/plotxy05.m

```
x = peaks;
y = x'; % 求矩阵 x 的转置矩阵 x'
plot(x, y); % 取用矩阵 x 的每一行向量，与对应矩阵 y 的每一个行向量作图
```

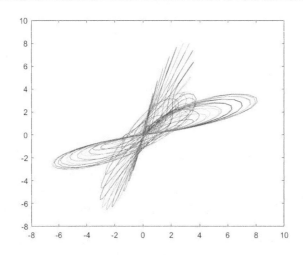

342

提示：一般情况下，MATLAB将矩阵视为行向量的集合。因此对于一个只能处理向量的函数（例如：max、min 及 mean 等），若给定一个矩阵，则此函数会对矩阵的行向量一一进行处理或运算。

如果 z 是一个复数向量或矩阵，那么 plot(z)是将 z 的实部［real(z)］和虚部［imag(z)］分别当成 x 坐标和 y 坐标来作图，其效果是相同于 plot［real(z),imag(z)］。

例 11.6 二维平面绘图/plotxy06.m

```
x = randn(30); % 产生 30×30 的随机数（正态分布）矩阵
z = eig(x); % 计算 x 的"固有值"（或称"特征值"）
plot(z, 'o')
grid on % 画出网格线
```

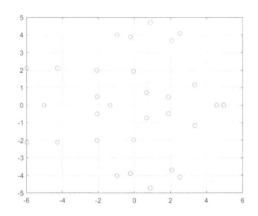

在上例中，x 是一个 30×30 的随机数矩阵，z 则是 x 的"固定值"（eigenvalue，或称"特征值"）。由于 z 是一复数向量，而且每一个复数都和其共轭复数同时出现，因此所画出的图是上下对称的。

相关的 MATLAB 基本二维绘图命令，可整理如表 11-1 所示。

表 11-1　基本二维图绘制函数

命令	说明
plot	x 轴和 y 轴均为线性刻度（Linear Scale）
loglog	x 轴和 y 轴均为对数刻度（Logarithmic Scale）
semilogx	x 轴为对数刻度，y 轴为线性刻度
semilogy	x 轴为线性刻度，y 轴为对数刻度
plotyy	画出两个刻度不同的 y 轴

例如，若要使 x 轴为对数刻度，来对正弦函数作图，可进行如下代码。

例 11.7 二维平面绘图/plotxy07.m

```
x = linspace(0, 8*pi);  % 在 0 到 8π 间，等分取 100 个点
semilogx(x, sin(x));  % 使 x 轴为对数刻度，并对其正弦函数作图
```

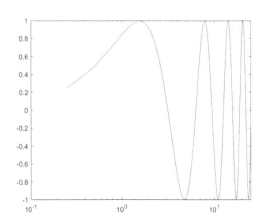

此外，plotyy 命令可以画出两个刻度不同的 y 轴。

例 11.8 二维平面绘图/plotxy08.m

```
x = linspace(0, 2*pi);  % 在 0 到 2π 间，等分取 100 个点
y1 = sin(x);
y2 = exp(-x);
plotyy(x, y1, x, y2);
% 画出两个刻度不同的 y 轴，分别是 y1, y2
```

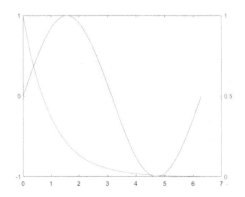

请注意在上图中，y1 的刻度是在左手边，y2 的刻度是在右手边，而且两边的刻度是不一样的。

11.1.2　曲线的控制

plot命令除了接受 x 及 y 坐标外，还可接受一个字符串输入，用以控制曲线的颜色、格式及线标，其使用语法如下。

plot(x,y,'CLM')

其中，C 代表曲线的颜色（Colors），L 代表曲线的格式（Line Styles），M 代表曲线所用的线标（Markers）。举例来说，若要用黑色点线画出正弦波，并在每一数据点画上一个小菱形，可输入如下代码。

例 11.9　二维平面绘图/plotxy09.m

```
x = 0:0.5:4*pi;  % x 向量的起始与结束元素为 0 及 4π，0.5 为各元素相差值
y = sin(x);
plot(x, y, 'k:diamond')
% 其中"k"代表黑色，":"代表点线，而"diamond"则指定菱形为曲线的线标
```

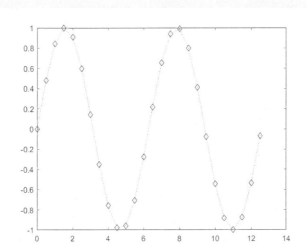

plot 命令所用到的曲线颜色，可以参考表 11-2。

表 11-2　plot 函数曲线主要颜色

plot 命令的曲线颜色字符串	曲线颜色	RGB 值
B	蓝色（Blue）	(0,0,1)
C	青蓝色（Cyan）	(0,1,1)
G	绿色（Green）	(0,1,0)
K	黑色（Black）	(0,0,0)

plot 命令的曲线颜色字符串	曲线颜色	RGB 值
M	紫红色（Magenta）	(1,0,1)
R	红色（Red）	(1,0,0)
W	白色（White）	(1,1,1)
Y	黄色（Yellow）	(1,1,0)

plot 命令所用到的曲线格式，可以参考表 11-3。

表 11-3　plot 函数主要曲线格式

plot 命令的曲线格式字符串	曲线格式
.	实线（预设值）
..	虚线
:	点线
..	点虚线

plot 命令所用到的曲线线标，可以参考表 11-4。

表 11-4　plot 函数曲线线标

plot 命令的曲线线标字符串	曲线线标
o	圆形
+	加号
x	叉号
*	星号
.	点号
^	朝上三角形
v	朝下三角形
>	朝右三角形
<	朝左三角形
square	方形

plot命令的曲线线标字符串	曲线线标
diamond	菱形
pentagram	五角星形
hexagram	六角星形
none	无符号（预设值）

11.1.3　坐标轴的控制

一般而言，plot 命令会根据所给的坐标点来自动决定图轴的范围，但是也可以使用 axis 命令来设定，其使用语法如下。

axis([xmin, xmax, ymin, ymax])

其中，xmin 和 xmax 指定 x 轴的最小和最大值，ymin 和 ymax 则指定 y 轴的最小和最大值。例如，欲画出正弦波在 y 轴介于 0 和 1 的部分，可输入如下。

例 11.10　二维平面绘图/plotxy10.m

```
x = 0:0.1:4*pi; % x 向量的起始与结束元素为 0 及 4π、0.1 为各元素相差值
y = sin(x);
plot(x, y);
axis([-inf, inf, 0, 1]); % 画出正弦波 y 轴介于 0 和 1 的部分
```

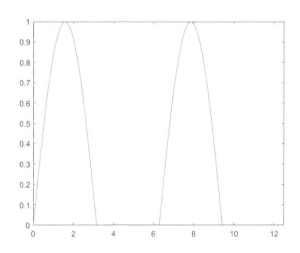

其中使用到–inf 及 inf，并不是代表"负无穷大到正无穷大"，而是代表以数据点（上例中即是 x 轴的数据点）的最小和最大值来取代之，因此上述 axis 命令等价于 axis([min(x),max(x),0,1])。

MATLAB 也可指定坐标轴上的网格线点（Ticks）。

例 11.11 二维平面绘图/plotxy11.m

```
x = 0:0.1:4*pi;
plot(x, sin(x)+sin(3*x))
set(gca, 'ytick', [-1 -0.3 0.1 1]);  % 在 y 轴加上网格线点
grid on   % 加上网格线
```

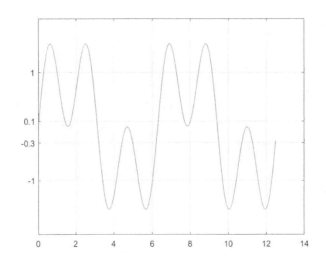

其中，grid on 的功能即是加上网格线。此外，gca 是 "get current axis" 的简称，可以传回目前使用中的坐标轴。

除了改变网格线点外，亦可将网格线点的数字改为文字。

例 11.12 二维平面绘图/plotxy12.m

```
x = 0:0.1:4*pi;
plot(x, sin(x)+sin(3*x))
set(gca, 'ytick', [-1 -0.3 0.1 1])
set(gca, 'yticklabel', {'极小','临界值','崩溃值','极大'})
grid on   % 加上网格线
```

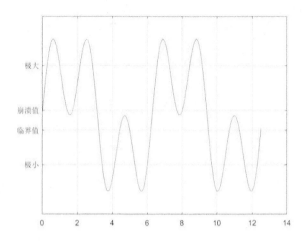

若要在一个图窗产生多个图形（坐标轴），可在 plot 命令之前加上 subplot，其一般形式为 subplot(m,n,p)，表示将图窗划分为 m×n 个区域，而下一个 plot 命令则会绘图于第 p 个区域，其中 p 的算法为由左至右，一列一列算起。举例来说，可以同时画出四个图于一个图窗当中。

例 11.13　二维平面绘图/plotxy13.m

```
x = 0:0.1:4*pi;
subplot(2, 2, 1); plot(x, sin(x));        % 此为左上角图形
subplot(2, 2, 2); plot(x, cos(x));        % 此为右上角图形
subplot(2, 2, 3); plot(x, sin(x).*exp(-x/5));  % 为左下角图形
subplot(2, 2, 4); plot(x, x.^2);          % 此为右下角图形
```

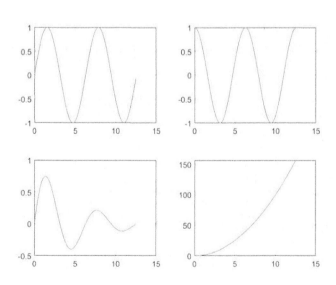

另一个坐标轴的重要性质，就是其长宽比（Aspect Ratio），一般坐标轴长宽比的预设值是图窗的长宽比，但可在 axis 命令之后加上不同的字符串来修改。

例 11.14 二维平面绘图/plotxy14.m

```
t = 0:0.1:2*pi;
x = 3*cos(t);
y = sin(t);
subplot(2, 2, 1); plot(x, y); axis normal
subplot(2, 2, 2); plot(x, y); axis square
subplot(2, 2, 3); plot(x, y); axis equal
subplot(2, 2, 4); plot(x, y); axis equal tight
```

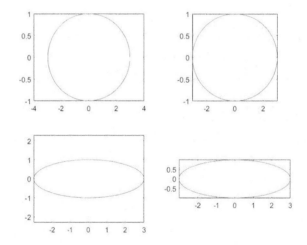

表 11-5 为改变目前图轴长宽比的命令，这些命令需在 plot 命令之后调用才能发挥效用。

表 11-5 改变图轴长宽比的命令

命令	说明
axis normal	使用预设长宽比（等于图形长宽比）
axis square	长宽比例为 1
axis equal	长宽比例不变，但两轴刻度一致
axis equal tight	两轴刻度比例一致，且图轴贴紧图形
axis image	两轴刻度比例一致（适用于影像显示）

若要改变坐标轴与图窗之背景颜色，可用 colordef 命令，详见表 11-6 的说明。必须

注意的是：必须先调用 colordef 命令，才能在其后 plot 命令所产生的图形发挥作用。

表 11-6　改变背景颜色命令

命令	说明
colordef white	图轴背景为白色，图窗背景为浅灰色
colordef black	图轴背景为黑色，图窗背景为暗灰色
colordef none	图轴背景为黑色，图窗背景为黑色（这是 MATLAB 第 4 版的预设值）

此外，若要画出网格线或画出图轴外围的方形，可用 grid 与 box 命令，详见表 11-7。

表 11-7　网格线控制命令

命令	说明
grid on	画出网格线
grid off	取消网格线
box on	画出图轴的外围长方形
box off	取消图轴的外围长方形

11.1.4　说明文字的加入

MATLAB 可在图形或图轴加入说明文字，以增进整体图形的可读性，相关命令可参见表 11-8。

表 11-8　图形文字输入函数

命令	说明
title	图形的标题
xlabel	x 轴的说明
ylabel	y 轴的说明
zlabel	z 轴的说明（适用于立体绘图）
legend	多条曲线的图例说明
text	在图形中加入文字
gtext	使用鼠标决定文字的位置

有关图轴的说明文字，可举例如下。

例 11.15 二维平面绘图/plotxy15.m

```
subplot(1,1,1);
x = 0:0.1:2*pi;
y1 = sin(x);
y2 = exp(-x);
plot(x, y1, '--*', x, y2, ':o');
xlabel('t = 0 to 2\pi');
ylabel('values of sin(t) and e^{-x}')
title('Function Plots of sin(t) and e^{-x}');
legend('sin(t)','e^{-x}');
```

其中，legend 命令会画出一个小方块，包含每条曲线的说明。如果对 legend 方块位置不满意，可用鼠标点击拖放至适当位置。此外，MATLAB 将反斜线"\"视为特殊符号，因此可产生上标、下标、希腊字母、数学符号等效果，其遵循的规则如同一般 LaTex 或 TeX 的数学模式，详情可由 help text 查到相关的在线说明。

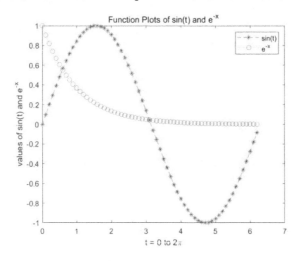

若要在图形上面加入文字，可用 text 或 gtext 命令。text 命令的使用语法为 text(x,y,string)，其中 x、y 是文字的起始坐标位置，string 则代表此文字。

例 11.16 二维平面绘图/plotxy16.m

```
x = 0:0.1:2*pi;
plot(x, sin(x), x, cos(x));
text(pi/4, sin(pi/4),'\leftarrow sin(\pi/4) = 0.707');
text(5*pi/4, cos(5*pi/4),'cos(5\pi/4) = -0.707\rightarrow', ...
    'HorizontalAlignment', 'right');
```

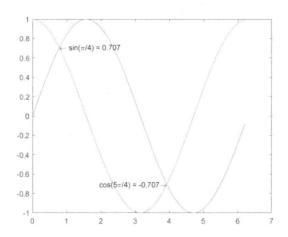

在上例中,"HorizontalAlignment"及"right"指示 text 命令将文字向右水平靠齐。gtext 的使用语法为 gtext(string),待使用鼠标在图上点击某一位置后,string 即显示在其上。需注意的是,gtext 只能用在二维平面绘图。

11.1.5 其他平面绘图命令

MATLAB 还有其他各种二维绘图命令,以适合不同的应用,相关命令可参见表 11-9。

表 11-9 其他平面绘图命令

命令	说明
errorbar	在曲线加上误差范围
fplot、ezplot	较精确的函数图形
polar、ezpolar	极坐标图形
hist	直角坐标质方图(累计图)
rose	极坐标质方图(累计图)
compass	罗盘图
feather	羽毛图
area	面积图(第五章"特殊图形"介绍)
stairs	阶梯图(第五章"特殊图形"介绍)

还有一些较特殊的绘图命令(可同时用于二维及三维绘图),例如,长条图、扇形图、等高线图、向量场图等,以及面积图、阶梯图(只能用于二维绘图)。以下针对前述列表的命令举例说明。

MATLAB编程基础

如果已知数据的误差范围，就可用 errorbar 来表示。下例以 y 坐标高度的 20%作为做数据的误差范围。

例 11.17 二维平面绘图/plotxy17.m

```
x = linspace(0,2*pi,30);   % 在 0 到 2π 间，等分取 30 个点
y = sin(x);
e = y*0.2;
errorbar(x,y,e)    % 图形上加上误差范围 e
```

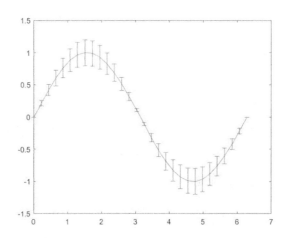

对于变化剧烈的函数，可用 fplot 命令来进行较精确的取点作图，此命令会对剧烈变化处进行较密集的取样。

例 11.18 二维平面绘图/plotxy18.m

```
fplot('sin(1/x)', [0.02 0.2]);   % [0.02 0.2]是绘图范围
```

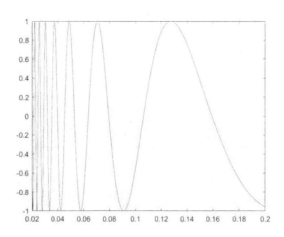

354

若要产生极坐标图形，可用 polar 命令。

例 11.19 二维平面绘图/plotxy19.m

```
theta = linspace(0, 2*pi);
r = cos(4*theta);
polar(theta, r);  % 进行极坐标绘图
```

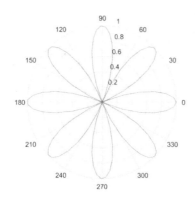

对于大量的数据，可用 hist 命令来绘制统计上常用的"直方图"（Histogram），以显示数据的分布情况和统计特性。hist 命令可将数据依大小分成数堆，并将每堆的个数画出。例如，欲将 10000 个由 randn 产生的正态分布之随机数分成 25 堆，可进行如下操作。

例 11.20 二维平面绘图/plotxy20.m

```
x = randn(10000, 1);  % 产生 10000 个正态分布随机数
hist(x, 25);  % 绘出直方图，显示 x 数据的分布情况和统计特性，
% 数字 25 代表数据依大小分堆的堆数，即是直方图内长条的个数
```

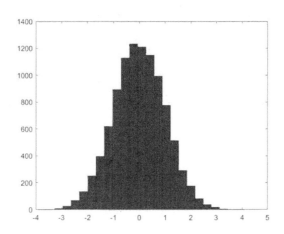

由上图可看出，直方图可逼近这些随机数的概率分布函数，而且当数据量越大时，

逼近程度越高。

rose 和 hist 命令很接近，只不过是将数据大小视为角度，数据个数视为距离，并用极坐标绘制表示。其产生图形类似玫瑰花瓣，故以"rose"命名。

例 11.21 二维平面绘图/plotxy21.m

```
x = randn(5000, 1);
rose(x);        % x 数据大小为角度，x 数据个数为距离，
% 进行绘制类似玫瑰花瓣的极坐标质方图
```

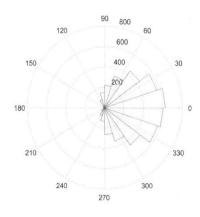

使用 compass 命令，可画出一组以原点为起始点的向量图，称为"罗盘图"。

例 11.22 二维平面绘图/plotxy22.m

```
theta = linspace(0, 2*pi, 50);
rho = sin(0.5*theta);
[x, y] = pol2cart(theta, rho);   % 由极坐标转换至直角坐标
compass(x, y);   % 画出以原点为向量起始点的罗盘图
```

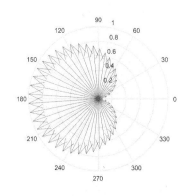

若只有一个自变量输入 z，则 compass 会将 z 的实部（real(z)）作为 x 坐标，将 z 的虚部〔imag(z)〕作为 y 坐标，再进行作图。换句话说，compass(z)即等效于 compass〔real(z),imag(z)〕。因此上述四列程序码可简化为下列两行。

例 11.23　二维平面绘图/plotxy23.m

```
clear j
theta = linspace(0, 2*pi, 50);
compass(sin(0.5*theta).*exp(j*theta));
```

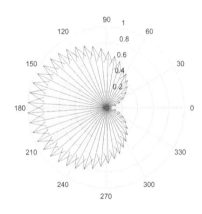

"羽毛图"和"罗盘图"很类似，唯一的差别是：罗盘图的起始点为原点，而羽毛图的起始点则是(k,0)，k=1~n，其中 n 是向量个数。欲画羽毛图，可用 feather 命令。

例 11.24　二维平面绘图/plotxy24.m

```
theta = linspace(0, 4*pi, 30);
rho = 10;
[x, y] = pol2cart(theta, rho);   % 由极坐标转换至直角坐标
feather(x, y);   % 绘制羽毛图
axis image
```

与 compass 命令一样，feather(z)等于 feather〔(real(z)，imag(z)〕

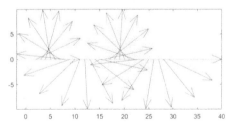

11.2   基本的三维绘图命令

三维（3.D）图是显示由两个以上变量组成的数据的有用方法。MATLAB 提供了显示三维数据的各种选项，包括线、曲面和网格图等。三维图也可以被格式化为具有特定外观和特殊效果的图形。本章介绍了许多三维绘图函数，有关三维图的更多信息可在"帮助"窗口的"绘图和数据可视化"下找到。

在许多方面，本部分是第 11.1 部分中二维图的延续，由于并非所有 MATLAB 用户都使用三维图，因此在单独一部分中介绍了三维图。此外，MATLAB 的新用户可能会发现，在尝试三维绘图之前，先练习二维绘图并学习本节中的材料更容易。

11.2.1   线图

三维线图是通过连接三维空间中的点获得的线。使用 plot3 命令创建基本三维绘图，该命令与 plot 命令非常相似，其形式如下。

- 具有数据点坐标的三个向量必须具有相同数量的元素。
- 线型、属性和属性值与二维图相同。

例 11.25 （三维线图），如果坐标 x、y 和 z 是参数 t 的函数，则

$x=t^{1/2}\sin(2t)$

$y=t^{1/2}\cos(2t)$

$z=0.5t$

可以通过以下脚本文件生成点的绘图

```
t=0:0.1:6*pi;
x=sqrt(t).*sin(2*t);
y=sqrt(t).*cos(2*t);
z=0.5*t;
plot3(x,y,z,'k','linewidth',1)
grid on
xlabel('x');ylabel('y');zlabel('z')
```

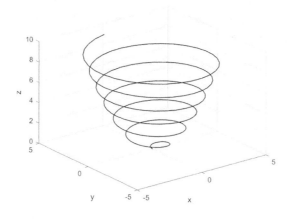

图 11-1　函数三维图

11.2.2　网格和曲面图

网格和曲面图是用于绘制函数的三维图，其中 x 和 y 是自变量，z 是因变量。这意味着，在给定域内，可以为 x 和 y 的任意组合计算 z 值。创建网格和曲面图遵循三个步骤。第一步是在 x.y 平面中创建覆盖函数域的网格。第二步是计算网格每个点的 z 值。第三步是创建绘图。下面解释三个步骤。

在 x.y 平面（笛卡尔坐标）中创建网格，网格是函数域中 x.y 平面上的一组点。网格的密度（用于定义域的点数）由用户定义。图 11-2 显示了定义域中的网格。在格点中，点之间的距离是一个单位。网格的点可以由两个矩阵定义，X 和 Y。矩阵 X 具有所有点的 X 坐标，矩阵 Y 具有所有点 Y 坐标。

$$X = \begin{bmatrix} -1 & 0 & 1 & 2 & 3 \\ -1 & 0 & 1 & 2 & 3 \\ -1 & 0 & 1 & 2 & 3 \\ -1 & 0 & 1 & 2 & 3 \end{bmatrix} \qquad Y = \begin{bmatrix} 4 & 4 & 4 & 4 & 4 \\ 3 & 3 & 3 & 3 & 3 \\ 2 & 2 & 2 & 2 & 2 \\ 1 & 1 & 1 & 1 & 1 \end{bmatrix}$$

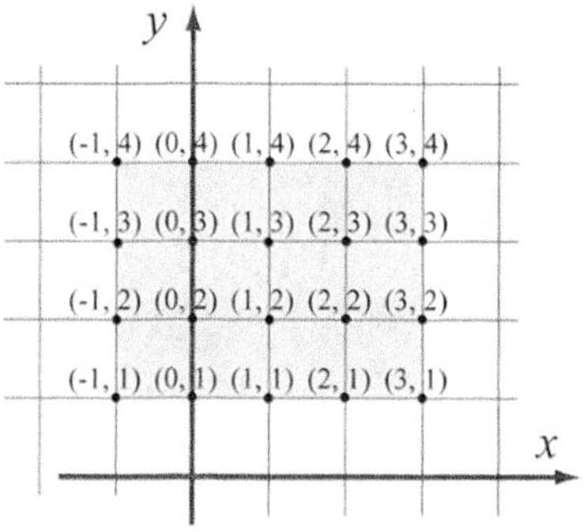

图 11-2　X-Y 平面的格点：定义域为 $-1 \leqslant X \leqslant 3$ 和 $1 \leqslant Y \leqslant 4$（间隔为 1）

X 矩阵由相同的行组成，因为在网格的每一行中，点具有相同的 X 坐标。同样，Y 矩阵由相同的列组成，因为在网格的每一列中，点的 Y 坐标相同。

MATLAB 有一个内置函数，称为 meshgrid，可用于创建 X 和 Y 矩阵。网格函数的形式如下。

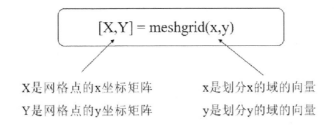

在向量 x 和 y 中，第一个和最后一个元素是域的相应边界。网格的密度由向量中元素的数量决定。例如，与图 11-2 中网格相对应的网格矩阵 X 和 Y 可以通过以下方式使用 meshgrid 命令创建。

```
>> x = 1:3;
>> y = 1:4;
>> [X,Y] = meshgrid(x,y)
X =
 .1  0  1  2  3
 .1  0  1  2  3
 .1  0  1  2  3
 .1  0  1  2  3
Y =
 1  1  1  1  1
 2  2  2  2  2
 3  3  3  3  3
 4  4  4  4  4
```

一旦网格矩阵存在，它们就可以用于计算每个网格点的 z 值。

每个点的 z 值是通过使用与向量相同的方式使用逐元素来计算的。当自变量 x 和 y 是矩阵（它们必须具有相同大小）时，计算的因变量也是相同大小的矩阵。每个地址处的 z 值由 x 和 y 的相应值计算。例如，如果 z 由下式计算

$$z = \frac{xy^2}{x^2 + y^2}$$

上述网格各点的 z 值通过以下 MATLAB 表达式计算。

```
>> Z=X.*Y.^2./(X.^2+Y.^2)
Z =
    .0.5000      0    0.5000    0.4000    0.3000
    .0.8000      0    0.8000    1.0000    0.9231
    .0.9000      0    0.9000    1.3846    1.5000
    .0.9412      0    0.9412    1.6000    1.9200
```

创建三个矩阵后，可以使用它们绘制网格或曲面图。

使用 mesh 或 surf 命令创建网格或曲面图，其调用形式如下

```
mesh(X,Y,Z)
surf(X,Y,Z)
```

其中，X 和 Y 是具有网格坐标的矩阵，Z 是具有网格点处 Z 值的矩阵。网格图由连接点的线组成。在曲面图中，网格线内的区域将着色。

例 11.26（三维网格图），以下脚本文件包含一个完整的程序，用于创建网格，然后绘制函数的网格（或曲面）图

在定义域 $-1 \leqslant x \leqslant 3$ 和 $1 \leqslant y \leqslant 4$ 范围内的函数 $z = \dfrac{xy^2}{x^2 + y^2}$。

```
x=-1:0.1:3;
y=1:0.1:4;
[X,Y]=meshgrid(x,y)
Z=X.*Y.^2./(X.^2+Y.^2)
mesh(X,Y,Z)
xlabel('x');ylabel('y');zlabel('z')
```

请注意，在上面的程序中，向量 x 和 y 的间距比本节前面的间距小得多。间距越小，网格越密集。

该程序创建的图形如图 11-3 所示。如果把 mesh 替换为 surf，图形如图 11-4 所示。

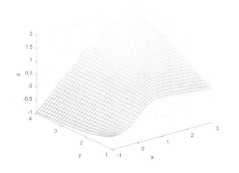

图 11-3　三维网格图

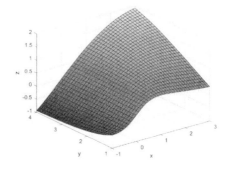

图 11-4　三维表面图

有关"meshgrid"命令的其他注释

● 创建的图的颜色根据 z 的大小而变化；

● 颜色的变化增加了绘图的三维可视化；

● 可以使用"figure"窗口中的"绘图编辑器"（选择编辑箭头，单击地物以打开"特性编辑器"窗口，然后在"网格特性"列表中更改颜色）或使用 colormap(C)命令将颜色更改为常量。在该命令中，C 是三元素向量，其中第一、第二和第三元素分别指定红色、绿色和蓝色（RGB）的强度。每个元素可以是 0（最小强度）和 1（最大强度）之间的数字。一些典型的颜色是

C=[0 0 0] 黑   C=[1 0 0] 红   C=[0 1 0] 绿

C=[0 0 1] 蓝   C=[1 1 0] 黄   C=[1 0 1] 紫

C=[0.5 0.5 0.5] 灰

● 当网格命令执行时，默认情况下网格处于打开状态。可以使用"grid off"命令关闭栅格。

● 可以使用 box on 命令在绘图周围绘制方框。

还有几个其他绘图命令，相似于 mesh 和 surf 命令，可以创建不同特性的图形。表 11-10 显示了 mesh 和 surface 命令的概貌。表中所有例子都为函数 $z = 1.8^{-1.5\sqrt{x^2+y^2}} \sin(x)\cos(0.5y)$ 在定义域$-3 \leqslant x \leqslant 3$ 和$-3 \leqslant y \leqslant 3$ 的图形。

表 11-10 三维网格和表面图

图形类别	绘图举例	程序

三维网格图:
mesh(X,Y,Z)
		x=.3:0.25:3;
		y=.3:0.25:3;
		[X,Y]=meshgrid(x,y);
		Z=1.8.^(.1.5*sqrt(X.^2+Y.^2)).*cos(0.5*Y).*
		sin(X);
		mesh(X,Y,Z)
		xlabel('x');ylabel('y');zlabel('z')

三维表面图:
surf(X,Y,Z)
		x=.3:0.25:3;
		y=.3:0.25:3;
		[X,Y]=meshgrid(x,y);
		Z=1.8.^(.1.5*sqrt(X.^2+Y.^2)).*cos(0.5*Y).*
		sin(X);
		surf(X,Y,Z)
		xlabel('x');ylabel('y');zlabel('z')

图形类别	绘图举例	程序

带底座的三维网格曲面图：meshz(X,Y,Z)		x=.3:0.25:3;
		y=.3:0.25:3;
		[X,Y]=meshgrid(x,y);
		Z=1.8.^(.1.5*sqrt(X.^2+Y.^2)).*cos(0.5*Y).*sin(X);
		meshz(X,Y,Z)
		xlabel('x');ylabel('y');zlabel('z')

带等高线的网格图：meshc(X,Y,Z)		x=.3:0.25:3;
		y=.3:0.25:3;
		[X,Y]=meshgrid(x,y);
		Z=1.8.^(.1.5*sqrt(X.^2+Y.^2)).*cos(0.5*Y).*sin(X);
		meshc(X,Y,Z)
		xlabel('x');ylabel('y');zlabel('z')

带等高线的曲面图：surfc(X,Y,Z)		x=.3:0.25:3;
		y=.3:0.25:3;
		[X,Y]=meshgrid(x,y);
		Z=1.8.^(.1.5*sqrt(X.^2+Y.^2)).*cos(0.5*Y).*sin(X);
		surfc(X,Y,Z)
		xlabel('x');ylabel('y');zlabel('z')

有亮度的表面图：surfl(X,Y,Z)		x=.3:0.25:3;
		y=.3:0.25:3;
		[X,Y]=meshgrid(x,y);
		Z=1.8.^(.1.5*sqrt(X.^2+Y.^2)).*cos(0.5*Y).*sin(X);
		surfl(X,Y,Z)
		xlabel('x');ylabel('y');zlabel('z')

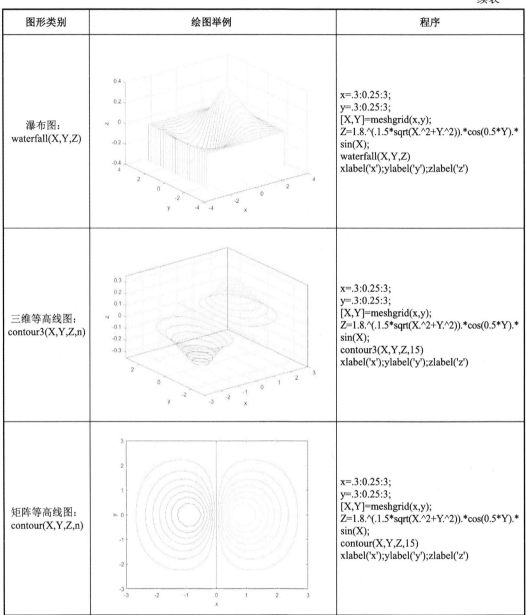

图形类别	绘图举例	程序

瀑布图：
waterfall(X,Y,Z)
		x=.3:0.25:3;
		y=.3:0.25:3;
		[X,Y]=meshgrid(x,y);
		Z=1.8.^(.1.5*sqrt(X.^2+Y.^2)).*cos(0.5*Y).*
		sin(X);
		waterfall(X,Y,Z)
		xlabel('x');ylabel('y');zlabel('z')

三维等高线图：
contour3(X,Y,Z,n)
		x=.3:0.25:3;
		y=.3:0.25:3;
		[X,Y]=meshgrid(x,y);
		Z=1.8.^(.1.5*sqrt(X.^2+Y.^2)).*cos(0.5*Y).*
		sin(X);
		contour3(X,Y,Z,15)
		xlabel('x');ylabel('y');zlabel('z')

矩阵等高线图：
contour(X,Y,Z,n)
		x=.3:0.25:3;
		y=.3:0.25:3;
		[X,Y]=meshgrid(x,y);
		Z=1.8.^(.1.5*sqrt(X.^2+Y.^2)).*cos(0.5*Y).*
		sin(X);
		contour(X,Y,Z,15)
		xlabel('x');ylabel('y');zlabel('z')

11.2.3 带有特殊图形的绘图

MATLAB 还有创建各种特殊三维图的其他函数。完整列表可在"帮助"窗口中的"绘图和数据可视化"下找到。表 11-11 中给出了其中几个三维图。表中的示例并未显示每个图的所有可用选项绘图类型。有关每种类型的绘图的更多详细信息，既可以在"帮助"窗口中获得，也可以在"命令"窗口中键入"help command name"。

表 11-11　带有特殊图形的三维图

图形类别	绘图举例	程序
球面： sphere 返回具有 20 个面的单位球的 x，y，z 坐标 sphere(n) 返回具有 n 个面的单位球的 x,y,z 坐标		sphere 或 [X,Y,Z]=sphere(20); surf(X,Y,Z)

圆柱图：
[X,Y,Z]=cylinder(r)
返回具有 r 个侧面的圆柱的 x，y，z 的坐标
		t=linspace(0,pi,20);
		r=1+sin(t);
		[X,Y,Z]=cylinder(r);
		surf(X,Y,Z)
		axis square

三维柱状图： bar3(Y) Y 中每一个元素都是一个柱。所有柱形分组排列		Y=[1 6.5 7;2 6 7;3 5.5 7;4 5 7;3 4 7;2 3 7;1 2 7]; bar3(Y)

三维火柴杆图：
（在 xy 平面绘制带有标记和垂直线的连续点）
stem3(X,Y,Z)
		t=0:0.2:10;
		x=t;
		y=sin(t);
		z=t.^1.5;
		stem3(x,y,z,'fill')
		grid on
		xlabel('x');
		ylabel('y')
		zlabel('z')

图形类别	绘图举例	程序

三维散点图：
scatter3(X,Y,Z)
		t=0:0.4:10;
		x=t;
		y=sin(t);
		z=t.^1.5;
		scatter3(x,y,z,'fill')
		grid on
		colormap([0.1 0.1 0.1])
		xlabel('x');
		ylabel('y')
		zlabel('z')

三维饼状图： pie3(X,explode)		X=[5 9 14 20]; explode=[0 0 1 0]; pie3(X,explode) explode 是一个 0 和 1 的向量。（与 X 向量的长度一致）1 位置的部分偏移中心

x-y 平面中的极坐标网格：

函数的三维绘图，其中 z 值以极坐标表示，可以通过以下步骤完成。

● 使用 gridmesh 函数创建 r 值的网格；

● 计算网格各点的 z 值；

● 将极坐标网格转换为笛卡尔坐标网格。这可以通过 MATLAB 的内置函数 pol2cart 实现（见下面的示例）。

● 使用 z 值和笛卡尔坐标绘制三维图。

例 11.27 （极坐标绘图）用以下脚本创建函数 $z = r\theta$ 在定义域 $0 \leqslant \theta \leqslant 360°$ 和 $0 \leqslant r \leqslant 2$ 范围内的图形

```
[th,r]=meshgrid((0:5:360)*pi/180,0:.1:2);
Z=r.*th;
[X,Y]=pol2cart(th,r);
mesh(X,Y,Z)
```

键入 surf(X,Y,Z)得到表面图。

该程序创建的图形如下。

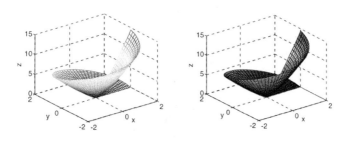

11.2.4　view 命令

view 命令控制从中查看打印的方向。如图 11-5 所示，通过指定方位角和仰角的方向，或通过在空间中定义一个点来查看绘图。要设置绘图的视角，视图命令的形式如下。

view(az, el)或者 view([az, el]);

● az 是方位角，是 x.y 平面中相对于负 y 轴方向测量的角度（以度为单位），在逆时针方向上定义为正。

● el 是 x-y 平面的仰角（以度为单位）。正值对应于沿 z 轴方向打开一个角度。

● 默认视角为 az=.37.5，el=30。

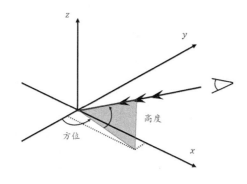

图 11-5　方位角和高度角

例 11.28（view 的使用）用表 11-10 的表面图（由 surf 绘制）再次绘制为如下图形，视角为 az=20 和 el=35

```
x=-3:0.25:3;
y=-3:0.25:3;
[X,Y]=meshgrid(x,y);
Z=1.8.^(-1.5*sqrt(X.^2+Y.^2)).*cos(0.5*Y).*sin(X);
surf(X,Y,Z)
xlabel('x');ylabel('y');zlabel('z')
view(20,35)
```

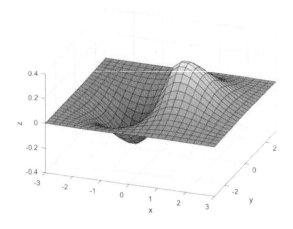

● 通过选择适当的方位角和仰角，视图命令可以根据下标在不同平面上绘制三维图的投影。

投影平面	az 值	el 值
xy（俯视）	0	90
xz（侧视）	0	0
yz（侧视）	90	0

下面显示了俯视图的示例。图 11-6 显示了表 11-10 中绘制的函数的俯视图。接下来分别在图 11-7 和图 11-8 中显示了 x-z 和 y-z 平面上的投影示例。图中显示了表 11-10 中绘制的函数的网格图投影。

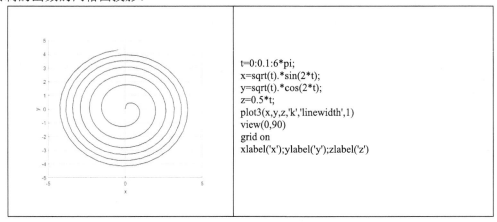

```
t=0:0.1:6*pi;
x=sqrt(t).*sin(2*t);
y=sqrt(t).*cos(2*t);
z=0.5*t;
plot3(x,y,z,'k','linewidth',1)
view(0,90)
grid on
xlabel('x');ylabel('y');zlabel('z')
```

图 11-6 函数 x=t$^{1/2}$sin(2t)，y=t$^{1/2}$sin(2t)，z=0.5t，0≤t≤6π的俯视图

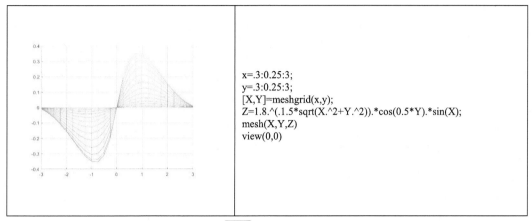

图 11-7 函数 $z = 1.8^{-1.5\sqrt{x^2+y^2}} \sin(x) \cos(0.5y)$ 在 x-z 平面上的投影

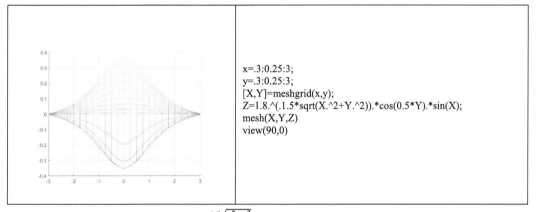

图 11-8 函数 $z = 1.8^{-1.5\sqrt{x^2+y^2}} \sin(x) \cos(0.5y)$ 在 y-z 平面上的投影

● view 命令还可以设置默认视图：view(2) 将默认值设置为俯视图，俯视图是 az=0 和 el=90 的 x-y 平面上的投影。view(3) 将默认值设置为 az=.37.5 和 el=30 的标准三维视图。

● 还可以通过选择空间中的一个点来设置查看方向，从该点可以查看绘图。在这种情况下，view 命令具有形式 view([x, y, z])，其中 x、y 和 z 是点的坐标。方向由从指定点到坐标系原点的方向确定，与距离无关。这意味着点[6, 6, 6]的视图与点[10, 10, 10]的视图相同。可以使用[0, 0, 1]设置俯视图。可以使用[0, 0.1, 0]等设置 x-z 平面从负 y 方向的侧视图。

11.2.5 MATLAB 应用示例

例 11.29 三维弹丸弹道

弹丸以 250m/s 的初始速度以相对于地面 θ=65 的角度发射。炮弹直接瞄准北方。

由于西风强劲，炮弹也以 30 米/秒的恒定速度向这个方向移动。确定并绘制射弹的轨迹，直到射弹击中地面。为了比较，还绘制了（在同一图中）如果没有风的情况下弹丸的轨迹。

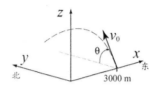

解决方案：

如上图所示，坐标系设置为 x 轴和 y 轴分别指向东方向和北方向。然后，可以通过考虑垂直方向 z 和两个水平分量 x 和 y 来分析射弹的运动。由于射弹直接朝北发射，初始速度可以分解为水平 y 分量和垂直 z 分量：

$$v_{0y} = v_0 \cos(\theta) \text{ 和 } v_{0z} = v_0 \sin(\theta)$$

此外，由于风的作用，射弹在负 x 方向上具有恒定速度（m/s）。

射弹的初始位置（x0, y0, z0）位于点（3000, 0, 0）。在垂直方向上，弹丸的速度和位置由下式给出：

$$v_z = v_{0z} - gt \text{ 和 } z = z_0 + v_{0z}t - \frac{1}{2}gt^2$$

射弹到达最高点（$v_z = 0$ 时）所需的时间为 $t_{h\max} = \dfrac{v_{0z}}{g}$。

总飞行时间是该时间的两倍 $t_{tot} = 2t_{h\max}$。在水平方向上，速度是恒定的（在 x 和 y 方向上），弹丸的位置由下式给出：

$$x = x_0 + v_x t \text{ 和 } y = y_0 + v_{0y}t$$

在脚本文件中编写的以下 MATLAB 程序通过遵循上述等式来解决该问题。

```
v0=250;g=9.81;theta=65;
x0=3000;vx=-30;
v0z=v0*sin(theta*pi/180);
v0y=v0*cos(theta*pi/180);
t=2*v0z/g;
tplot=linspace(0,t,100);          创建一个 100 个元素的向量
z=v0z*tplot-0.5*g*tplot.          计算每次弹丸的 x,y,z 坐标
y=v0y*tplot;
x=x0+vx*tplot;                    无风时的 x 坐标不变
xnowind(1:length(y))=x0;          两个三维线性图
plot3(x,y,z,'-k',xnowind,y,z,'k--')
grid on
axis([0 6000 0 6000 0 2500])
xlabel('x(m)');ylabel('y(m)');zlabel('z(m)')
```

程序生成如下图所示。

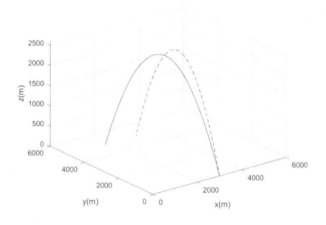

例 11.30 两点电荷的电势

带电粒子周围的电势 V 由下式给出：

$$V = \frac{1}{4\pi\varepsilon_0 r}$$

其中，$\varepsilon_0 = 8.8541878 \times 10^{-12} \frac{C}{Nm^2}$ 是介电常数，q 是电荷的大小，单位为库仑，r 是与粒子的距离，单位为米。

两个或多个粒子的电场通过叠加计算。

例如，由两个粒子引起的点处的电势由下式给出：

$$V = \frac{1}{4\pi\varepsilon_0}(\frac{q_1}{r_1} + \frac{q_2}{r_2})$$

其中，q_1、q_2、r_1 和 r_2 分别是粒子的电荷和从该点到相应粒子的距离。

电荷为 C 和 C 的两个粒子分别位于 x-y 平面上的点（0.25,0.0）和（–0.25，0.0），如下图所示。

计算并绘制 x-y 平面上位于域和中点处的两个粒子的电势（x-y 面中的单位为米）。绘制图，使 x-y 平面为点的平面，z 轴为电势的大小。

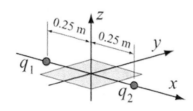

解决方案：

通过以下步骤解决问题。

● 在 x-y 平面中创建一个包含定义域的网格；

● 计算从每个网格点到每个电荷的距离；

● 计算每个点的电势；

● 绘制电势。

以下是脚本文件中的一个程序，用于解决此问题。

```
eps0=8.85e-12;q1=2e-10;q2=3e-10;
k=1/(4*pi*eps0);
x=-0.2:0.01:0.2;
y=-0.2:0.01:0.2;
[X,Y]=meshgrid(x,y);          在 x-y 平面创建网格
r1=sqrt((X+0.25).^2+Y.^2);    计算每个网格点的距离 r1
r2=sqrt((X-0.25).^2+Y.^2);    计算每个网格点的距离 r2
V=k*(q1./r1+q2./r2);          计算每个网格点的电势 V
mesh(X,Y,V)
xlabel('x(m)');ylabel('y(m)');zlabel('v(v)')
```

程序运行时生成的图形为：

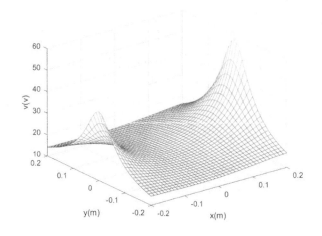

例 11.31 方形板中的热传导

如上图所示，矩形板（a=5m，b=4m）的三个侧面保持在 0℃ 的温度，一侧保持在 C 的温度。确定并绘制板中的温度分布 T(x, y)。

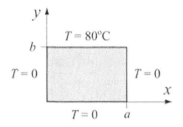

解决方案：

板中的温度分布 T(x, y)可以通过求解二维热方程来确定。对于给定的边界条件，T(x, y)可以用傅里叶级数解析表示：

$$T(x,y) = \frac{4T_1}{\pi} \sum_{n=1}^{\infty} \frac{\sin[(2n-1)\frac{\pi x}{a}]}{(2n-1)} \frac{\sinh[(2n-1)\frac{\pi y}{a}]}{\sinh[(2n-1)\frac{\pi b}{a}]}$$

解决该问题的脚本文件中的程序如下所示。该程序遵循以下步骤：

● 在域和中创建 X、Y 网格。板的长度 a 分为 20 段，板的宽度 b 分为 16 段；

● 计算网格各点的温度。使用双回路逐点进行计算。在每一点上，通过将傅里叶级数的 k 项相加来确定温度；

● 绘制 T 的曲面图。

```
a=5;b=4;na=20;nb=16;k=5;T0=80;
clear T
x=linspace(0,a,na);
y=linspace(0,a,nb);
[X,Y]=meshgrid(x,y);
for i=1:nb
    for j=1:na
        T(i,j)=0;
        for n=1:k
            ns=2*n-1;
            T(i,j)=T(i,j)+sin(ns*pi*X(i,j)/a).*sinh(ns*pi*Y(i,j)/...
            a)/(sinh(ns*pi*b/a)*ns);
        end
        T(i,j)=T(i,j)*4*T0/pi;
    end
end
mesh(X,Y,T)
xlabel('x(m)');ylabel('y(m)');zlabel('T(˚oC)')
```

该程序执行两次，首先使用傅里叶级数中的五项（k=5）计算每个点的温度，然后使用 k=50。每次执行中创建的网格图如下图所示。在 y=4m 时，温度应均匀为 80℃。注意在 y=4m 时，项数（k）对精度的影响。

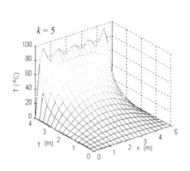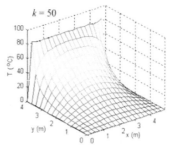

11.2.6 曲面颜色的控制

利用 colorbar 命令，可显示 MATLAB 如何以不同颜色来代表曲面的高度，例如若先输入"peaks"，再输入"colorbar"，就可以得到下列图形。

例 11.32 三维立体绘图/colorbar31.m

```
peaks;
colorbar;
z = 3*(1-x).^2.*exp(-(x.^2) - (y+1).^2)- 10*(x/5 - x.^3 - y.^5).*...
    exp(-x.^2-y.^2)- 1/3*exp(-(x+1).^2 - y.^2)
```

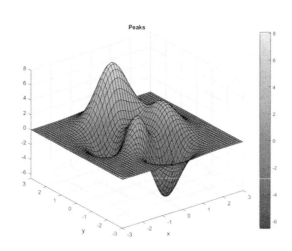

如上图所示，colorbar 可以显示高度与颜色的对照长条图，而曲面上每一个小方块的颜色即根据此对照图而得出。事实上，颜色与高度的对应关系是由一个"颜色对应表"（colormap，或简称"色表"或"色盘"）来控制，此表是一个 m×3 的矩阵，m 的值通常是 64，代表真正用到的颜色个数，而每一列代表一个颜色的 RGB 值，一些常用的值可参见表 11-12。

表 11-12 主要颜色的 RGB 值

颜色	Red（红色）	Green（绿色）	Blue（蓝色）
black（黑）	0	0	0
white（白）	1	1	1
red（红）	1	0	0
green（绿）	0	1	0
blue（蓝）	0	0	1
yellow（黄）	1	1	0
magenta（锰紫）	1	0	1
cyan（青蓝）	0	1	1
gray（灰）	0.5	0.5	0.5
dark red（暗红）	0.5	0	0
copper（铜色）	1	0.62	0.4
aquamarine（碧绿）	0.49	1	0.83

MATLAB 预设的颜色对应表可由 colormap 得知。

例 11.33 三维立体绘图/colormap32.m

```
>> cm = colormap;
>> size(cm)
ans =
    64    3
```

由上可知 cm 是一个 64×3 的矩阵，因此 MATLAB 在画图时，会把 cm 第一列的颜色设定给曲面的最高点，把 cm 的最后一列的颜色设定给曲面的最低点，其余高度的颜色则依线性内插法来决定。因此，只要改变颜色对应表，即可得到不同颜色的曲面。欲改变颜色对应表，也是用 colormap 命令。

例 11.34 三维立体绘图/plotxyz33.m

```
peaks;
colormap(rand(64,3));
colorbar;
z =  3*(1-x).^2.*exp(-(x.^2) - (y+1).^2) - 10*(x/5 - x.^3 - ...
     y.^5).*exp(-x.^2-y.^2) - 1/3*exp(-(x+1).^2 - y.^2)
```

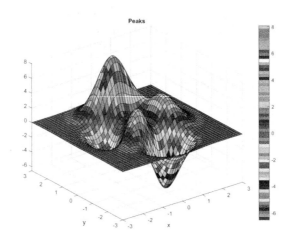

在上述范例中，使用随机数来产生一个64×3颜色对应表，因此曲面看起来并不是很赏心悦目。事实上，要产生一个好看的颜色对应表并不是件容易的事，因此 MATLAB 有一些现成的颜色对应如表 11-13 所示。

表 11-13　一些现成的颜色对应

命令	说明
colormap hsv	HSV 的颜色对应表（预设值）
colormap hot	代表"热"的颜色对应表
colormap cool	代表"冷"的颜色对应表
colormap summer	代表"夏天"的颜色对应表
colormap gray	代表"灰阶"的颜色对应表
colormap copper	代表"铜色"的颜色对应表
colormap autumn	代表"秋天"的颜色对应表
colormap winter	代表"冬天"的颜色对应表
colormap spring	代表"春天"的颜色对应表
colormap bone	代表"X 光片"的颜色对应表
colormap pink	代表"粉红"的颜色对应表
colormap flag	代表"旗帜"的颜色对应表

例如，要使你的曲面使用感觉较冷的颜色，可输入如下。

例 11.35　三维立体绘图/plotxyz34.m

```
peaks;
colormap cool;
colorbar
z =  3*(1-x).^2.*exp(-(x.^2) - (y+1).^2) - 10*(x/5 - x.^3 - y.^5).*...
    exp(-x.^2-y.^2) - 1/3*exp(-(x+1).^2 - y.^2)
```

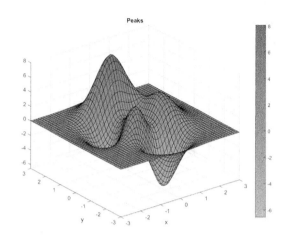

除了以高度来设定颜色之外，surf 及 mesh 命令都可以接受第 4 个输入自变量来作为设定颜色的依据。例如，若要以曲面的斜率（"梯度"或"Gradient"）来设定颜色，可进行如下操作。

表面的颜色自动设置为(m×n)矩阵中的值的函数。如果没有指定 colormap，则应用默认的 colormap。

可以添加一个 colorbar 来显示当前的 colormap，并指示数据值到 colormap 的映射。在下面的例子中，z(m×n)矩阵是由函数生成的。

z=x.*y.*sin(x).*cos(y);

在区间[-pi, pi]内。x 和 y 值可以使用 meshgrid 函数生成，表面渲染如下。

```
% 创建一个图形
figure
% 生成区间 [-pi,pi] 内的 x 和 y 值
[x,y]=meshgrid([-pi:.2:pi],[-pi:.2:pi]);
% 在选定区间内求函数值
z=x.*y.*sin(x).*cos(y);
% 用 surf 画曲面
s=surf(x,y,z);
xlabel('X Axis');
ylabel('Y Axis');
zlabel('Z Axis');
grid minor
colormap('hot')
colorbar
```

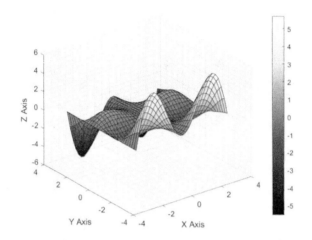

现在的情况是，额外的信息被传递给 z 矩阵，它们被存储在另一个(m×n)矩阵中。通过修改表面着色的方式，可以在绘图上添加这些额外的信息。这将允许有某种 4D 的绘图：对于由第一个(m×n)矩阵生成的表面的 3D 表示，第四维将由包含在第二个(m×n)矩阵中的数据表示。使用 4 个输入调用 surf 就可以创建这样的图形。

surf(x, y, z, C)

其中，C 参数是第二个矩阵(z 的大小必须相同)，用于定义表面的颜色。在下面的例子中，C 矩阵是由函数生成的。

C=10*sin(0.5*(x.^2.+y.^2))*33

现在我们使用四个输入参数调用 surf 函数。

```
figure
surf(x, y, z, C)
% 阴影插入
xlabel('X Axis');
ylabel('Y Axis');
zlabel('Z Axis');
grid minor
colormap('hot')
colorbar
```

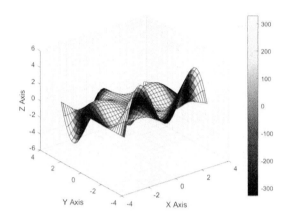

对比以上两个图形，可以注意到：表面的形状对应于 z 的取值［第一个(m×n)矩阵］表面的颜色（及其范围，由 colorbar 给出）对应于 C 值［第一个(m×n)矩阵］。

11.3 其他特殊图形绘制

11.3.1 直方图

直方图（Bar Charts）特别适用于少量且离散的数据。欲画出垂直直方图，可用 bar 命令。

例 **11.36** 特殊图形/bar35.m

```
x = [1 3 4 5 2];
bar(x);
```

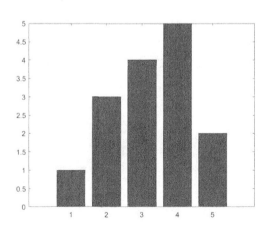

bar命令也可接受矩阵输入，它会将同一行的数据聚集在一起。

例 11.37 特殊图形/bar36.m

```
x = [2 3 4 5 7; 1 2 3 2 1];
bar(x);
```

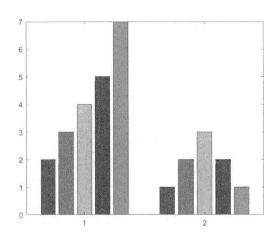

若要画出水平的直方图，则可以用 barh 命令，其语法和 bar 命令相同，不再赘述，读者可自行试试看。

bar 及 barh 命令还有一项特殊功能，就是可以将同一行的数据以堆栈（Stack）方式来显示。

例 11.38 特殊图形/bar37.m

```
x = [2 3 4 5 7; 1 2 3 2 1];
bar(x,'stack')
```

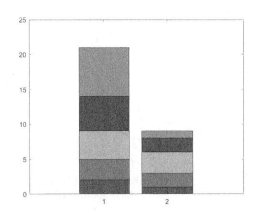

除了平面直方图之外，MATLAB 亦可使用 bar3 命令来画出立体直方图。

例 **11.39**　特殊图形/bar38.m

```
x = [2 3 4 5 7; 1 2 3 2 1];
bar3(x)
```

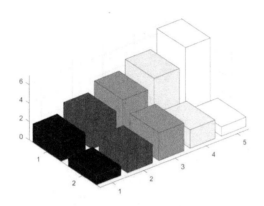

bar3 命令还可以使用群组（Group）方式来呈现直方图。

例 **11.40**　特殊图形/bar05.m

```
x = [2 3 4 5 7; 1 2 3 2 1];
bar3(x, 'group')
```

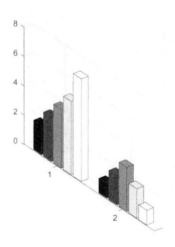

欲呈现水平的立体直方图，可用 bar3h 命令，其语法和 bar3 相同，在此不再赘述。

表 11-14 直方图函数

类别	垂直直方图	水平直方图
平面	bar	barh
立体	bar3	bar3h

若要指定直方图的 x 坐标，可使用两个输入向量给 bar 命令。下面以月平均温度为例。

例 11.41 特殊图形/bar40.m

```
x = 1:6;  % 月份
y = 35*rand(1, 6);  % 温度值（假设是介于 0~35 的随机数）
bar(x, y);
xlabel('月份');  % x 轴的说明文字
ylabel('平均温度 (^{o}c)'); % y 轴的说明文字
% 下列命令将 x 轴的数目字改成月数
set(gca, 'xticklabel', {'一月','二月','三月', '四月', '五月', '六月'});
```

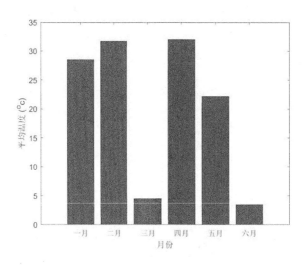

在上例的最后一列程序码，gca 返回目前的坐标轴，"xticklabel"则代表在 x 轴上每一个标点的说明文字，而整列程序码即表示使用"一月""二月"等取代目前图轴上的 x 轴标点说明文字。

11.3.2 面积图

面积图（Area Graphs）和以堆栈方式呈现的直方图很类似，特别适用于具有叠加关系的数据。举例来说，若要显示某大学在过去 10 年来的人数（含大学部，研究生，及教职员）变化情况，可用面积图显示如下。

例 **11.42**　特殊图形/area41.m

```
y = rand(10,3)*100;
x = 1:10;
area(x, y);
xlabel('Year');
ylabel('Count')
```

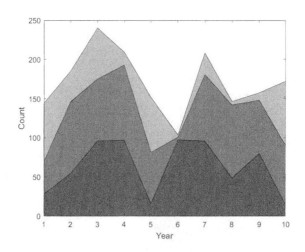

其中，y 的第一行为大学部人数，第二行为研究生人数，第三横列为教职员人数，三者累加即为总人数，也就是图形最上方的曲线。（此数据并不符合现实状况，纯粹只是举例而已。）

面积图只能用于二维绘图，但由于其性质和以堆栈方式呈现的长条图非常接近，故在此章叙述。

11.3.3　扇形图

使用 pie 命令，可画出平面扇形图（Pie Charts），并加上说明。

例 **11.43**　特殊图形/pie42.m

```
x = [2 3 5 4];
label={'东','南','西','北'};
pie(x, label);
```

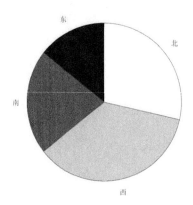

在上图中，每个扇形的面积正比于每个 x 元素对于总和的比值，例如，第一个扇形所占的面积百分比为 2/(2+3+5+4)=14.3%。若是 x 总和小于 1，则 pie 命令直接将 x 元素视为面积百分比，因此可画出不完全的扇形图。

例 11.44　特殊图形/pie43.m

```
x = [0.21, 0.14, 0.38];
pie(x);
```

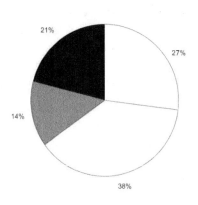

pie 命令还有一特殊功能，可将某个或数个扇形图向外拖出，以强调部分数据。

例 11.45　特殊图形/pie44.m

```
x = [2 3 5 4];
explode = [1 1 0 0];
pie(x, explode);
```

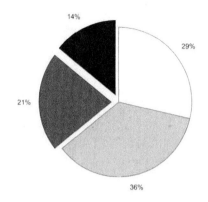

其中，命令 explode 中非零的元素即代表要向外拖出的扇形。

命令"explode"的意义代表"爆炸"，所以可以想象被外拖的扇形是被"炸开"的结果。

欲画出立体扇形图，可用 pie3 命令。

例 11.46 特殊图形/pie45.m

```
x = [2 3 5 4];
explode = [1 1 0 0];
label = {'春耕', '夏耘', '秋收', '冬藏'};
pie3(x, explode, label);
```

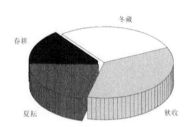

11.3.4 针头图

顾名思义，针头图（Stem Plots）就是以一个大头针来表示某一点数据，其命令为 stem。

例 11.47 特殊图形/stem46.m

```
t = 0:0.2:4*pi;
y = cos(t).*exp(-t/5);
stem(t, y)
```

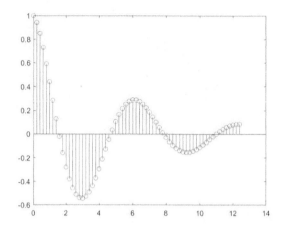

针头图特别适用于表示"数值信号处理"中的数值信号。若要画出实心的针头图,可加"fill"选项。

例 11.48 特殊图形/stem47.m

```
t = 0:0.2:4*pi;
y = cos(t).*exp(-t/5);
stem(t, y, 'fill');
```

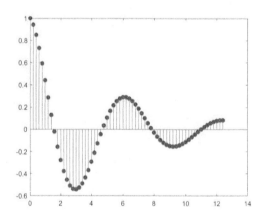

欲画出立体的针头图,可用 stem3 命令。

例 11.49 特殊图形/stem48.m

```
theta = -pi:0.05:pi;
x = cos(theta);
y = sin(theta);
z = abs(cos(3*theta)).*exp(-abs(theta/2));
stem3(x, y, z);
```

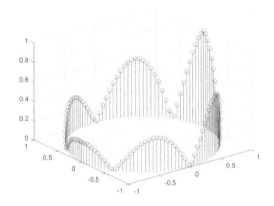

11.3.5　阶梯图

使用 stairs 命令，可画出阶梯图（Stairstep Plots），其绘图思想与针头图相似，只是将目前数据点的高度向右水平画至下一点为止。

例 11.50　特殊图形/stairs49.m

```
t = 0:0.4:4*pi;
y = cos(t).*exp(-t/5);
stairs(t, y);
```

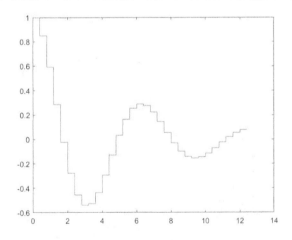

若再加上针头图，则可见两者相似之处。

例 11.51　特殊图形/stairs50.m

```
t = 0:0.4:4*pi;
y = cos(t).*exp(-t/5);
stairs(t, y);
hold on     % 保留旧图形
stem(t, y);   % 叠上针头图
hold off
```

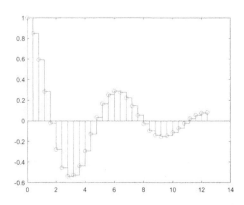

11.3.6　实心图

MATLAB 命令 fill 将数据点视为多边形顶点，并将此多边形涂上颜色，呈现出实心图（Filled Plots）的结果。

例 11.52　特殊图形/fill51.m

```
t = 0:0.4:4*pi;
y = sin(t).*exp(-t/5);
fill(t, y, 'b');   % 'b'为蓝色
```

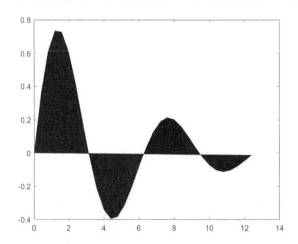

若与 stem 合用，则可创造出一些不同的视觉效果。

例 11.53　特殊图形/fill52.m

```
t = 0:0.4:4*pi;
y = sin(t).*exp(-t/5);
fill(t, y, 'y');  % 'y' 为黄色
hold on  % 保留旧图形
stem(t, y, 'b');  % 叠上蓝色针头图
hold off
```

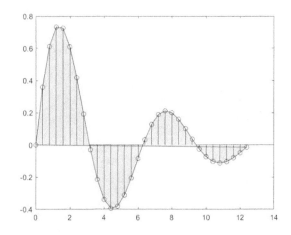

11.3.7　向量场图

使用 quiver 命令可画出平面上的矢量场图（Quiver Plots），特别适用于表示分布于平面的矢量场（Vector Fields），例如平面上的电场分布，或是流速分布。

例 11.54　特殊图形/quiver53.m

```
[x, y, z] = peaks(20);
[u, v] = gradient(z);
contour(x, y, z, 10);
hold on,
quiver(x, y, u, v);
hold off
```

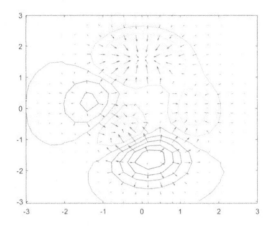

在上例中，gradient 产生梯度向量，contour 进行等高线作图，而 quiver 则将每一点的梯度向量以小箭号表示。（由基本微积分可知，梯度向量永远与等高线垂直，可由上图再次得到验证。）

欲画出空间中的矢量场图，可用 quiver3 命令。

例 11.55　特殊图形/quiver54.m

```
[x, y] = meshgrid(-2:0.2:2, -1:0.1:1);
z = x.*exp(-x.^2-y.^2);
[u, v, w] = surfnorm(x, y, z);
quiver3(x, y, z, u, v, w);
hold on,
surf(x, y, z);
hold off
axis equal
%colormap('default')        % 颜色改回预设值
```

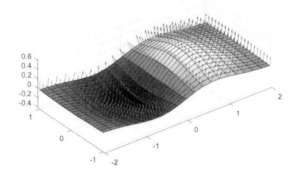

其中，surfnorm 可产生垂直于曲面的法向量。

11.3.8　等高线图

可用 contour 命令来画出"等高线图"（Contour Plots）。

例 11.56　特殊图形/contour55.m

```
z = peaks;
contour(z, 30);  % 画出 30 条等高线
%colormap(zeros(1,3));  % 以黑色呈现
```

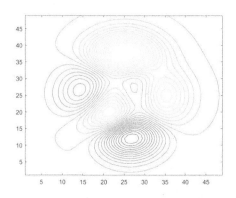

其中，30 代表等高线的数目，contour 会自动找出 z 的最小值及最大值，并在此范围中找出 30 个等分点，代表等高线的高度。若要画出特定高度的等高线，可执行如下命令。

例 11.57　特殊图形/contour56.m

```
z = peaks;
contour(z,[0 2 5]);
```

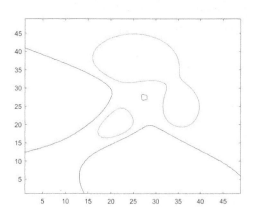

此时可画出三条等高线图，高度分别是 0、2、5。

contour(z,[3,3])可 画出高度为 3 的等高线。

欲标明等高线的高度，可用 clabel 命令。

例 11.58 特殊图形/contour57.m

```
z = peaks;
[c,handle] = contour(z, 10);
clabel(c, handle);
```

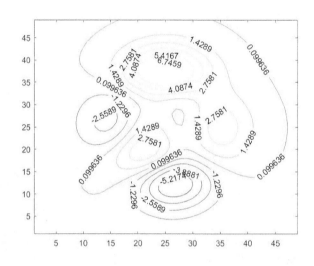

clabel 只会标明够长的等高线，以便于识别。若等高线太短，或是只要标明特定的等高线，则可以使用手动（Manual）的方式来加入等高线的高度，其命令为"clabel(c,handle,'manual')"，此时图形上的游标为十字形，只需在等高线上点一下，即可标明高度。

若欲在等高线之间填入颜色，可用 contourf 命令。

例 11.59 特殊图形/contour58.m

```
z = peaks;
contourf(z);
```

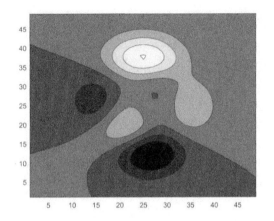

若要改变填满的颜色，可用 caxis 命令，在此不再赘述。若要使画出的等高线对应至正确的 x 及 y 坐标，则可执行如下命令。

例 **11.60** 特殊图形/contour59.m

```
[x, y, z] = peaks;
contour(x, y, z);   % 使用三个输入
%colormap(zeros(1,3));   % 以黑色呈现
```

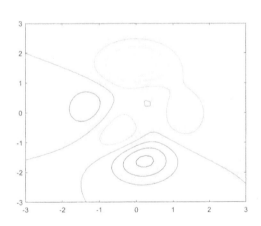

contourf 可接受 x、y 和 z 输入自变量。若要将等高线画在曲面的正下方，可用 surfc 或 meshc 命令。

例 **11.61** 特殊图形/contour60.m

```
[x, y, z] = peaks;
meshc(x, y, z);
axis tight
```

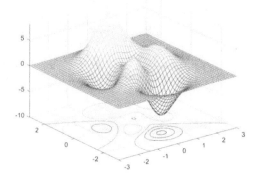

若要画出三维空间中的等高线，可用 contour3 命令。

例 11.62　特殊图形/contour61.m

```
[x, y, z] = peaks;
contour3(x, y, z, 30);
axis tight
```

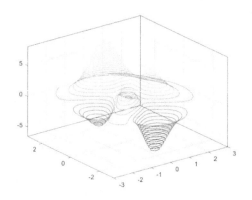

有关本章的相关命令，可以参见表 11-15。

表 11-15 特殊图形绘制函数

命令	说明
bar，barh，bar3，bar3h	长条图
area	面积图
pie，pie3	扇形图
stem，stem3	针头图
stairs	阶梯图
fill，fill3	实心图
quiver, quiver3	向量场图
contour, contourf, contour3	等高线图

在表 11-15 中很容易看出，若某一绘图命令之后加上"3"（如 bar3），通常表示是相关的 3D 绘图命令。

11.4 图形对象的属性

图形对象的属性控制其外观和行为的许多方面。属性包括一般信息，如对象的类型、父对象和子对象、是否可见，以及记录特定类对象的唯一信息。

每种类型的图形对象都有相应的创建函数，可用于创建该类对象。对象创建函数与它们创建的对象具有相同的名称（例如，text 函数创建文本对象，figure 函数创建图形对象，等等）。每个图形对象（根对象除外）都有相应的创建函数，以其创建的对象命名。所有对象创建函数都具有类似的格式。

handle = function('propertyname', propertyvalue,...)

通过将属性名称/属性值配对作为参数传递，可以为任何对象属性（只读属性除外）设定属性值。该函数返回其创建的对象的句柄，可以在创建对象后使用该句柄查询和修改属性值。

11.4.1 创建图形对象

图形窗口是一个对象，对象中的数据存储在属性中。只要调用 figure 函数就会打开一个空白的图形窗口并返回它的句柄。通过将这个图形窗口的句柄分配给一个对象变量，属性就可以被引用。

figure 是 MATLAB 中图形窗口的名称。一个图形可以包含坐标轴，坐标轴是一个带有坐标系的框架，轴可以包含图。Figure 命令可以创建如下新的图形窗口。

如果图形属性被赋予句柄 f，可以显示图形属性。

```
>> f = figure
f =
 Figure (1) - 属性:
    Number: 1
      Name: ''
     Color: [0.9400  0.9400  0.9400]
  Position: [403  246  560  420]
     Units: 'pixels'
```

相似于图，也可以通过键入如下命令创建一个新的坐标系。

hAxes = axes;

这能够在当前图形对象中创建一个新坐标系（如下图所示）。

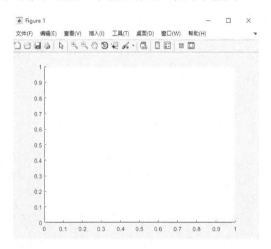

以下两个命令用于创建和清除当前坐标系。

gcf % 当前坐标轴
cla % 清除当前坐标轴

用于查找坐标轴属性列表的命令为：

docsearch 'axes properties'

这一命令可以查询任何属性的当前值并设定大多数属性值（尽管有些属性值是由 MATLAB 设置的，并且是只读的）。属性值仅适用于对象的特定实例，为一个对象设置值不会更改相同类型的其他对象的值。

11.4.2　设置属性值

set 和 get 函数不仅能设定和检索现有图形对象属性的值，还能够列出具有固定值集的属性的可能值。设置现有对象上属性值的基本语法为

set(object_handle,'PropertyName',NewPropertyValue')

要查询特定对象属性的当前值，请使用以下语句。

returned_value = get(object_handle,'PropertyName');

属性名称始终是带引号的字符串。属性值取决于特定属性。

可以使用 set 函数和创建函数返回的句柄更改现有对象的属性。例如，该语句将 Y 轴坐标位置向右移动。

set(gca,'YaxisLocation','right')

比如，以下例子所示

set(hFig1,'Position',[0 0 400 500])

或者一个新的图形

figure('Position',[0 0 400 500],'Name','An Empty Graphics Window')

也可以与 MATLAB 交互地调整属性。

propertyeditor

引用或更改对象属性的另一种方法是使用句点表示法。它的格式如下。

objecthandle.PropertyName

这种方法是 R2014b 版本的新方法，是 get 和 set 的替代方法。使用点表示法比使用 get 和 set 更可取，因为句柄现在是对象，这是引用对象属性的标准语法。例如，下面的代码将 Color 属性修改为深灰色。

>> f.Color = [0.5 0.5 0.5]

如果句柄参数是一个向量，MATLAB 将在所有已标识的对象上设置指定的值。可以使用结构数组或元胞数组设定属性名称和属性值。如果要在多个对象上设置相同的属性，这可能很有用。例如，可以定义一个结构，以适当地设置轴属性，以显示特定图形。

view1.CamerViewAngleMode = 'manual';
viewl.DataAspectRatio = [1 1 1];
view1.ProjectionType = 'Perspective';

要在当前轴对象上设置这些值，请键入

set(gca,view1)

对于存储在 f 中的图形对象，它的内置类是 MATLAB.ui.Figure。"ui"是"用户界面"的缩写，在许多图形名称中使用。这可以通过使用 class 函数看到。

>> class(f)
ans =
   'MATLAB.ui.Figure'

11.4.3 查询属性值

使用 get 查询属性或所有对象属性的当前值。例如，检查当前轴 PlotBoxAspectRaio 属性的值。

>> get(gca,'PlotBoxAspectRatio')
ans =
   1.0000   0.7903   0.7903

MATLAB 列出了所有属性的值（如果可行）。但是，对于包含数据的属性，MATLAB 仅列出维度（例如，Current Point 和 Colorder）。

figure_handle = figure;
axis_handle = subplot(2,1,2);
plot_handle = plot(randn(1e5,1),randn(1e5,1),'.');

如果使用 get(axis_handle)可以查询坐标轴的所有属性名和属性值；使用命令 get(plot_handle)可以获得图形属性名和当前的属性值。

也可以单独获取该属性的值，如以下命令显示颜色值。

```
>> get(gca,'ColorOrder')
ans =
        0    0.4470    0.7410
   0.8500    0.3250    0.0980
   0.9290    0.6940    0.1250
   0.4940    0.1840    0.5560
   0.4660    0.6740    0.1880
   0.3010    0.7450    0.9330
   0.6350    0.0780    0.1840
```

11.4.4　设置默认属性值

要设定默认值，需要创建一个以单词 Default 开头的字符串，后跟对象类型，最后是对象属性。例如，要为当前图形一级的 line 对象的 Line Width 属性值设定为 1.5 点的默认值，可以使用以下语句。

```
set(gcf,'DefaultLineLineWidth',1.5)
```

字符串 DefaultLineLineWidth 将属性标识设定为线属性。

```
set(0,'DefaultFigureColor','b')
```

字符串 **DefaultFigureColor** 将图颜色属性设定为蓝色。
使用 get 确定当前在任何给定对象层次上设置的默认值。

```
get(gcf,'default')
```

如果要返回当前图形上设置的所有默认值。设定"default"的属性值会将该属性设置为该属性定义的第一个遇到的默认值。

```
set(0,'DefaultSurfaceColor','k')
h = surface(peaks);
set(gcf,'DefaultSurfaceEdgeColor','g')
set(h,'EdgeColor','default')
```

由于图形层级的对象上存在 EdgeColor 的默认值绿色，因此 MATLAB 首先遇到该值，并使用该值，而不是根对象上定义 DefaultSurfaceColor 的黑色。

一旦决定设置自定义的颜色顺序和线条样式顺序，MATLAB 必须交替使用两者。MATLAB 应用的第一个变化是颜色。当所有颜色都用完时，MATLAB 从定义的线条样式顺序应用下一个线条样式，并将颜色索引设置为 1。这意味着 MATLAB 将开始使用所有颜色再次交替，但要按照顺序使用下一个线条样式。当所有的线条样式和颜色都用尽的时候，很明显 MATLAB 重新开始循环使用第一种颜色和第一个线条样式。对于这个例子，可以定义一个输入向量和一个匿名函数，使绘图变得更容易一些。

F = @(a,x)bsxfun(@plus,-0.2*x(:).^2,a);
x = (-5:5/100:5-5/100)';

要设置新的颜色或新的行样式顺序，可以调用 set 函数，该函数具有全局句柄 0，后面跟着属性 DefaultAxesXXXXXXX，XXXXX 可以是 ColorOrder 或 LineStyleOrder。下面的命令将新的颜色顺序分别设置为黑色、红色和蓝色。

```
set(0,'DefaultAxesColorOrder',[0 0 0;1 0 0;0 0 1]);
plot(x,F([1 2 3 4 5 6],x));
```

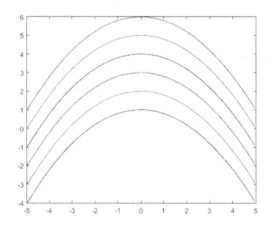

正如所看到的，MATLAB 只对颜色进行交替，因为线条样式顺序默认设置为实线。当一组颜色耗尽时，MATLAB 从颜色顺序中的第一个颜色开始。下面的命令设置颜色和线条样式顺序。

```
set(0,'DefaultAxesColorOrder',[0 0 0;1 0 0;0 0 1]);
set(0,'DefaultAxesColorOrder',{'-''--'});
plot(x,F([1 2 3 4 5 6],x));
```

现在，MATLAB 通过不同的颜色和不同的线条样式交替使用颜色作为最频繁的属性（如下图所示）。

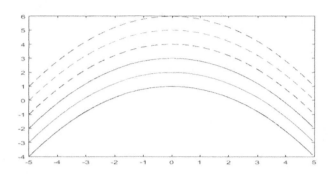

将属性值设定为"remove"将消除用户定义的默认值，比如以下语句。

set(0,'DefaultSurfaceEdgeColor','remove')

从根对象中删除 DefaultSurfaceColor 的定义。

如下示例在层次结构中的多个级别上设置默认值。这些语句在一个图形窗口中创建两个轴，在图形层次和轴层次上设置默认值。

```
t = 0:pi/20:2*pi;
s = sin(t);
c = cos(t);
% 设定坐标颜色属性的默认值。
figh = figure('Position',[30 100 800 350], ...
    'DefaultAxesColor',[0.8 0.8 0.8]);
axh1 = subplot(1,2,1); grid on
% 在第一个坐标系中设定线型属性默认值。
set(axh1,'DefaultLineLineStyle','-.')
line('XData',t,'YData',s)
line('XData',t,'YData',c)
text('Position',[3 0.4],'String','Sine')
text('Position',[2 -0.3],'string','Cosine',...
    'HorizontalAlignment','right')
axh2 = subplot(1,2,2); grid on
% 在第二个坐标系中设定文本旋转角度属性默认值。
line('XData',t,'YData',s)
line('XData',t,'YData',c)
text('Position',[3 0.4], 'String','Sine')
text('Position',[2 -0.3],'String','Cosine',...
    'HorizontalAlignment','right')
```

向每个子图区域发出相同的 line 和 text 语句会导致不同的显示，反映不同的默认设置。

由于在层次结构的图形级别上设置了默认的坐标轴颜色属性，因此 MATLAB 使用设定的灰色背景创建两个坐标系（如下图所示）。

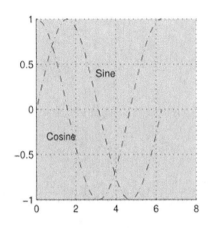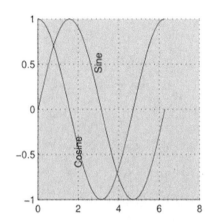

左侧的轴（子图区域 121）定义了默认的点划线样式(-.)，因此每次调用 line 函数都使用点划线。右侧的轴不定义默认线型，因此 MATLAB 使用实线。

右侧的轴定义了 90 度的默认文本旋转角度，这将所有文本旋转该角度。MATLAB 从其"用户定制"模式中获取所有其他属性值，"用户定制"的文本是不旋转的。

要在运行 MATLAB 时设置默认值，要在系统中利用 startup.m 函数设定它们。注意，当通过调用 colordef 命令启动时，MATLAB 可能会为某些外观属性设置默认值。

11.5 访问对象句柄

MATLAB 为其创建的每个图形对象分配一个句柄。所有对象创建函数可选地返回所创建对象的句柄。如果要访问对象的属性（例如，从 m 文件），应在创建时将其句柄分配给变量，以避免以后搜索。但是，用户始终可以使用 findobj 函数或通过列出其父对象的 Children 属性来获得现有对象的句柄。

根对象的句柄始终为零，图形的句柄可以是

● 默认情况下显示在窗口标题栏中的整数。
● 需要完整 MATLAB 内部精度的浮点数。

IntegerHandle 属性控制图形接收的句柄类型。所有其他图形对象句柄都是浮点型数值。引用句柄时，必须保持这些数值的完全精度。

与试图从屏幕上读取句柄并重新键入它们不同，有必要将值存储在变量中，并在需要句柄时传递该变量。

11.5.1   当前图形、坐标轴和对象

句柄图形中的一个重要概念是"当前"。当前图形是设定用于接收图形输出的窗口。同样，当前轴是创建轴子对象的命令的目标。当前对象是鼠标创建或单击形成的最后一个图形对象。

MATLAB 将对应于这些对象的三个句柄存储在父对象的属性列表中。这是一种用于存储数据的方式。

set(0,'CurrentFigure');
get(gcf,'CurrentAxes');
get(gcf,'CurrentObject');

表 11-16 列举的命令是 get 语句的简写符号。

表 11-16   get 语句的简写符号

命令	描述
gca	当前轴的返回句柄
gcf	当前图形的返回句柄
gco	当前对象的返回句柄
get	对象属性的查询值
ishandle	如果值是有效的对象句柄，则为 true
set	设置对象属性的值

可以将这些命令用作需要对象句柄的函数的输入参数。例如，可以单击行对象，然后使用 gco 设定 set 命令设定所需的句柄。

set(0,gco,'Marker','square')

或者使用 get(gca)列出所有当前轴属性的取得当前轴中所有图形对象的控制句柄（具有隐藏控制柄的图形对象除外）。

h = get(gca,'Children')

然后确定对象的类型。

get(h,'type')
ans =
    'text'
    'patch'

'surface'
'line'

11.5.2　按属性值搜寻对象

findobj 函数提供了一种快速遍历对象层次结构并获取具有特定属性值的对象句柄的方法。如果未设定起始对象，findobj 将从根对象开始搜索，查找设定的属性名称/属性值组合的所有匹配项。

以下例子搜寻正弦函数图包含标记函数特定值的文本对象（如下图所示）。

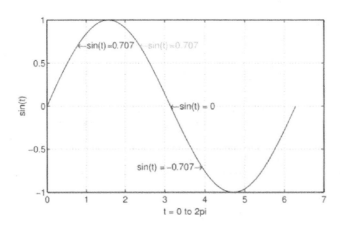

其中，findobj 函数设置了相同的值（在图片中显示为灰色）。为此，需要确定标记该点的文本对象的句柄，并更改其位置属性。要使用 findobj，请选择唯一标识对象的属性值。在这种情况下，文本属性为

text_handle = findobj('String','\leftarrowsin(t)= 0.707');

接下来，将对象移动到新位置，以轴单位定义文本位置。

set(text_handle,'Position',[3*pi/4,sin(3*pi/4),0])

findobj 还能够通过在层次结构中设定起点来限制搜索，而不是从根对象开始。如果层次结构中有许多对象，这将导致更快的搜索进程。在上一个示例中，已经知道感兴趣的文本对象位于当前坐标轴中，因此可以键入

text_handle = findobj(gca,'String','\leftarrowsin(t)= 0.707');

11.5.3　删除对象

可以使用 delete 命令删除图形对象，并将对象句柄用作参数。例如，可以使用以下语句删除当前坐标轴（及其所有子对象）。

delete(gca)

可以使用 findobj 获取要删除的特定对象的句柄。例如，为了在该多条线图中（如下图所示）找到虚线的句柄，

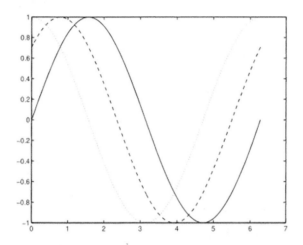

使用 findobj 定位对象，它的线型属性是 ":"

line_handle = findobj('LineStyle',':');

可以按照如下命令删除对象:

delete(line_handle)

也可以组合这两个语句，用 findobj 语句代替句柄。

delete(findobj('LineStyle',':'))

练习题

1. 创建一个脚本来模拟掷骰子,投掷参数用 L 表示。
（1）期望的概率分布是怎样的?
（2）使用直方图（histograph）来绘制结果。
（3）考虑各种投掷次数 L（从数千万次到数百万次）。
2. 用蒙特卡罗方法估计 π 的值。蒙特卡罗是一种抽取伪随机数的随机方法。操作步骤如下:
（1）在给定的矩形范围内生成点（均匀分布）。

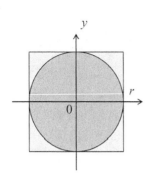 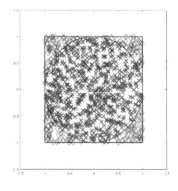

（2）比较矩形整体中有多少个点，圆圈内有多少个点。

$$\frac{S_{\text{o}}}{S_{\square}} = \frac{\pi r^2}{(2r)^2} = \frac{\pi}{4} \approx \frac{\text{hits}}{\text{shots}}$$

（3）用点的数量能够变化的方式编写脚本。注意点的数量对解的准确性的影响。

（4）绘制 π 的估计结果与模拟次数关系的图形（圆半径r=1），结果应该如下图所示。

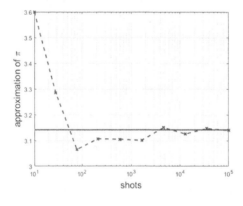

3. 使用实黑线绘制在区间[0, 2]中的 100 个等距 x 值的函数y = sin(x³ − 2)。随机抽取 10 个 x 值的样本，并显示各自的(x,y)点在带有标记的红色圆圈的图表上。标记这些坐标轴，并向图形中添加一个标题。预期的输出如下图所示。

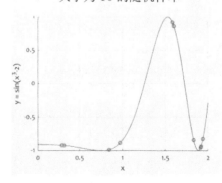

4. 利用 fill 命令，生成如下图所示的灰色阴影。

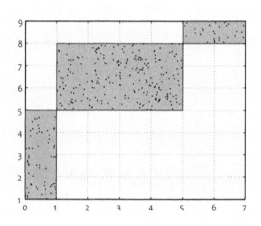

接下来，生成两个随机向量 x 和 y。每个元素必须有 1000 个元素，这样(x,y)点就在图中所示的轴的限制范围内。使用一个逻辑表达式来确定一个点是否位于灰色区域中。只绘制图形中阴影区域中的点。

5. 在单位方块中生成 10 个点，并用黑点表示。生成另一个随机点，用一个红色的 x 绘制它。编写的代码应该识别出最近的黑点，并在它周围画一个红色的圆圈。一个可能的输出如下图所示。

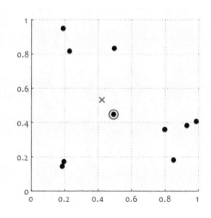

6. 进行随机搜索，求解以下函数的最小值。

$$f(x_1, x_2) = 2\sin(4x_1^2)\cos(6x_2^3) - \sqrt{|x_1|}\,(x_2 - 5)$$

函数定义域为−4<x_1<4 和−4<x_2<4。应用 1000 次随机试验，在 MATLAB 命令窗口中打印结果。绘制出函数的最优值相对于试验次数的图形如下图所示。

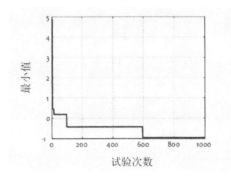

7. 大海捞针

教师将使用下面的代码来为全班同学生成相同的数据集。

```
% 创建数据文件
Data = randn(1000, 11);
rp =randperm(11); % 选择变量进行置换
Data(:,rp(1)) = -Data(:,rp(2)) + randn(1000,1)*.05
Data(:,rp(3)) = Data(:,rp(4)).*cos(Data(:,rp(4))) + randn(1000,1)*.05;
clear rp;
save DataFile
```

请运行该段代码以获取数据文件。

将包含数组数据的"DataFile.mat"导入你的工作空间中。每一列对应于一个变量，每一行都是一个由列中的变量描述的数据点。求出所有变量的平均值，并将它们显示在条形图中。下图显示了所需的输出格式的一个示例。

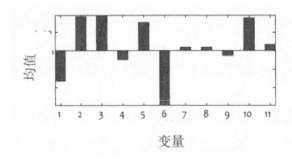

虽然大多数变量都是随机噪声，但在两对变量（"大海捞针"）之间存在关系。找到一种可视化所有变量对的方法，以发现哪些变量对具有如下图所示的关系。写出你用于此可视化的代码。输入变量应为真实数字，而不是#X 和#Y。

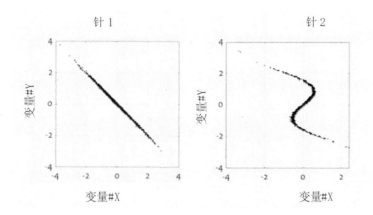

8. 创建并提交保存在文件 Exe8.m 中的程序 Exe8()。向 Exe8 程序添加执行以下任务的代码。

（1）清除命令窗口。

（2）在 x = -2π 到 2π 的区间上画出 sin(x) 和 cos(x)(使用 hold('on') 和两次调用 plot() 函数)。获取调用 plot() 函数时为每条图形线返回的图形句柄。这些是线对象句柄。

（3）使用 get() 函数获取用于绘制曲线的轴对象句柄(使用每一行的父属性)。

（4）获取并显示一个轴对象的所有属性(使用 get() 命令并使用 disp() 显示结果)，包含属性的结构数组。注意，一个轴对象有许多属性。

（5）获取并显示线对象的所有属性(使用 get() 命令)。请注意，与轴对象相比，线对象具有不同的属性。

（6）为了查看以下任务中对图形的单次更改，在每次更改之后放置一个 waitforbuttonpress() 函数。这将暂停程序运行，直到用户单击鼠标按钮或按下键盘上的某个键。在 Exe8() 函数的底部添加 close() 命令，以便每次运行程序时都将从一个新图形开始。

a. 将绘制正弦曲线的线对象更改为宽度为 3 的红线（改变'color'和'lineWidth'属性）。可以使用颜色的名称"red"或(red，green，blue)向量:[1 0 0])。

b. 将余弦曲线的线形图更改为宽度为 4 的绿线(可以使用颜色名称"green"或(red，green，blue)向量:[0 1 0])。

c. 在绘图中添加垂直网格线(使用'xgrid'属性的轴对象,它的值可以是'on'或'off')。

d. 在绘图中添加水平网格线(使用轴对象的"ygrid"属性，它的值可以是'on'或'off')。

e. 获取包含 axes 对象的图形对象的句柄(使用 axes 对象的'parent'属性)，然后删除标题栏中的图形编号，并将图形名称更改为"正弦和余弦"。此外，将图形背景色更改为紫色([1 0 1])。使用图形对象的'numberTitle', 'name'和'color'属性。

f. 关闭图形。

12

错误处理

无论你是一个多么熟练、勤奋和细心的程序员，编写带有错误的代码是不可避免的，这可能是编程中最令人沮丧的事情。在计算机术语中，程序中的错误就是 bug。故事是这样的：一只倒霉的飞蛾使一台最早的计算机中的两个热离子阀短路了。这种原始的(木炭制成的)"虫子"花了好几天才找到。因此，检测和纠正错误的过程称为调试。有许多类型的错误和缺陷，有些是 MATLAB 特有的，有些可能在使用任何语言编程时发生。本章将简要讨论这些问题。

本章要达到的目标如下：

（1）了解在编程中可能会出现的不同种类的错误和陷阱；

（2）学会调试代码；

（3）学会处理代码中常见的错误。

12.1　错误类型

程序员需要关注的错误有三种基本类型：语法错误、运行时错误和逻辑错误。

12.1.1　语法错误

语法是管理语言的一组规则。在书面和口头语言中，规则可以被改变或打破以适应说话者或作者。然而，在编程语言中，规则是完全严格的。语法错误是 MATLAB 语句中的打字错误（例如，plog 而不是 plot）。它们是最常见的错误类型，并且是致命的：MATLAB 停止执行并显示错误信息。随着 MATLAB 从一个版本发展到下一个版本，程序错误后汇报信息的方式也在改进。当程序员使用不正确的语法编写指令时，会发生语法错误。例如，1 = x 在 MATLAB 编程语言中是不合法的，因为数字不能作为变量赋值。如果程序员试图执行这些指令或任何其他语法不正确的语句，MATLAB 将以红色信息的形式向程序员返回一个错误，其中包含错误发生的行和可能的原因。这通常被称为抛出错误。

例如，以下是语法错误的例子。

```
>> 1 = x
```

```
1 = x
    ↑
```

错误：等号左侧的表达式不是用于赋值的有效目标。

```
>>[(1)
[(1)
    ↑
```

错误：圆括号或方括号不对称或异常。

12.1.2 运行时错误

语法错误通常很容易检测、发现和修复。运行时错误很难找到。运行时错误只有在程序运行时才能检测到。例如，拼接在 MATLAB 语法中是合法的，但如果试图拼接维数不正确的数组，那么 MATLAB 将无法执行指令，并产生错误。

例如，以下是运行时错误的例子。

```
>>x.y = 2;
>>x + 2
```

这一指令错在未定义与 'struct' 类型的输入参数相对应的运算符 '+'。

大多数运行时错误也很容易找到，因为 MATLAB 会停止并告诉程序员问题在哪里。在编写一个函数之后，经验丰富的程序员通常会多次运行该函数，从而允许该函数抛出任何错误，以便它们能够修复这些错误。

12.1.3 逻辑错误

最难找到的一种运行时错误称为逻辑错误。逻辑错误不会抛出错误，而是因为你得到的输出不是程序员期望的解决方案而成为错误。例如，考虑下面阶乘函数的错误实现结果。

```
function [out] = myBadFactorial(n)
% [out] = myBadFactorial(n)
% 阶乘的错误实现
% 作者
% 日期

out = 0;
for i = 1:n
    out = out*i;
end

end % 结束myBadFactorial函数
```

对于正确实现的阶乘函数有效的任何输入，此函数都不会产生错误。但是，如果尝试在命令窗口使用 myBadFactorial，就会发现答案总是 0，因为 out 初始化为 0 而不是 1。

因此， out = 0 这一行是一个逻辑错误。它不会产生 MATLAB 的错误，但会导致错误的阶乘计算。

另一种逻辑错误是由于舍入误差导致的。有时，正如我们所看到的，程序会给出出错的数值答案。这可能是由于舍入误差造成的，这产生于计算机上有限的精度——每个变量 8 个字节，而非无限个字节。例如运行以下程序时的错误。

```
x = 0.1;
while x ~= 0.2
    x = x + 0.001;
    fprintf('%g %g\n', x, x - 0.2)
end
```

这种错误可能需要程序运行到崩溃才能停止(在 PC 上使用 Ctrl-break)。由于舍入误差，变量 x 的值从来不是 0.2。事实上，x 漏掉了 0.2 约 8.3×10^{-17}，从显示 x - 0.2 的值可以看出。最好将 while 子句替换为

```
while x <= 0.2
```

或者，你可以采用

```
while abs(x - 0.2) > 1e-6
```

一般来说，最好是检验两个非整数表达式是否"相等"，如下所示。

```
if abs((a - b) / a) < 1e-6
   disp('a practically equals b')
end

% 或者
if abs((a - b) / b) < 1e-6
end
```

请注意，这个等式检验是基于 a 和 b 之间的相对差异，而不是绝对差异。

尽管这类错误似乎不太可能发生，或者至少和其他类型的错误一样容易发现，但当程序变得更长、更复杂时，错误非常容易出现，而且很难找到。当出现逻辑错误时，别无选择，只能一丝不苟地梳理每一行代码，直到找到问题所在。对于这些情况，准确地知道 MATLAB 将如何响应给出的每个命令，而不做任何假设是很重要的。也可以使用本章最后一节介绍的 MATLAB 调试器。

12.2　调试 MATLAB 代码

12.2.1　编程工具

默认情况下，当代码运行时，m 文件中的命令不显示在屏幕上。允许在命令执行时查看命令，即命令回显，为调试或演示提供了一个非常简单但有效的工具。echo 命令用于控制该进程。

对于脚本文件和函数文件，echo 命令的行为方式略有不同。对于脚本文件，echo 的使用很简单——echo 可以是 on 或 off，在这种情况下，使用的任何脚本都会受到影响。

- echo on 在所有脚本文件中启用命令的回显；
- echo off 关闭所有脚本文件中的命令回显；
- echo 汇报回显状态。

对于函数文件，echo 的使用更加复杂。如果在函数文件上启用了 echo (echo on)，则该文件将被解释，而不是编译。每一行输入都会在执行时显示出来，这可能会大大降低你的计算速度。可以只回显某些特定函数，也可以回显所有函数，具体可参见表 12-1。

表 12-1　echo 命令

命令	功能
echo fcnname on	启用被命名函数文件中的命令回显
echo fcnname off	关闭被命名函数文件中的命令回显
echo fcnname	切换被命名函数文件中命令回显的状态
echo on all	启用所有函数文件中的命令回显
echo off all	关闭所有函数文件中的命令回显

另一个用于调试的命令是 pause 命令。它等待用户的响应如表 12-2 所示。
pause 导致程序停止并等待用户在继续之前按下任意键。

表 12-2　pause 命令

命令	功能
pause(n)	继续执行命令前暂停 n 秒，其中 n 值可以取小数
pause off	后续的 pause 或 pause(n)命令未被真正执行
Pause on	后续的 pause 命令均会被执行

最后，还有一个编程工具可以用于调试 m 文件。它是键盘语句。当放置在 m 文件中时，它会停止文件的执行，并将控制权交给键盘。特殊状态由出现在提示符 K>>之前的 K 表示。

可以检查到此为止创建的工作空间中的变量，并在必要时更改它们，以查看代码如何执行剩余的计算(通过这些更改)。终止键盘模式，键入返回命令并按< return >。

12.2.2　交互方式调试 MATLAB 代码文件

自 R2021b 起。替换了调试 MATLAB 程序（R2021a）和实时编辑器（R2022A）中的调试代码。可以诊断 MATLAB 代码文件中的问题，方法是在编辑器和实时编辑器中以交互方式调试代码，或者使用命令窗口中的调试函数以编程方式进行调试。

调试代码有几种方法：
- 通过删除分号显示输出；
- 将代码运行到特定行，然后单击"运行到此处"按钮暂停；
- 单击"进入"按钮，在暂停时进入函数和脚本；
- 在文件中添加断点，以便在运行代码时在特定行暂停。

在开始调试之前，为了避免意外结果，请保存代码文件，并确保代码文件及其调用的任何文件存在于搜索路径或当前文件夹中。MATLAB 根据你调试的位置，以不同的方式处理未保存的更改。
- 编辑器：如果文件包含未保存的修改，MATLAB 将在运行前保存该文件。
- 实时编辑器：MATLAB 运行文件中的所有更改，无论是否保存。
- 命令窗口：如果文件包含未保存的更改，MATLAB 将运行文件的保存版本，而不能看到更改的结果。

（1）显示输出

确定 MATLAB 代码文件中出现问题的一种方法是显示输出。要显示某行的输出，请删除该行末尾的分号。在编辑器中，MATLAB 在命令窗口中显示输出。在实时编辑器中，MATLAB 显示输出以及创建输出的代码行。

例如，假设有一个名为 plotRand.m 的脚本，其绘制随机数据的向量，并在平均值处绘制图上的水平线。

```
n = 50;
r = rand(n, 1);
plot(r)

m = mean(r);
hold on
plot([0, n], [m, m])
hold off
title('Mean of Random Uniform Data')
```

要在第二行显示 rand 函数的输出，请删除该行末尾的分号。MATLAB 在命令窗口中显示 r 值。

```
>>plotRand
r =
    0.75774
    0.74313
    0.39223
    0.65548
    0.17119
    0.70605
```

在实时编辑器中，MATLAB 用第二行显示 r 的值，如下图所示。

（2）使用"运行到此处"进行调试

要在代码中的特定点探索工作空间中所有变量的状态，请运行代码文件，然后暂停。要将代码运行到指定行，然后暂停，请单击该行左侧的"运行到此处"按钮。如果无法到达所选行，MATLAB 将继续运行，直到到达文件结尾或遇到断点。

调试时，"运行到此处"按钮变为"继续到此处"按键。在函数和类中，只有在使用"继续到这里"按钮进行调试时，才能运行到指定行，然后暂停。在 R2021a 和以前的版本中，要在调试时运行到光标所在的位置并暂停，请转到"编辑器"选项卡，然后单击"运行到光标"按钮。

例如，单击 plotRand.m 中第二行左侧的"运行到此处"按钮。MATLAB 运行 plotRand.m 从第一行开始，在运行第二行之前暂停。

```
1      n = 50;
2 ▶    r = rand(n,1);
3      plot(r)
  ┌─────────────────────────────────────┐
4 │ Run to Here                          │
5 │ Run up to this line and pause        │
  └─────────────────────────────────────┘
6      hold on
7      plot([0,n],[m,m])
8      hold off
9      title('Mean of Random Uniform Data')
```

当 MATLAB 暂停时，会发生多个更改。

● 编辑器或实时编辑器选项卡中的运行按钮更改为继续按钮。

● 命令窗口中的提示变为 K>>，表示 MATLAB 处于调试模式，键盘处于控制状态。

● MATLAB 通过使用绿色箭头和绿色高亮显示指示暂停的行。

```
1      n = 50;
2   ➡ r = rand(n,1);
3      plot(r)
4
5      m = mean(r);
6      hold on
7      plot([0,n],[m,m])
8      hold off
9      title('Mean of Random Uniform Data')
```

在继续运行代码之前，MATLAB 暂停的行不会运行。要继续运行代码，单击"继续"按钮。MATLAB 将继续运行该文件，直到到达文件末尾或断点。也可以单击要继续运行的代码行左侧的"继续到此处"按钮。

要继续逐行运行代码，在"编辑器"或"实时编辑器"选项卡上单击"步骤"。MATLAB 执行暂停的当前行，并在下一行暂停。

```
1      n = 50;
2      r = rand(n,1);
3   ➡ plot(r)
4
5      m = mean(r);
6      hold on
7      plot([0,n],[m,m])
8      hold off
9      title('Mean of Random Uniform Data')
```

（3）调试时查看变量值

要在 MATLAB 暂停时查看变量的值，将光标放在变量上。变量的当前值显示在数据提示中。在移动光标之前，数据提示将保持在视图中。要禁用数据提示，请转到"视图"选项卡，然后单击"数据提示"按钮。

```
1        n = 50;
2   →    r = rand(n,1);
3        plot(r)
         ┌─────────────────────────┐
4        │  n: 1x1 double =         │
5        │                          │
6        │       50                 │
7        └─────────────────────────┘
8        hold off
9        title('Mean of Random Uniform Data')
```

也可以通过在命令窗口中键入变量名称来查看变量的值。例如，要查看变量 n 的值，请键入 n 并按 Enter 键。命令窗口显示变量名称及其值。要查看当前工作空间中的所有变量，请使用工作空间浏览器。

（4）暂停正在运行的文件

可以在长时间运行的代码运行期间暂停它，以检查进度并确保它是否按预期运行。要暂停正在运行的代码，需要转到"编辑器"或"实时编辑器"选项卡，然后单击"暂停"按钮。MATLAB 在下一个可执行暂停，"暂停"按钮变为"继续"按钮。要继续运行代码，按下 continue 按钮。

（5）进入函数内部

调试时，可以进入调用的文件，在需要检查变量取值的位置暂停。要单步执行文件，可以直接单击要单步运行的函数或脚本左侧的"单步执行"按钮。MATLAB 仅在该行包含对另一个函数的调用时显示该按钮，或者脚本单步执行后，单击文件顶部的"单步执行"按钮以运行其余被调用函数，离开被调用函数并暂停。

默认情况下，"步进"按钮仅显示用户定义的函数和脚本。要显示所有函数和脚本的按钮，请在"主页"选项卡的"环境"部分中，单击"首选项"。然后，选择"MATLAB>编辑器/调试器"，并在"调试"部分中，将"在按钮中显示上下文步骤"选项设置为"始终"。要从来不显示按钮，请将"显示按钮中的上下文步骤"选项设置为"从不"。

或者，你可以在调试时使用"编辑器"或"实时编辑器"选项卡上的"step in"或"step out"按钮来步进或步出函数。这些按钮不支持"显示上下文单步进按钮"首选项，并且始终单步进和单步出用户定义和 MathWorks 内置的函数。

当进入一个被调用的函数或文件时，MATLAB 会显示在当前行暂停之前执行的函数列表。列表（也称为函数调用堆栈）显示在文件的顶部，并按顺序显示函数，开始于第一个被调用的脚本或函数的左侧，结束于被暂停的当前脚本或函数的右侧暂停。

对于函数调用堆栈中的每个函数，都有相应的工作空间。工作空间包含在MATLAB 中创建的变量，或从数据文件或其他程序导入的变量。通过命令窗口分配或使用脚本创建的变量属于基本工作空间。

在函数中创建的变量属于它们自己的函数工作空间。通过选择不同的工作空间，可以检查当前工作空间之外的变量值。

（6）添加断点并运行代码

如果希望在每次运行代码时暂停文件中的代码行，可以在这些行上添加断点。既可以使用编辑器和实时编辑器以交互方式添加断点，也可以使用命令窗口中的函数以编程方式添加断点，或同时使用两者。

断点有三种类型：标准断点、条件断点和错误断点。若要在编辑器或实时编辑器中添加标准断点，请单击要设置断点的可执行左侧的灰色区域。例如，单击 plotRand.m 中第三行旁边的区域，在该行添加断点。

```
1    n = 50;
2    r = rand(n,1);
3    plot(r)
4
5    m = mean(r);
6    hold on
7    plot([0,n],[m,m])
8    hold off
9    title('Mean of Random Uniform Data')
```

运行文件时，MATLAB 会在断点指示的代码行处暂停。在继续运行代码之前，MATLAB 暂停的行不会运行。

例如使用 plotRand.m 文件在编辑器中打开，单击编辑器选项卡中的运行按钮。MATLAB 运行 plotRand.m 从第一行开始，在运行第三行之前暂停。

当 MATLAB 暂停时，会发生多个变化。

● 编辑器或实时编辑器选项卡中的运行按钮变为继续按钮；

● 命令窗口中的提示变为K>>，表示 MATLAB 处于调试模式，键盘处于控制状态；

● MATLAB 通过使用绿色箭头和绿色高亮显示指示暂停的行。

```
1    n = 50;
2    r = rand(n,1);
3 →  plot(r)
4
5    m = mean(r);
6    hold on
7    plot([0,n],[m,m])
8    hold off
9    title('Mean of Random Uniform Data')
```

要继续运行代码，单击"继续"按钮。MATLAB将继续运行该文件，直到到达文件末尾或断点。要继续逐行运行代码，可以在"编辑器"或"实时编辑器"选项卡上单击"step"。MATLAB 执行暂停的当前行，然后在下一行暂停。

（7）结束调试会话

识别问题所在以后，要结束调试会话，请转到"编辑器"或"实时编辑器"选项卡，然后单击"stop"。调试结束后，命令窗口中的正常>>提示符将重新出现，取代 K>>提示符。

为避免混淆，必须确保在每次完成调试时结束调试会话。如果在调试时对文件进行更改并保存，MATLAB 将结束调试会话。如果 MATLAB 暂停时没有响应，按 Ctrl+C 结束调试。

12.2.3　使用键盘快捷键或函数进行调试

可以使用键盘快捷键或命令窗口中的函数执行大多数调试操作。表 12-3 描述了调试操作以及相关的键盘快捷键和可用于执行这些操作的函数。

表 12-3　调试操作

操作	描述	快捷键	函数
继续	继续运行直至到达文件最后或者遇到断点	F5	dbcont
执行	运行当前的代码行	F10 (macOSsystems:Shift+Command+O)	dbstep
进入	运行当前代码行，要调用函数时，进入该函数中	F11 (macOSsystems: Shift+Command+I)	dbstep in
退出	进入并运行所调用函数的剩余部分后离开并暂停	Shift+F11 (macOSsystems :Shift+Command+U)	dbstep out
暂停	结束调试	Shift+F5	dbquit
设置断点	所在行无断点时设置断点	F12	dbstop
清除断点	清除所在行的断点	F12	dbclear

（1）设置断点

自 R2021b 起。替换实时编辑器（R2021a）中的设置断点（R2022A）和调试代码。

设置断点会暂停 MATLAB 程序的执行，以便程序员可以检查可能发生问题的值。可以在编辑器或实时编辑器中交互设置断点，也可以使用命令窗口中的函数设置断点。断点有三种类型：

● 标准断点；

● 条件断点；

● 错误断点。

只能在当前文件夹或搜索路径上的文件夹中保存的文件中的可设置断点。无论MATLAB处于空闲状态还是忙于运行文件，都可以随时设置断点。

默认情况下，当 MATLAB 到达断点时，它会打开包含断点的文件。如果要禁用此选项，那么可以按照以下方式操作。

● 在"主页"选项卡的"环境"部分中，单击"首选项"；
● 在首选项窗口中，选择 MATLAB>编辑器/调试器；
● 清除 MATLAB 到达断点时自动打开的文件选项，然后单击"确定"。

1）标准断点

标准断点在文件中的特定行暂停。要设置标准断点，单击要设置断点的可执行文件行左侧的灰色区域。或者，也可以按 F12 键在当前行设置断点。如果尝试在不可执行的行（如注释或空行）设置断点，MATLAB 将在下一个可执行行设置断点。

```
1       n = 50;
2       r = rand(n,1);
3       plot(r)
4
5       m = mean(r);
6       hold on
7       plot([0,n],[m,m])
8       hold off
9       title('Mean of Random Uniform Data')
```

要以编程方式设置标准断点，可以使用 dbstop 函数。例如，在名为 plotRand.m 的文件的第三行添加断点键入以下命令。

```
dbstop in plotRand at 3
```

调试包含循环的文件时，在循环内设置断点，以检查循环每次增量的值。否则，如果在循环开始时设置断点，MATLAB 只会在循环语句处暂停一次。例如，此代码创建一个包含 10 个 1 的数组，并使用 for 循环对数组中的第 2 项到第 6 项执行计算。

```
x = ones(1:10);

for n = 2:6
    x(n) = 2 * x(n-1);
end
```

为了使 MATLAB 在 for 循环的每次增加时暂停（总共五次），在第四行设置断点。

```
3       for n = 2:6
4           x(n) = 2 * x(n-1);
5       end
```

2）条件断点

条件断点使 MATLAB 仅在满足指定条件时才暂停在文件中的特定行。例如，当希望在循环中的某些迭代之后检查结果时，可以使用条件断点。

要设置条件断点，右键单击要设置断点的可执行文件行左侧的灰色区域，然后选择"设置条件断点"。如果该行上已存在断点，请选择"设置/修改条件"。在打开的对话框中，输入条件并单击"确定"。条件是返回逻辑标量值的任何有效 MATLAB 表达式。

运行代码时，MATLAB 会在运行该行之前审查条件。如果满足条件，MATLAB 将进入调试模式，并在该行暂停。例如，利用以上代码，使用 for 循环对数组中的第 2 项到第 6 项执行计算。

在第四行设置条件断点，条件为 n>=4。运行代码时，MATLAB 会运行两次 for 循环，并在第四行当 n 为 4 时暂停第三次迭代。如果继续运行代码，则 MATLAB 在第四次迭代时再次暂停，当 n 为 5 时，然后在 n 为 6 时再次暂停。

```
1    x = ones(1:10);
2
3    for n = 2:6
4        x(n) = 2 * x(n-1);
5    end
```

还可以使用 dbstop 函数以编程方式设置条件断点。例如，在 myprogram.m 中第六行添加条件断点，键入以下命令。

```
dbstop in myprogram at 6 if n>=4
```

3）错误断点

在编辑器中，如果 MATLAB 遇到问题，可以设置错误断点，使 MATLAB 暂停并进入调试模式。实时编辑器中不支持设置错误断点。

与标准断点和条件断点不同，不能在特定行或特定文件中设置错误断点。在设置错误断点时，如果指定的错误条件发生，MATLAB 将在任何文件的任何行暂停。然后 MATLAB 进入调试模式并打开包含错误的文件，代码执行箭头指向包含错误的行。

要设置错误断点，在"编辑器"选项卡上单击"运行"，然后从以下选项中选择。

● 暂停所有错误；
● 暂停所有警告；
● 暂停 NaN（非数字）或 Inf（无限）值。

也可以通过使用具有指定条件的 dbstop 函数以编程方式设置错误断点。例如，要暂停所有错误的执行，键入以下命令。

```
dbstop if error
```

（2）匿名函数中的断点

可以在一行包含匿名函数的 MATLAB 代码中设置多个断点，这种方法为行本身和行中的每个匿名函数设置断点。

要在包含匿名函数的行上设置断点，请单击该行左侧的灰色区域。MATLAB为该行添加一个断点，并为该行中的每个匿名函数添加一个禁用断点。要为匿名函数启用断点，单击该函数的禁用断点。

要查看一行中所有断点的信息，将光标放在断点图标上。将显示工具提示，其中包含可用信息。例如，在这段代码中，第七行包含两个匿名函数，每个函数都有一个断点。

在匿名函数中设置断点时，调用匿名函数时，MATLAB会暂停。绿色突出显示的行是代码定义匿名函数的地方。灰色突出显示的行是代码调用匿名函数的地方。例如，在这段代码中，MATLAB在为匿名函数g设置的断点处暂停程序，该断点在第7行定义，并在第8行调用。

（3）无效断点

深灰色断点表示断点无效。

断点无效的原因如下

● 文件中未保存的更改。要使断点有效，必须保存该文件。灰色断点变为红色，表示它们现在有效。

● 文件中存在语法错误。设置断点时，将显示一条错误信息，指示语法错误所在的位置。若要使断点有效，请修复语法错误并保存文件。

（4）禁用断点

可以禁用选定的断点，以便程序暂时忽略它们，并不会中断运行。例如，如果认为已识别并更正了问题，或者正在使用条件断点，则可以禁用断点。

要禁用断点，右键单击断点图标，然后从上下文菜单中选择禁用断点。断点变为浅灰色，表示已禁用。

```
1        x = ones(1:10);
2
3   ☐    for n = 2:6
4            x(n) = 2 * x(n-1);
5        end
```

（5）清除断点

在清除（删除）断点或在 MATLAB 会话结束时自动清除断点之前，所有断点都将保留在文件中。要清除断点，请右键单击断点图标，然后从上下文菜单中选择"Clear Breakpoint"，也可以按 F12 键清除断点。

要以编程方式清除断点，可以使用 dbclear 函数。例如，清除名为 myprogram.m 的文件中第六行的断点。在 myprogram.m 的文件中键入：dbclear，在第六行处清除文件中的所有断点，右键单击断点通道并选择"Clear All Breakpoints in File"。还可以使用 dbclear all 命令。例如，清除名为 myprogram.m 的文件中的所有断点，键入以下命令。

dbclear all in myprogram

要清除所有文件中的所有断点，包括错误断点，右键单击断点通道并选择"Clear All Breakpoints"清除所有断点，还可以使用 dbclear all 命令。

断点在结束 MATLAB 会话时自动清除。为将来的会话保存断点，可以使用 dbstatus 函数。

12.2.4　调试时检查值

调试代码文件时，可以在 MATLAB 暂停时查看工作空间中当前任何变量的值。如果想确定一行代码是否产生预期的结果，那么检查代码运行产生的值很有用。如果结果符合预期，就可以继续运行代码或到下一行。如果结果与预期不符，则该行或前一行可能包含错误。

（1）查看变量值

调试时，有几种方法可以查看变量的值。

● 工作空间浏览器——工作空间浏览器显示当前工作空间中的所有变量。

工作空间浏览器的"值"列示变量的当前值。

```
Workspace

Name ▲      Value                    Class
☐ n         6                        double
☐ x         [1,2,4,8,16,32,1,1,1,1]  double
```

要查看更多详细信息，双击变量。变量编辑器打开，显示该变量的内容。还可以使用 openvar 函数在变量编辑器中打开变量。

● 编辑器和实时编辑器-要在编辑器和实时编辑中查看变量的值，将光标放在变量上。变量的当前值显示在数据提示中。在移动光标之前，数据提示将保持在视图中。如果无法显示数据提示，单击包含变量的行，然后将指针移到变量旁边。

在编辑器中调试时，数据提示始终处于启用状态。要在实时编辑器中禁用数据提示，或在编辑器中编辑文件时，可以转到"视图"选项卡，然后单击"数据提示"按钮。也可以通过在编辑器和实时编辑器中选择变量或方程，右键单击，然后在命令窗口中选择"评估选择"来查看变量或方程的值。MATLAB 在命令窗口中显示变量或方程的值。

● 命令窗口——要在命令窗口中查看变量的值，可以键入变量名称。例如，要查看变量 n 的值，键入 n 并按 Enter 键。命令窗口显示变量名称及其值。要查看当前工作空间中的所有变量，需要调用 who 函数。

（2）查看当前工作空间之外的变量值

在调试函数或运行一个被调用函数或文件时，MATLAB 会显示在当前行暂停之前执行的函数列表。该列表也称为函数调用堆栈，显示在编辑器或实时编辑器中文件的顶部。该列表按顺序显示函数，从左侧第一个调用的脚本或函数开始，结束于 MATLAB 暂停的当前脚本或函数结束的右侧。

也可以使用 dbstack 函数在命令窗口中查看当前工作空间。

In mean (line 48)
In plotRand (line 5)

对于函数调用堆栈中的每个函数，都有相应的工作空间。工作空间包含在 MATLAB 中创建的变量，或从数据文件或其他程序导入的变量。通过命令窗口分配或使用脚本创建的变量属于基本工作空间。

在函数中创建的变量属于它们自己的函数工作空间。要检查当前工作空间之外的变量值，需要选择其他工作空间。在编辑器或实时编辑器中，从文件顶部函数调用堆栈右侧的下拉列表中选择一个工作空间。

还可以使用命令窗口中的 **dbup** 和 **dbdown** 函数选择函数调用堆栈中的上一个或下一个工作空间。要列出当前工作空间中的变量，需要调用 who 或 whos 命令。

如果在 MATLAB 覆盖变量的过程中尝试在其他工作空间中查看变量的值，则 MATLAB 将在命令窗口中显示错误。

```
K>> x
Variable "x" is inaccessible. When a variable appears on both sides of an assignment
statement, the variable may become temporarily unavailable during processing.
```

无论是使用函数调用堆栈右侧的下拉列表还是 **dbup** 命令选择工作空间，都会发生错误。

12.3 避免错误

有许多技术有助于防止错误，并能够确保在错误发生时更容易地找到它们。熟悉编程中常见的错误类型是一个"边学边做"的过程，因此，不可能在这里一一列出。下面的小节列出了一些避免错误的方法，以帮助读者建立良好的编程习惯。

12.3.1 规划程序

在撰写论文时，为了使论文结构更严谨，通常以一个大纲开始，其中包含希望在论文中提出的主要观点。这在编程时尤为重要，因为在解释所写的内容时，计算机比人类更严格。因此，对于复杂的程序，应该从一个程序大纲开始，该大纲描述了要让程序执行的所有任务，以及它执行这些任务的顺序。

许多编程新手，急于完成任务，在没有正确地规划编程计划的情况下，就试图匆忙进入编程阶段。没有规划的编程实践会产生充满错误的代码。要做好编程规划，首先必须对编程要解决的问题进行模块化分解。模块是执行某项任务的一个或一组函数。根据模块来设计程序是很重要的，尤其是那些需要反复重复的任务。每个模块应该完成一个很小的、定义良好的任务，并且了解尽可能少的关于其他函数的信息。

一个好的经验法则是从上到下规划，然后从下到上编程。也就是说，确定整个程序应该做什么，再确定完成程序的主要任务是什么，然后将主要任务分解成各个部分，直到模块小到程序员确信可以编写它而不会出错。

12.3.2　经常测试

在模块中编码的过程中，应该测试每个模块，以获得想知道答案的检验用例和足够多的用例，以确信函数正常工作。编写过程中还应该经常进行检验，即使是在单个模块或函数中。正在处理一个包含几个步骤的特定模块时，应该进行中间测试，以确保它在完成之前是正确的。然后，如果得到一个错误，它可能会出现在上次测试它之后编写的代码中。甚至许多经验丰富的程序员也会因为写了一页又一页的代码却没有进行检验，然后不得不花几个小时在某个地方寻找一个小错误而浪费时间。

12.3.3　保持代码整洁

应该让所编写代码尽可能整洁。首先，应该尽可能用最少的指令来编写代码。例如：$y = x^2 + 2*x + 1$ 比 $y = x^2$，$Y = Y + 2*x; Y = Y + 1$ 更好。即使结果是一样的，所输入的每一个字都是增加犯错的机会。另外，写一个完整的表达式能够有助于其他人理解编程者在做什么。在前面的例子中，在第一种情况下，很明显是在计算一个在 x 处的二次函数的值，而在第二种情况下，就不清楚了。这可以通过使用变量而不是值来保持代码整洁。

例如，以下代码是添加 10 个随机数的糟糕编程。

```
S = 0;
A = rand(1, 10);
for i = 1:10
    S = S + A(i);
end
```

而下一个例子很好地实现了 10 个随机数相加。

```
N = 10;
S = 0;
A = rand(1, N);
for i = 1:N
    S = S + A(i);
end
```

第二个程序实现更好，因为：（1）这是让任何人阅读代码更容易。N 代表随机数的数量，而利用 for 循环把它们加起来。（2）如果想要改变随机数的总数，只需要在开始的时候改变一个地方。这减少了在编写代码和更改 N 值时出错的机会。

同样，对于这么一小段代码，这不是关键的。但是，当代码变得更加复杂并且值必须多次重用时，它就变得非常重要。

给变量取简短、描述性的名称也可以保持代码整洁。例如，对于前面给出的这种简单任务，仅仅一个 N 就足够。变量名 x 可能是一个好名字，因为 x 通常包含位置值，而不是数字。同样，尽管它是描述性的，但 numberberofrandomnumberstobeadded 也是一个糟糕的变量名。

最后，可以通过频繁注释来保持代码整洁。尽管没有注释肯定是不好的实践，过度注释也可能是不好的实践。然而，不同的程序员对于多少注释是合适的会有不同的看法。

12.4　使用函数存根

当脚本主程序调用许多函数时，使用的另一种常见调试技术是使用函数存根。函数存根是一个占位符，使用它使脚本能够工作，即使特定的函数还没有被编写。例如，程序员可能从一个脚本主程序开始，该程序由对三个函数的调用组成，这些函数完成所有任务。

mainscript.m

```
% 该程序将基于 x 和 y 的值计算 z 的值并打印出 x, y 和 z
[x,y] = getvals;
z = calcz(x,y);
printall(x,y,z)
```

getvals.m

```
function [x,y] = getvals
x = 33;
y = 11;
end
```

calcz.m

```
function z = calcz(x,y)
z = x + y;
end
```

printall.m

```
function printall(x,y,z)
disp(x)
disp(y)
disp(z)
```

在这三个函数还没有编写之前，可以为其准备函数存根，以便可以执行和检验脚本文件。函数存根由适当的函数头组成，然后模拟函数最终将做什么。例如，前两个函数为输出参数放入任意值，最后一个函数打印结果。

然后，可以一次编写和调试一个函数。使用这种方法编写可工作的程序要比一次性编写所有内容容易得多。

练习题

1. 使用 MATLAB 编辑器输入下图的 MATLAB 程序。记住在所有程序的开头添加 clear all、clc 和 close all 语句。程序应该一次显示一个数组中的所有元素。

a）运行程序并纠正语法错误。

b）在 disp(values)行设置断点。

c）通过逐步执行程序并观察工作空间和命令窗口以查找错误提示来调试程序。纠正每个逻辑错误。必要时重置断点，并重新运行修改后的脚本，查看工作空间和命令窗口。

d）纠正每一个编程格式错误。

```
% array to display
values = [23, 17, 46, 15, 88, 34];

for values
    disp(values)
end
```

2. 使用 MATLAB 编辑器输入如上图所示的 MATLAB 程序。记住在所有程序的开头添加 clear all、clc 和 close all 命令。

a）运行程序并纠正语法错误。

b）使用 MATLAB 编辑器，在以下语句所在行设置断点：

```
for k = 1:1:length(v)
result = result + v
```

c）通过逐步执行程序并观察工作空间和命令窗口以查找错误提示来调试程序。纠正每个逻辑错误。必要时重置断点，并重新运行修改后的脚本，查看工作空间和命令窗口。

d）纠正每处格式错误。

```
% thirty random integers between -10 and 100
v = round(-10.0 + 110*rand(1,30));

% sum all positive elements of array v
for k = 1:1:length(v)
    if (v >= 0)
        result = result + v
    end
end
fprintf('The sum of positive elements in v is: %0.4f', result);
```

3. 使用 MATLAB 编辑器输入如图所示的 MATLAB 程序。设置断点并调试程序，纠正每处语法、逻辑和格式错误。

```
% program reads in dollar amounts of each transaction and
% keeps track of total dollar amount of all transactions
totalAmount = 0.0;
numberTransactions = input('How many transactions: ');

while (k <= numberTransactions)
    transcationAmount = input('Transaction amount (in  dollars):
')
    totalAmount = transcationAmount
    k = k + 1;
end

fprint('The total transaction amount is: %0.2f', totalAmount);
```

4. 下图显示的 evaluatePoly 函数应该求一个二次多项式的值。

$$g(x) = a_2 x^2 + a_1 x + a_0$$

```
function gg = evaluatePoly(aa, xx)
% -------------------------------------------------------
% evaluatePoly.m
% -------------------------------------------------------
% evaluatePoly evaluates a quadratic polynomial function
% with polynomial coefficients aa = [a2, a1, a0] for the
% value(s) in xx
% -------------------------------------------------------
% syntax: gg = evaluatePoly(a2, a1, a0, xx)
%  aa is a 1 by 3 vector if polynomial coefficients
%  xx is the values to evalaute the polynomial for
%  gg is the polynomial function values
% -------------------------------------------------------
clear, clc, close all;
gg = zeros(1,xx);
gg(xx) = a2*xx^2 + a1*xx + a0;
end
```

a）使用下图的检验程序，证实 evaluatePoly 函数存在错误。

```
clear, clc, close all;
coef = [1, -4, 2];
g = evaluatePoly(coef, 0);
disp(g);
g = evaluatePoly(coef, 5);
disp(g);
x = [-5:0.1:5];
g = evaluatePoly(coef, x);
figure(1), plot(x,g);
```

b）使用 MATLAB 调试器和该检验程序，识别并纠正 evaluatePoly 函数中的错误。

5. 牛顿商：

$$\frac{f(x+h)-f(x)}{h}$$

如果 h "小"，可以用来估计应该函数 $f(x)$ 的一阶导数 $f'(x)$。

编写程序计算函数的牛顿商。

$$f(x) = x^2$$

在 x＝2 点（精确答案为 4），h 值从 1 开始，每次减少 10 倍（使用 for 循环）。当 h 变得 "太小"，即小于约 10~12 时，舍入误差的影响变得明显。

6.联立方程组：

$$\begin{cases} ax + by = c \\ dx + ey = f \end{cases}$$

的解由下式给出：

$$\begin{cases} x = (ce - bf)/(ae - bd) \\ y = (af - cd)/(ae - bd) \end{cases}$$

如果（ae−bd）很小，舍入误差可能会导致解中相当大的误差。考虑系统：

$$\begin{cases} 0.2038x + 0.1218y = 0.2014 \\ 0.4071x + 0.2436y = 0.4038 \end{cases}$$

证明用四位数浮点运算得到的解是 x = −1，y = 3。可以使用以下语句模拟这种精度水平：

$$ae = floor(a*e*1e4)/1e4$$

以及编码的适当改变。无须四舍五入得到的精确解为 x = −2，y = 5。如果方程中的系数本身受到实验误差的影响，那么使用有限精度的系统 "解" 是完全没有意义的。

参考文献

［1］雷晓平，丁伟雄，张德丰. 最新版 MATLAB 程序设计与综合应用[M]. 北京：清华大学出版社，2012.

［2］王赫然. MATLAB 程序设计——重新定义科学计算工具学习方法[M]. 北京：清华大学出版社，2020.

［3］汤波. MATLAB 程序设计语言[M]. 北京：清华大学出版社，2022.

［4］王正林，刘明. 精通 MATLAB（升级版）[M]. 北京：电子工业出版社，2011.

［5］郑慧娆，陈绍林，莫忠息，等.数值计算方法（第 2 版）[M].武汉：武汉大学出版社，2012.

［6］刘玲，王正盛. 数值计算方法［M］.北京：科学出版社，2010.

［7］龚纯，王正林. MATLAB 常用算法程序集（第 2 版）[M]. 北京：电子工业出版社，2011.

［8］龚纯，王正林. 精通 MATLAB 最优化计算（第 2 版）[M]. 北京：电子工业出版社，2012.

［9］Yeong Koo Yeo. Chemical Engineering Computation with MATLAB，CRC Press，Taylor & Francis Group，2018 by Taylor & Francis Group, LLC.

［10］Attaway S. Matlab: a practical introduction to programming and problem solving（fifth edition）[M]. Butterworth-Heinemann, 2013.

［11］Chapman S J. MATLAB programming for engineers（fifth edition）[M]. Cengage Learning, 2015.

［12］Moore H. MATLAB for Engineers（fifth edition）[M]. Pearson, 2017.

［13］King A P, Aljabar P. MATLAB programming for biomedical engineers and scientists[M]. Academic Press, 2022.

［14］Rao V. Dukkipati. MATLAB: An Introduction with Applications. NEW AGE INTERNATIONAL (P), Ltd. PUBLISHERS, 2010.